金属与棉纤维的摩擦磨损机理及表面改性技术

张有强 周 岭 著

中国纺织出版社有限公司

内 容 提 要

本书深入剖析棉纤维与机械部件在加工中复杂多场耦合作用下形成的摩擦磨损现象及其力学性能变化，全面探讨棉纤维的基础理化性质与摩擦特性，重点关注采棉机摘锭在作业过程中的摩擦磨损现象。本书系统阐述金属与棉纤维在不同接触形式下的摩擦学行为，结合理论模型、实验表征与数值仿真技术，揭示摘锭表面电镀铬涂层裂纹演化规律及金属微观结构动态响应，提出采用基于电磁强化和 PVD-TiN 涂层的耐磨性改性处理技术。

本书适合摩擦学、纺织学等领域的科研工作者、技术人员及研究生阅读。

图书在版编目（CIP）数据

金属与棉纤维的摩擦磨损机理及表面改性技术／张有强，周岭著. --北京：中国纺织出版社有限公司，2025.6. -- ISBN 978-7-5229-2840-1

Ⅰ. TS102.2

中国国家版本 CIP 数据核字第 2025D48M98 号

责任编辑：沈　靖　　责任校对：高　涵　　责任印制：王艳丽

中国纺织出版社有限公司出版发行
地址：北京市朝阳区百子湾东里 A407 号楼　邮政编码：100124
销售电话：010—67004422　传真：010—87155801
http://www.c-textilep.com
中国纺织出版社天猫旗舰店
官方微博 http://weibo.com/2119887471
三河市宏盛印务有限公司印刷　各地新华书店经销
2025 年 6 月第 1 版第 1 次印刷
开本：710×1000　1/16　印张：14.25
字数：215 千字　定价：88.00 元

凡购本书，如有缺页、倒页、脱页，由本社图书营销中心调换

前 言

中国棉花产业在全球棉纤维产业链中占据举足轻重的地位，而新疆地区作为中国棉花的核心产区，凭借其独特的优势成为业内瞩目的焦点。随着机械化采摘技术的不断发展，新疆棉产业正经历着一场深刻的现代化转型，推动棉花采摘方式从传统向现代化跨越。然而，由于高强度的工作负荷和复杂的作业环境，采棉机关键零部件——摘锭在长期使用过程中常常面临严重的磨损问题，直接影响了机械采摘的稳定性和经济效益。摘锭的性能稳定性与耐久性，已然成为制约棉花机械采摘高效发展的关键因素。摘锭的损伤不仅与其材质和制造工艺密切相关，还与棉纤维的特性、采摘过程中的应力分布和环境因素等多方面因素交织在一起。因此，深入理解摘锭磨损机理，成为提升棉花机械采摘效率、降低维护成本的关键。

本书聚焦于农业与纺织领域中普遍存在的棉纤维与金属材料之间的摩擦磨损问题，开篇详细阐述棉纤维的基本理化性质与摩擦特性，为后续的深入研究奠定了理论基础。通过对采棉作业过程中采棉机摘锭与棉纤维摩擦现象的系统分析，揭示了摘锭表面电镀铬涂层摩擦磨损机制，特别是针对不同接触形式（点、线、面）下的棉纤维与金属之间的摩擦磨损行为进行深入探讨。为更全面地理解摩擦过程，通过试验进一步分析摘锭表面电镀铬涂层与棉织物摩擦时裂纹的萌生与扩展，借助仿真模拟技术再现摩擦过程中金属内部微观结构的动态演化过程。通过电磁强化处理和 PVD-TiN 涂层技术提升摘锭性能，并通过一系列田间试验，测评在实际作业环境中对摘锭性能的提升效果。这些研究成果为提高机械部件的耐磨性能和延长使用寿命提供了理论依据。

本书基于实验研究和数值模拟相结合的方法，以力学、材料学和表面工程学为理论支撑，探讨金属与棉纤维的摩擦磨损特性及表面改性技术，涵盖了摩擦学、材料学、力学以及化学等多个学科领域，突出体现了摩擦磨损机理与表面改性技术的交叉融合，成为金属与纤维材料相互作用研究中的一个富有特色的研究方向。

本书凝聚了作者团队多年来在金属与棉纤维摩擦磨损等相关领域的研究成果。全书由张有强和周岭共同指导并亲自执笔，罗树丽、凡鹏伟、高杰等进行了数据整理与绘图，研究生耿刘源、姚强、石雪胜、李明健、熊恒玮、王一飞、袁洋、闫哲等参与了部分章节的修订工作，在此一并表示感谢。

本书旨在为从事摩擦学、纺织学等相关领域的科研人员、技术人员及研究生提供一本系统、深入的参考资料。我们期望本书能为金属与棉纤维摩擦磨损领域的研究提供有益的借鉴，推动摘锭表面强化处理技术的发展，促进棉花产业向更加高效、可持续的方向迈进。

鉴于该领域仍处于快速发展之中，书中内容可能存在不足之处。我们诚恳地希望广大读者提出宝贵意见，以便我们进一步完善本书内容，共同推动这一研究方向的不断进步。

作者

2024 年 12 月

目 录

第一章 绪论 ·········· 1
第一节 概述 ·········· 1
第二节 棉花采收机械化现状及存在的问题 ·········· 2
一、国外棉花采收机械化生产现状 ·········· 2
二、国内棉花采收机械化生产现状 ·········· 3
三、棉花采收机械化存在的问题 ·········· 4
第三节 小结 ·········· 6
参考文献 ·········· 6

第二章 棉花结构与物理特性 ·········· 7
第一节 概述 ·········· 7
第二节 棉植株基本性质 ·········· 8
一、棉花的生长发育 ·········· 8
二、棉花空间分布特征测试 ·········· 11
三、棉花表面摩擦力 ·········· 17
四、棉植株枝秆剪切 ·········· 20
五、扯出籽棉力 ·········· 24
六、棉植株各部分的空气动力学特性 ·········· 25
第三节 棉纤维基本性质 ·········· 27
一、棉纤维的形态及结构 ·········· 27
二、棉纤维的物理性能 ·········· 35
三、棉纤维的摩擦学特性 ·········· 43

第四节　小结 …… 49
参考文献 …… 50

第三章　棉花采收机械化及摘锭磨损 …… 51
第一节　概述 …… 51
第二节　棉花采收机器要求 …… 53
　一、棉花采收对机器的要求 …… 53
　二、影响机器采收的因素 …… 54
第三节　摘锭采摘过程的力学分析 …… 57
第四节　摘锭结构的几何模型、弹流润滑及有限元分析 …… 61
　一、几何模型 …… 61
　二、弹流润滑 …… 63
　三、有限元分析 …… 64
第五节　采棉机摘锭磨损特征 …… 68
第六节　小结 …… 74
参考文献 …… 74

第四章　棉纤维与金属点接触的摩擦磨损规律 …… 75
第一节　概述 …… 75
第二节　棉纤维与金属点接触装置 …… 76
第三节　棉纤维与金属点接触试验材料与方法 …… 78
　一、试验材料 …… 78
　二、接触力学模型 …… 78
第四节　棉纤维与摩擦辊理论接触面积 …… 79
　一、不同预加张力下棉纤维与摩擦辊接触根数 …… 79
　二、不同粗糙度下摩擦辊表面形貌分析 …… 82
　三、棉纤维与摩擦辊理论接触面积 …… 83

第五节 棉纤维与金属点接触试验结果与分析 ················· 85
  一、预加张力对摩擦性能的影响 ··························· 85
  二、摩擦辊粗糙度对摩擦性能的影响 ······················· 86
  三、摩擦辊转速对摩擦性能的影响 ························· 89
  四、棉纤维束包角对摩擦性能的影响 ······················· 90
第六节 小结 ·· 92
参考文献 ·· 93

第五章 棉纤维与金属线接触的摩擦磨损规律 ················· 94
第一节 概述 ·· 94
第二节 棉纤维与金属线接触装置 ····························· 95
  一、装置设计 ··· 95
  二、工作原理 ··· 98
第三节 棉纤维与金属线接触试验材料与方法 ··················· 99
  一、试验材料 ··· 99
  二、试验方法 ·· 100
第四节 棉纤维与金属线接触试验结果与分析 ·················· 102
  一、加载力对棉纤维与金属线接触摩擦性能的影响 ············ 102
  二、预加张力对棉纤维与金属线接触摩擦性能的影响 ·········· 103
  三、速度对棉纤维与金属线接触摩擦性能的影响 ·············· 105
  四、摩擦辊半径对棉纤维与金属线接触摩擦性能的影响 ········ 106
  五、摩擦辊粗糙度对棉纤维与金属线接触摩擦性能的影响 ······ 107
  六、纺织工艺方式和经纬方向对棉纤维与金属线接触摩擦性能的
     影响 ·· 108
第五节 棉纤维与金属线接触力学分析 ························· 109
  一、接触力学模型 ·· 109
  二、理论接触分析 ·· 111

三、理论与试验结果对比分析 113
第六节　棉纤维与金属线磨损试验及磨损量分析 116
　　一、数值计算分析 116
　　二、棉纱线与金属线磨损的一般演变过程 122
　　三、棉纱线与金属线磨损试验结果与数值分析 124
第七节　小结 130
参考文献 131

第六章　棉织物与金属面接触的摩擦磨损规律 132
第一节　概述 132
第二节　棉织物与金属面接触装置 133
第三节　棉织物摩擦作用下电镀铬涂层表面裂纹扩展研究 134
　　一、试验方法 135
　　二、基体与涂层表征 137
　　三、摩擦学性能 139
　　四、涂层表面裂纹扩展 142
　　五、电镀铬涂层—棉织物接触模型 146
　　六、涂层裂纹扩展机理 149
第四节　基于分子动力学的单轴拉伸变形下多晶铬裂纹演变的分析 155
　　一、材料和方法 155
　　二、晶粒尺寸效应 157
　　三、应变速率对微观组织及扩展机制的影响 161
　　四、不同裂纹位置对裂纹尖端钝化程度的影响 165
第五节　小结 169
参考文献 170

第七章 摘锭表面耐磨强化应用 ··· 171

第一节 概述 ··· 171

第二节 摘锭电磁处理 ··· 172

一、摘锭电磁处理方法 ··· 172

二、摘锭电磁处理机理 ··· 182

三、摘锭电磁处理的田间试验 ··· 187

第三节 摘锭PVD-TiN涂层处理 ··· 195

一、摘锭PVD-TiN涂层处理方法 ··· 195

二、摘锭PVD-TiN涂层与电镀铬涂层性能对比 ··· 196

三、摘锭PVD-TiN涂层与电镀铬涂层摩擦磨损试验分析 ··· 203

四、摘锭PVD-TiN涂层和摘锭电镀铬涂层的田间试验 ··· 213

第四节 小结 ··· 217

参考文献 ··· 218

第一章 绪论

第一节 概述

棉花是重要的大宗国际贸易商品和主要的天然纤维原料,广泛应用于多个行业。中国、美国和印度是世界三大棉区,这三大棉区不仅在产量上领先,而且在棉花品质、生产技术和市场影响力方面均具有重要地位。中国凭借广阔的种植面积和优越的种植条件,实现了棉花产量的稳步增长,为国内外市场提供了丰富的棉花资源。黄河流域、长江流域以及新疆地区作为中国棉花的主要产区,不仅产量高,而且品质优良。美国,作为世界棉花生产的另一重要力量,其棉花产业高度发达,技术先进,生产效率极高。主要种植区域集中在美国南部和西南部,这些地区得天独厚的自然条件为棉花生长提供了理想的环境。美国棉花产业的规模和影响力在全球范围内名列前茅,对全球棉花市场的供需关系和价格走势具有重要影响。印度的棉花生产在全球棉花产业中占据着重要位置。主要种植区域集中在印度中部和西部地区,这些地区的土壤和气候条件十分适宜棉花生长。印度的棉花产量高且品质优良,为印度经济的增长和国际棉花市场的繁荣做出了重要贡献。

在世界范围内,棉纤维是广泛使用的植物纤维,因其柔软、透气、吸湿性强等特性,在人们的衣食住行中扮演着重要角色。在服装领域,棉质衣物以其卓越的舒适度和亲肤性,成为四季皆宜的理想选择,尤其适合婴幼儿及敏感肌肤人群。在家居领域,棉籽油作为棉花的副产物,丰富了人们的食用油种类;棉质餐具布、围裙等保障了餐饮的卫生与安全;棉质床品如被褥、枕头、床单等,因其良好的保暖性和透气性,为人们的睡眠质量保驾护航。在交通运输领域,车内装饰、坐垫等采用棉质材料,提升了乘坐的舒适感;等等。综上所述,棉纤维因其独特的物理性质而得到广泛的应用,成为现代生活产品中重要的材料。

第二节 棉花采收机械化现状及存在的问题

一、国外棉花采收机械化生产现状

(一)美国棉花采收机械化生产发展动态

美国的采棉机发展已有100多年的历程,从1850年雷姆伯特和普雷斯科特申请了第一个棉花采摘器具专利以来,有900多个关于各种形式棉花采摘器具的发明专利。采棉机的基本原理主要采用19世纪末20世纪初坎贝尔和约翰和马克·拉斯特提出的工作原理。直到20世纪40年代,美国推出了第一台商业化的采棉机,1946年开始进入规模化生产。1952年,全美已有12000台采棉机投入使用。1975年,美国的棉花采收已实现机械化,棉花机采率水平达到100%。这一进展标志着美国棉花采收从人工操作向机械化全面转变。目前,约翰迪尔和凯斯公司生产的采棉机在美国乃至全球市场占据主导地位,代表机型包括约翰迪尔7760和凯斯CPX620等。这些机械化设备的广泛应用大大提高了棉花采收的效率。

(二)印度棉花采收机械化生产发展动态

虽然印度在棉花种植面积上排名第一,但其棉花产量仅排名第三。造成这一差距的原因多种多样,包括作物种植模式、劳动力短缺及采收过程中的非机械化作业。印度棉铃不会同时成熟,因此需要在2~3轮中进行采收。一直到20世纪20年代手工采收在印度仍占主导地位,尽管20世纪40年代开始,采棉机开始投入使用,但大规模的机械化采收尚未普及。近年来,印度的棉花采收机械化逐渐得到推广和发展。20世纪60年代至80年代,采棉机的设计不断改进,特别是20世纪70年代推出的带驾驶室的采棉机,为采摘工人提供了更安全舒适的工作环境。20世纪90年代后期,六排采棉机的引入使得采收效率大幅提高。目前,印度的棉花采收机械化正处于逐步普及阶段,相关设备和技术也在不断更新升级。随着政策支持的加大和市场推广力度的增强,印度棉花采收机械化的前景广阔,预计在未来几年将会迅猛发展[1-2]。

二、国内棉花采收机械化生产现状

长期以来受棉花种植模式和农艺的影响,我国棉花以传统的手工采收为主。近年来,随着周期性季节流动劳动力转移,促使人工拾花费用不断上涨,植棉成本加剧。另外,人工采收效率较低、劳动强度大,导致少部分棉田出现无人采摘的情况。可见,无论是从植棉环节还是从市场竞争考虑,推广棉花采收机械化具有更高的经济价值和社会效益[3-5]。

我国采棉机的研发始于20世纪50年代,最初通过引进国外技术进行发展。在"九五"期间,国内主要通过引进迪尔采棉机的技术进行技术积累。1997年,在科技部(原国家科委)的组织下,新疆农业科学院与新疆农业大学等单位合作,成功研制出我国第一台4MZ型自走式采棉机。然而,由于关键部件仍需进口,这款采棉机未能进入市场。进入"十五"时期后,新疆生产建设兵团与贵州航空工业(集团)总公司合作,成立了石河子贵航农机装备有限责任公司,并在4MZ-3型的基础上,经过多轮研发和改进,成功推出了具有自主知识产权的4MZ-5型自走式国产采棉机。这标志着我国在采棉机领域的技术突破,打破了国外品牌的垄断。

棉花采收机械化与农业机械发展水平、种植模式、地理位置密切相关。新疆生产建设兵团是我国最大的机采棉基地。据统计,2010年兵团棉花种植面积49.8万公顷,总产量115.01万吨,其中机采棉面积达17万公顷,占种植面积35%左右。2015年,棉花种植面积62.9万公顷,总产量146.53万吨,其中机采棉面积达50万公顷,占种植面积80%左右。2016年《新疆生产建设兵团国民经济和社会发展第十三个五年规划纲要》明确指出"抓好优质棉基地建设,调整优化种植区域布局和品种结构,研究推广机采棉提质增效农艺配套技术,推进棉花标准化和全程机械化生产,加快棉花清理加工技术工艺和设备改造,提高品质,增强市场竞争力。2024年,新疆棉花产量达到568.6万吨,机采棉占比超过90%。"据此可见,新疆生产建设兵团随着农业产业结构的调整,棉花种植面积基本保持稳定,但机采棉面积却稳步增加,采收机械化已成为棉花产业可持续发展的必由之路。

三、棉花采收机械化存在的问题

随着机械设计、数控加工制造技术、自动控制科学和材料科学的不断进步,更新换代的采棉机不仅在功能上不断改进和完善,而且在关键技术上取得了重大突破。例如,采用对置排列的采摘头能有效提升采收率;四轮驱动的配置使机器与地面适应性更强;林肯自动润滑系统更加方便与实现快捷保养;垂直升降的棉箱使得卸棉更加稳定和容易控制。这些技术的应用加强了驾驶员与采棉机之间的互动,使驾驶员对采棉机的控制更加方便有效。

尽管如此,采棉机在实际采收过程中仍存在一些技术问题,尤其是采棉机的关键部件——摘锭表面磨损失效问题,已成为制约采棉机全面推广的技术瓶颈。摘锭表面性能直接影响采收效率与棉花质量。在采收过程中,摘锭与棉花和棉秆之间的持续摩擦会导致摘锭表面粗糙度下降。为了保证采收效率和棉花质量,摘锭表面必须保持一定的粗糙度。这种相互作用机制给采棉机摘锭结构设计、表面改性与处理提出了严重挑战,同时也为本文的研究思路提出方向。另外,摘锭用量大、价格高、寿命短,一台六行采棉机安装2500多根摘锭,正常采摘情况下可服役400多公顷,摘锭的更换频率直接影响到采棉机的运营成本。

摘锭是采摘棉花的机械手,图1-1(a)所示为一台凯斯采棉机在棉田中行进采摘作业,利用摘锭自身高速旋转,将盛开在棉铃中的棉花缠绕摘下。如图1-1(b)所示,凯斯采棉机摘锭为一圆锥形,长度为120mm,根部直径为12mm,头部球面直径为5.4mm,质量为93g。为了提高抓取棉花的效率,在圆锥表面上加工具有一定倾斜角度的钩齿。摘锭尾部为一圆锥齿轮,与摘锭座管内的锥齿轮啮合传动。目前市场化的摘锭表面是电镀铬涂层处理,涂层厚度约为 $30\mu m$(不同机型采棉机摘锭表面涂层厚度不完全一致),旨在提高摘锭的耐磨性并防止腐蚀,从而提升机采棉的质量并延长使用寿命。

(a) 凯斯620采棉机　　　　　　　　(b) 凯斯采棉机摘锭

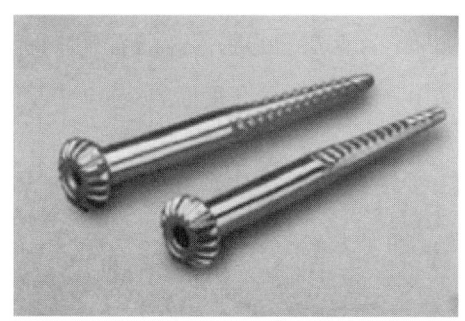

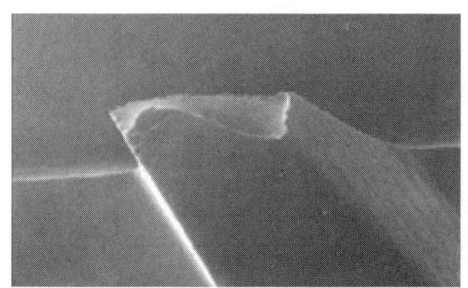

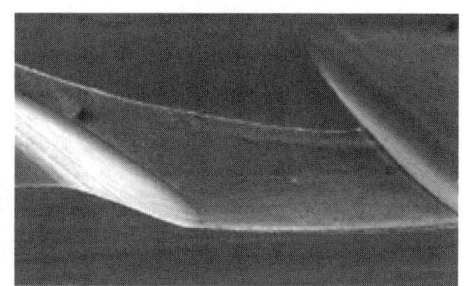

(c) 摘锭齿尖断裂形貌　　　　　　　(d) 摘锭钩齿涂层脱落后表面形貌

图1-1　采棉机及关键部件

摘锭的失效形式主要有:摘锭断裂、锥齿轮磨损和圆锥表面磨损(简称表面磨损)。摘锭断裂较为罕见,通常是由于采收过程中突发的载荷变化导致摘锭脆性断裂。锥齿轮齿面磨损大多是由于润滑不良或安装间隙不正确导致,也有可能是循环应力下塑性变形所致。据统计,摘锭断裂和锥齿轮磨损约占全部摘锭失效方式的10%。

表面磨损是摘锭的主要失效形式(占90%以上),直接表现为表面粗糙度降低和涂层磨损与脱落,间接表现为降低田间采净率和机采棉品质。摘锭在机械加工后存在一定的残余应力,特别是钩齿部位应力集中更为严重,导致钩齿尖端出现微裂纹、齿尖断裂等缺陷,如图1-1(c)所示。随后电镀铬涂层表面处理过程中产生二次应力集中,再次恶化摘锭钩齿的机械性能,电镀铬涂层表面会出现大量微裂纹。在采棉过程较大摩擦力作用下,硬质棉秆或者棉壳对摘锭表面产生擦伤和犁沟,同时棉纤维嵌入钩齿尖端裂纹及伤痕,在跟进采收过程中撕裂表面涂层引起脱落。随着采收时间增加,涂层脱落区域逐渐扩展,形成如图1-1(d)所示的磨损形貌。

第三节 小结

本章主要概述了世界棉花产业的发展现状,特别是美国、印度和中国的领先地位及其对整个产业链的重要影响。随着我国农业现代化的不断推进和科技的持续创新,棉花产业的机械化发展将更快更好。然而,棉花采收机械化中,尤其是摘锭这一关键部件的技术挑战尤为突出。摘锭的磨损和失效直接影响采摘效率和棉花质量,成为制约采棉机推广的主要技术瓶颈。摘锭表面性能的下降、涂层磨损和脱落,以及由此导致的采净率和棉花品质降低,是当前亟须解决的问题。因此,采棉机的摘锭表面磨损失效问题不仅关系到采棉机的运营成本,也影响到我国棉花产业的竞争力和可持续发展。

———— 参考文献 ————

第二章 棉花结构与物理特性

第一节 概述

棉花是锦葵科棉属植物的种籽纤维,原产地印度和阿拉伯亚热带[1]。据《宋书》记载,棉花种植传入中国早在南北朝,大多在边疆地区。宋末元初,棉花通过陆海两路大量传入中国内地,明初推广至全国。

经过长期的天然进化和人工培育,形成棉属的 30 多个品种,适应于亚热带、温带气候条件,其中具有较高的经济价值并广泛种植的品种有 4 个,即亚洲棉、非洲棉、陆地棉和海岛棉,如图 2-1 所示。其中陆地棉种植历史悠久、总产高,在我国占棉花种植总面积的 98% 以上。

(a) 亚洲棉　　　　　　　　　(b) 非洲棉

图 2-1

(c) 陆地棉　　　　　　　　　　　　　(d) 海岛棉

图 2-1　棉花品种

第二节　棉植株基本性质

一、棉花的生长发育

棉花的生长周期包括从播种到收获的整个生育期,其中从出苗到吐絮的阶段被视为主要生育期。生育期的长短因品种、气候及栽培条件的不同而不同,一般陆地棉成熟期为 130~140 天,在生长条件较好的地域发育提前,生长加快[2-6]。

棉花的植株形态在不同的发育阶段变化明显,与其生长状态密切相关。棉花播种后 40 天种子发芽成型,60 天后植株生长发育较快、高度明显增长,到播种后 80 天植株开始主要向水平方向生长,形态基本确定,160 天后棉花植株完全定型。其播种后不同生长发育阶段的形态变化如图 2-2 所示。

棉花的生长发育从种子的发芽和出苗开始,经历根系发展、生长期、吸收期后,进入吐絮期。棉花一生中,主茎的生长在苗期比较慢,蕾期较快,盛蕾期明显加快,初花期达到生长高峰期,开花后开始减慢直至停止。棉花的茎上有分枝,一般可分为果枝和叶枝两类,如图 2-3 所示。果枝一般位于植株中上部,能

(a) 40天　　(b) 60天　　(c) 80天　　(d) 160天　　(e) 180天

图 2-2　棉花播种后不同生长发育阶段植株的形态变化

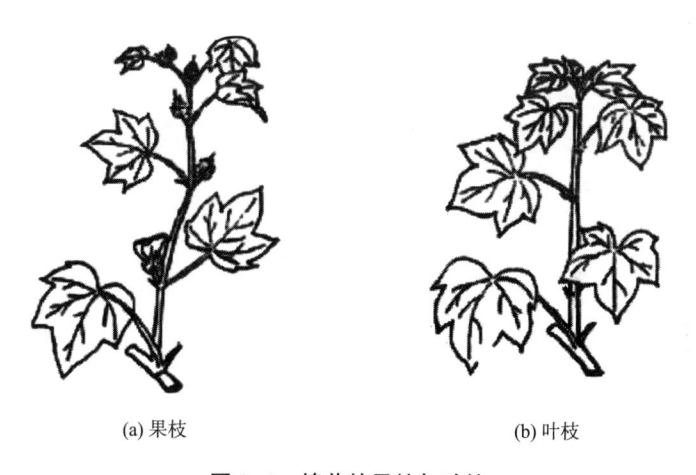

(a) 果枝　　　　　　　　　　(b) 叶枝

图 2-3　棉花的果枝与叶枝

直接长出花蕾,并开花结铃。叶枝一般位于植株下部,间接长出花蕾,开花结铃。果枝和叶枝的生长习性和各形态特征有所不同,其主要区别见表 2-1。

表 2-1　棉花果枝与叶枝的区别

项目	果枝	叶枝
节间伸长	偶数节间伸长、奇数节间不伸长	第一节间不伸长,其余节间伸长
发生部位	主茎中上部 5~7 节以上	主茎中上部 5~7 节以下

续表

项目	果枝	叶枝
蕾铃着生方式	直接现蕾、开花、结铃	间接着生在二级果枝上
枝条形态	合轴开枝	单轴开枝
与主茎夹角	夹角大,几乎呈直角	夹角小,成锐角
叶的着生方式	左右对生	呈螺旋形排列

根据果枝节数的遗传特性,不同棉花品种果枝节数也不同,可分为无限果枝、有限果枝和零式果枝。无限果枝又称二式果枝,果枝节数多,在条件适合时可不断延伸增节,多数品种属于无限果枝。无限果枝又可以根据果枝节间长度分为四种类型,见表2-2。有限果枝又称一式果枝,只有一个果节,节间很短。零式果枝的铃柄直接着生在主茎叶腋间,并在主茎同一节上长出几个铃。

表2-2 无限果枝分类

类型	果枝节间长度	株型
Ⅰ型	2~5cm	紧凑
Ⅱ型	5~10cm	较紧凑
Ⅲ型	10~15cm	较松散
Ⅳ型	>15cm	松散

棉花的生长发育、株型决定了棉花的力学特性,对棉花力学特性的探究是正确设计采棉机的必要条件,也是棉花采收机械化的理论基础。棉花各部分(棉秆、棉桃、棉茎)力学特性直接关系到采棉机工作部件的机械效应。

棉株的密度决定于行距、穴距和每穴株数。增加棉株密度虽然可能对单株生长产生一定影响,导致棉铃数量减少,但能提高群体的生产力,增加总棉铃数,从而提高亩产量。因此,合理的棉株密度是增产提效的有效途径,是提高棉花光能利用率的重要措施。常见的行距配置方式有等行距和宽窄行两种。在新疆的主要棉花种植区,通常采用宽窄行模式,宽行为50~70cm,平均行距为32~42cm,株距为8~12cm,每公顷株树多为18万~30万株。

棉茎高度是指由子叶到棉株顶部的距离,而棉茎直径是指子叶节以上5cm

处茎部的直径。在机械化采收过程中,棉株会受到压缩,相邻棉行的枝叶会互相交织,导致棉株的两侧和顶部被压缩。通常,下棉桃离地面的位置为9~15cm,棉桃位置越低的品种成熟越快,产量越高。然而,棉桃位置越低越不利于机械化采收。通过合理的密度调控和品种选择,可以优化棉花的生长环境,既提升产量,又确保适合机械化采收。

二、棉花空间分布特征测试

为了更加准确地描述棉桃在棉行内的分布,利用坐标法可以确定任意断面上的籽棉位置,棉行内的单株棉花株型如图2-4(a)所示。根据单株棉花株型建立三坐标系,如图2-4(b)所示。三坐标建立规则为:X坐标与棉行垂直,Y坐标与棉行平行,Z坐标为棉株的高度。在棉花机械化采收过程中,棉行进入采棉机采摘室前,棉行内棉株被压缩,宽度X方向压缩宽度减小、高度Z方向变高。表征棉花空间分布特征的几何参数如图2-4(c)所示。

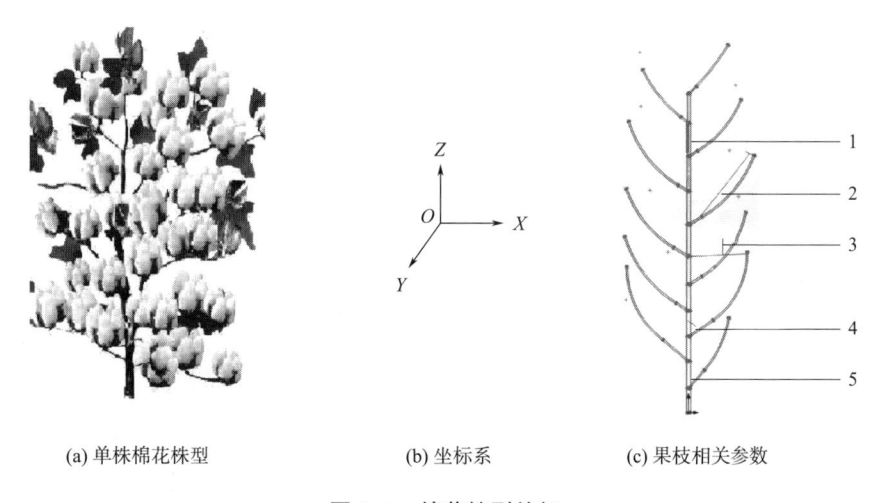

(a) 单株棉花株型　　　　(b) 坐标系　　　　(c) 果枝相关参数

图2-4　棉花株型特征

1—节间高度(mm)　2—果枝节间平均长度(mm)　3—株宽平均值(mm)
4—与主茎夹角(°)　5—节间主茎直径(mm)

本文试验材料来源于新疆生产建设兵团第一师十团和十二团场部分机

采棉。样品选取时间为2017年10月中旬,选取的机采棉花品种为新陆中37号(新疆塔里木河种业股份有限公司,原代号A-27)。该品种株高75cm,单铃重5.5g,株形较松散,丰产性突出、抗病性强,适合在新疆南疆地区推广种植,占南疆地区棉花种植面积的45%以上,属中早熟陆地棉,生育期140天左右。

棉株选取生长良好、主枝秆较直,表面无明显损坏和缺陷,且底部直径约为15cm处有棉桃。采集完后将棉株存放在阴凉处以防水分流失。在第一师十团和十二团场各采样150株。

以图2-4(b)建立的三坐标系为测量基准,分别对所有采样棉株进行测量,并对300株棉株空间分布特征几何参数进行平均处理,结果见表2-3和表2-4。表中果枝编号表示为每株棉花从根部起第一个果枝为计数点,依此类推进行标注。这里假定棉株在X方向为计数原点。

表2-3 棉枝的空间分布

果枝编号	1	2	3	4	5	6
果枝节间平均长度(mm)	164	231	209	200	188	188
株宽平均值(mm)	83	129	122	133	119	130
果枝夹角(°)	41	51	56	59	58	60
果枝直径(mm)	3.2	3.4	3.4	3.5	3.5	3.6
果枝编号	7	8	9	10	11	12
果枝节间平均长度(mm)	196	188	157	144	128	115
株宽平均值(mm)	137	125	109	95	81	62
果枝夹角(°)	61	60	59	53	44	36
果枝直径(mm)	3.6	3.6	3.4	3.3	3.3	—

表2-4 棉枝的主茎特征

主茎编号	1	2	3	4	5	6
主茎节间平均长度(mm)	49	54	51	52	53	57
主茎直径(mm)	8.8	8.6	8.4	8.1	7.9	7.8

棉株的空间分布特征如图2-5所示。随着棉株高度(Z方向)的增加,果枝节

间的平均长度和株宽的平均值呈现先上升后逐渐平稳下降的趋势,如图2-5(a)所示。棉株之间最宽处在棉花植株高度方向三分之一区域。因此,在机械化采收过程中,该区域的棉株宽度压缩量最大,棉铃较多,导致采收困难较大。棉株节间直径、主茎夹角变化如图2-5(b)所示,棉花节间主茎随棉株高度Z方向增高呈现下降,节间高度随棉株高度Z方向增高先上升后下降,果枝与主茎夹角呈现出"驼峰"形态。且峰顶较宽,夹角越大在压缩过程中变形越大。因此,从整体空间分布形态来看,在机械化采收过程中,棉株在宽度方向上的压缩最为明显,且变形主要集中在棉株的中下部区域。

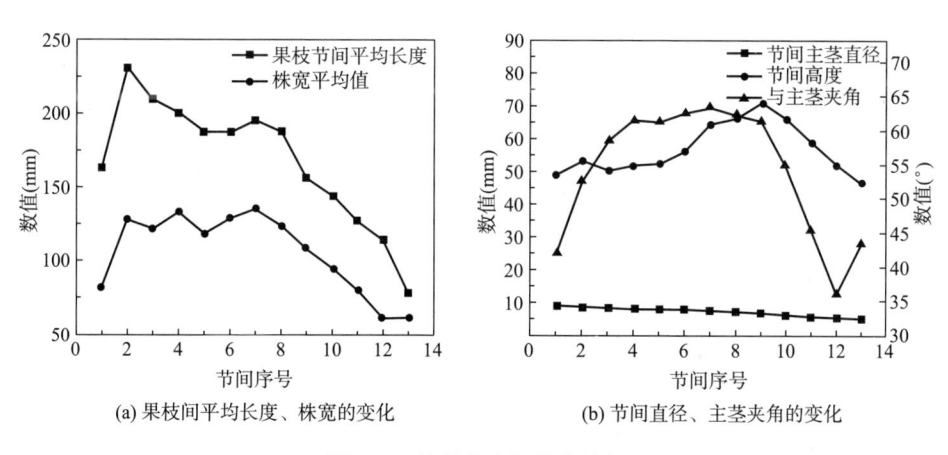

(a) 果枝间平均长度、株宽的变化

(b) 节间直径、主茎夹角的变化

图 2-5 棉株的空间分布特征

从表2-3可以看出,机采棉棉株在行内的宽度为400mm,高度为600~1000mm。在任意一个断面点上都有棉桃存在,采棉机在采收棉花时,棉株在宽度和高度方向上都要产生压缩。当棉株被压缩时,籽棉的分布情况将会发生改变,压缩后分布特征如图2-6所示。

不同品种1m长棉行内,开铃、闭铃、半开铃情况见表2-5。各品种棉花在霜前霜后,每株棉花各部分的重量比见表2-6。不同品种单一棉株的平均棉桃数见表2-7。

由表2-5~表2-7可见,品种不同,棉桃含量不同,范围在2%~25%。青桃越多的品种,例如8582和纳弗洛茨基,对机收棉花越不利。

(a) 棉株未压缩　　　　　　　　(b) 棉株压缩后

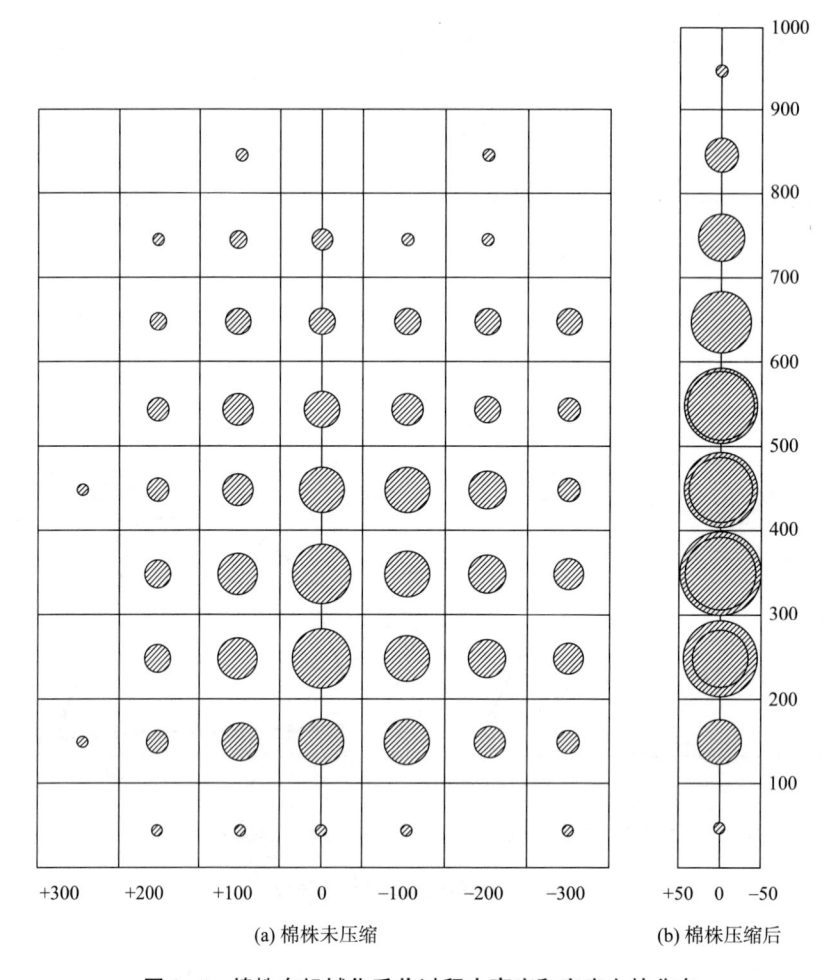

图 2-6　棉株在机械化采收过程中高度和宽度上的分布

表 2-5　不同品种 1m 长棉行内,开铃、闭铃、半开铃情况

棉桃状态	品种										
	2034		582		1306		13714		8196		纳弗洛茨基
	棉桃数	%	棉桃数	%	棉桃数	%	棉桃数	%	棉桃数	%	棉桃数	%
开铃	44.2	74.5	30.1	52.0	80.2	96.6	50.8	90.9	50.7	92.8	30.9	55.4
闭铃	8.4	14.0	20.6	35.6	1.4	1.9	3.1	5.5	2.1	3.8	17.6	31.4
半开铃	7.5	12.5	7.2	12.4	2.3	2.7	2.0	3.6	2.1	3.8	17.6	31.4
总计	60.1	100	57.9	100	83.9	100	55.9	100	54.9	100	55.9	100

表 2-6 棉株各部分的重量比

棉株各部分重量		品种							
		1306		8582		2034		纳弗洛茨基	
		霜前	霜后	霜前	霜后	霜前	霜后	霜前	霜后
叶	克重	65.28	11.94	70.31	6.72	89.04	16.20	56.19	9.54
	重量比(%)	24.3	11.5	24.1	6.9	32.4	11.4	24.5	6.5
茎	克重	37.49	32.04	43.16	36.37	49.97	44.01	36.74	31.56
	重量比(%)	13.8	31.8	14.8	36.6	18.3	32.5	16.1	21.6
桃	克重	144.8	6.75	168.6	36.48	123.0	40.31	134.1	82.72
	重量比(%)	53.7	6.0	57.8	36.8	44.7	29.5	59.1	56.4
铃壳	克重	5.66	12.25	2.6	6.26	3.67	10.18	0.19	5.53
	重量比(%)	2.1	12.0	0.9	6.2	1.3	7.4	0.2	3.8
籽棉	克重	16.44	39.28	6.9	13.9	9.32	26.49	0.43	16.98
	重量比(%)	6.1	38.7	2.4	13.5	3.3	19.5	0.1	11.7
总计	克重	269.7	102.2	291.6	99.02	275.0	137.1	227.7	145.8
	重量比(%)	100	100	100	100	100	100	100	100

表 2-7 不同品种单一棉株的平均棉桃数

品种	时期	开铃		半开铃		闭铃		总计	
		总数	%	总数	%	总数	%	总数	%
2034	11/XI	4.9	90.04	0.15	2.71	0.4	0.95	5.43	100
13714	5/XI	6.96	97.75	0.01	0.14	0.15	2.11	7.12	100
8582	5/XI	6.19	70.77	0.74	8.46	1.82	20.77	8.75	100
1306	10/XI	7.05	96.36	0.18	2.42	0.09	1.22	7.32	100
8517	3/XI	4.39	83.28	0.13	2.49	0.75	14.23	5.27	100
4268	11/XI	5.77	87.63	0.25	3.83	0.56	8.54	6.58	100

将棉桃数换成重量数，或将重量换成体积时，棉花各部分的绝对重和散堆重见表 2-8。

表 2-8　棉花各部分的绝对重和散堆重

品种	开铃					散堆重 (kg/m³)	半开铃桃重 (g)	闭铃			平均数	
	平均重(g)							棉桃平均重 (g)	散堆重 (kg/m³)		棉瓢 (g)	棉瓢中心团籽棉 (g)
	铃壳	棉桃的籽棉	棉桃	棉瓢	小团籽棉						
2034	1.80	5.18	6.98	1.22	0.166	49	9.01	18.86	457	4.24	7.37
13714	2.18	6.34	8.52	1.47	0.197	51	13.12	13.26	422	4.31	7.48
8582	2.46	6.31	8.77	1.30	0.184	46	10.11	20.89	480	4.85	7.08
1306	1.10	4.74	5.84	1.09	0.151	48	8.09	12.65	447	4.35	7.20
8517	2.49	4.86	7.35	1.05	0.146	51	9.78	12.39	656	4.63	7.17
4268	1.30	5.36	6.66	1.20	0.167	50	10.16	15.57	448	4.47	7.20
1306	1.90	5.46	7.35	1.47	0.169	48	10.05	15.63	476	4.48	7.27
非灌溉	—	3.2~3.9	—	0.78~0.97	0.13~0.16	—	—	—	—	4.0	7.3

棉花湿度影响各部分的力学特性,从而影响机采过程。确定棉株各部分的湿度时,将其置于干燥箱内,在 105℃温度下烘干,至重量不再变化为止。试验结果如图 2-7 所示。

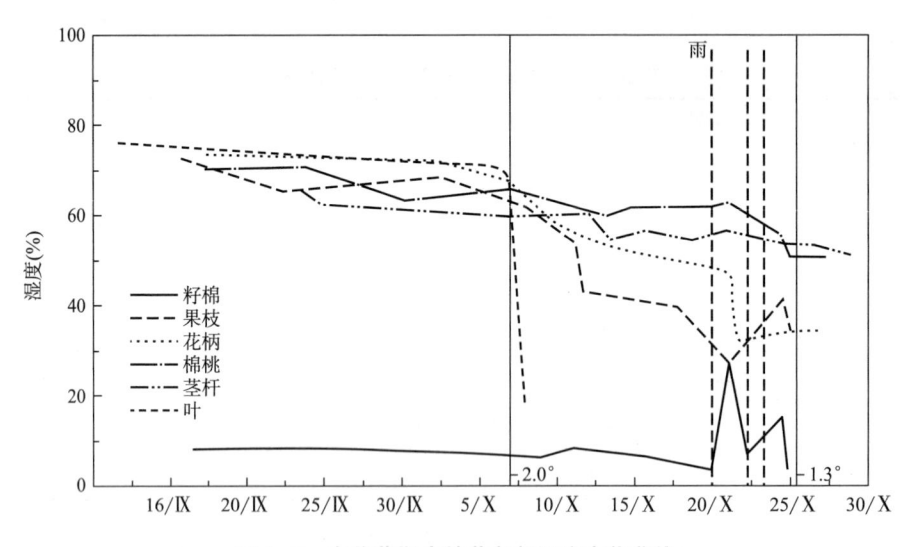

图 2-7　在收获期内棉花各部湿度变化曲线

中央亚细亚地区,气候比较稳定,因此时间(棉株年龄)是影响湿度的最重要的因素。湿度的变化可由下式确定:

$$W = W_0 e^{\pm \frac{t}{k}} \tag{2-1}$$

式中,W 为湿度(%);W_0 为最初湿度(%);t 为时间(昼夜),比例常数 $\frac{1}{k}$ 数值见表 2-9。

表 2-9 比例常数值 $\frac{1}{k}$

棉株各部名称	试验 1		试验 2	
	霜前	霜后	霜前	霜后
叶	0.003	4.355	0.003	—
果枝	0.003	3.753	0.004	3.363
花柄	0.003	—	0.003	3.017
棉桃	—	1.417	—	—
茎节	0.004	—	0.005	—

三、棉花表面摩擦力

棉花各部分做相对运动时,其表面摩擦力与正压力之比称作摩擦系数。摩擦力可由下式算出:

$$f = \frac{F}{N} = f_0 + \frac{\sigma_\tau}{N} \tag{2-2}$$

式中,σ_τ 为表面变形切线分力;F 为摩擦力;N 为正压力;f_0 为摩擦系数,不受正压力影响。

表 2-10~表 2-12 列出了单位正压力大于 10^{-4}kg/cm^2 和小于 10^{-2}kg/cm^2 时的摩擦系数,以及用最小二乘法求得的 σ_τ 值。因速度改变而变化的摩擦系数一般不超出正常分布曲线的范围。

表 2-10 在各种物质作用下,棉花各部分的摩擦系数

棉株部分	摩擦系数	时期	铜	橡皮	铝	白铁皮	木材	镀锌铁皮
纤维	运动	霜前	0.39	0.59	0.36	0.38	0.57	—
		霜后	0.42	0.51	0.28	—	—	—
	静止	霜前	0.49	0.60	0.47	—	—	0.42
		霜后						
叶片	运动	霜前	0.66	0.76	0.66	0.57	0.83	—
		霜后	0.39	0.50	0.26	0.36	0.54	—
	静止	霜前	0.43	0.86	0.52	—	—	0.49
		霜后	0.33	0.65	0.32	—	—	0.29
果枝	运动	霜前	0.69	0.79	0.63	0.57	0.83	—
		霜后	0.42	0.66	0.32	0.36	0.54	—
	静止	霜前	0.54	0.89	0.54	—	—	0.49
		霜后	0.38	0.70	0.41	—	—	0.37
棉桃	运动	霜前	1.12	0.92	1.07	0.97	0.71	—
		霜后	0.88	0.93	0.92	0.91	0.67	—
	静止	霜前	0.75	0.80	0.73	—	—	0.72
		霜后	0.50	0.75	0.72	—	—	0.47
铃壳	运动	霜前	0.33	0.66	0.33	—	—	—
		霜后	0.39	0.61	0.38	—	—	—
	静止	霜前	0.41	0.82	0.37	—	—	0.32
		霜后	0.33	0.68	0.33	—	—	0.29

表 2-11 籽棉表面的滑动摩擦系数值及切向形变力

材料或零件	成熟籽棉		未成熟籽棉	
	f_0	σ_τ (mg/mm)	f_0	σ_τ (mg/mm)
干钢	0.2~0.3	0.002~0.010	0.25~0.35	0.012~0.018
水湿钢	0.6~0.7	0.020~0.040	0.5~0.6	0.04~0.05
冻土绿钢	0.72	0.188	0.95	0.10~0.20
干铬钢	0.2~0.3	0.004~0.008	0.54	0.010~0.016
水湿铬钢	0.44	0.046	0.76	0.030
干刻齿纺锭	0.8~1.8	0.038~0.100	0.8~1.8	0.04~0.10
水湿刻齿纺锭	1.8	0.126	—	—

续表

材料或零件	成熟籽棉		未成熟籽棉	
	f_0	σ_τ (mg/mm)	f_0	σ_τ (mg/mm)
变绿刻齿纺锭	2.25	0.18~0.36	—	—
干刷	2.65	0.36	1.13	0.060
涂绿刷	1.91	0.32	1.4	0.050
干皮革	1.09	0.26	0.82	0.036
干橡皮	0.5~0.8	0.006~0.012	0.6-0.9	0.008-0.2
涂绿橡皮	0.5	0.006	0.6	0.004
湿粗橡皮	1.33	0.532	—	—

表 2-12 籽棉摩擦系数与正压力和速度的关系

材料	压力		滑动速度(m/s)									
	绝对(g)	单位(g/cm²)	0.002	0.13	1.73	3.45	5.18	6.9	8.63	104	12.1	13.8
钢	52	2.2	0.20	0.32	0.37	0.38	0.39	0.39	0.40	0.40	0.40	0.40
	442	18.4	0.20	0.30	0.35	0.35	0.35	0.35	0.36	0.36	0.36	0.36
	1103	45.5	0.18	0.26	0.30	0.31	0.31	0.31	0.32	0.32	0.32	0.32
	2063	85.9	0.16	0.25	0.29	0.30	0.31	0.31	0.31	0.31	0.32	0.32
棉布	52	2.2	0.95	0.87	0.97	0.98	0.98	0.98	0.98	0.95	0.97	0.97
	442	18.4	0.48	0.48	0.48	0.48	0.48	0.49	0.49	0.49	—	—
	1103	45.9	0.30	0.37	—	—	—	—	—	—	—	—
	2061	85.9	0.28	0.33	0.36	0.37	0.36	0.36	0.36	—	—	—
木材	52	2.2	0.41	0.36	0.41	0.42	0.42	0.42	0.42	0.42	0.41	0.41
	442	18.4	0.23	0.36	0.30	0.31	0.31	0.31	0.31	0.31	0.32	0.32
	1103	45.9	0.19	0.24	0.27	0.27	0.27	0.27	0.27	0.27	0.27	0.27
	2061	85.9	0.19	0.27	0.25	0.25	0.25	0.25	0.25	0.25	0.25	0.26
橡皮	52	2.2	0.92	0.84	0.39	0.39	0.39	0.39	0.39	0.39	0.39	—
	442	18.4	0.92	0.50	0.47	0.45	0.45	0.45	—	—	—	—
	1103	45.9	0.90	—	—	—	—	—	—	—	—	—
	2061	85.9	0.84	—	—	—	—	—	—	—	—	—

四、棉植株枝秆剪切

本文选择新陆中 37 号棉花品种,并在机械化采收后的棉秆中进行取样。选择表面未损伤、未开裂以及未受虫害的茎秆,确保枝茎粗细均匀且顺直。所选取的样本长度为 60mm,直径在 2~5mm。

在实验室进行测试,测试地点室内温度 20℃左右。实验设备型号为 HLB-500 的拉压试验机,如图 2-8 所示。试验过程采用 V 型夹具安装棉秆样品,上试样夹具按照刀片,试验加载速度为 20mm/min,记录剪断时的载荷。

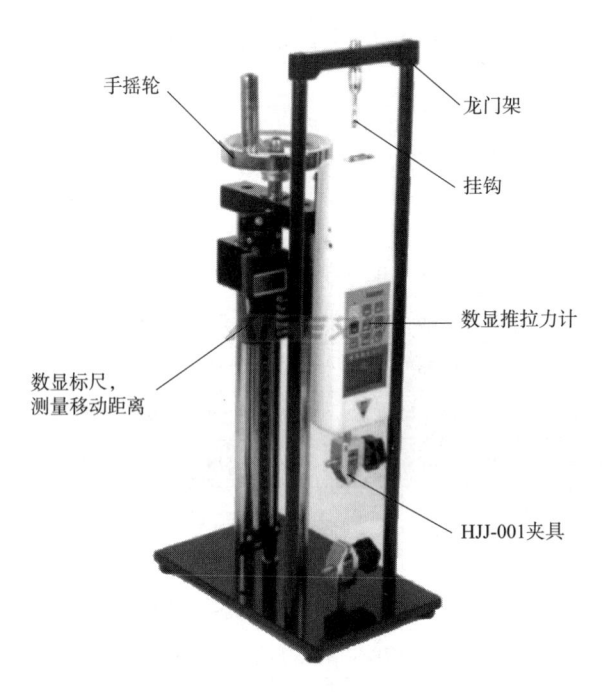

图 2-8 小型拉压试验机

根据棉秆剪切强度计算式为:

$$\tau = 2P/(\pi D^2) \tag{2-3}$$

式中,τ 为剪切强度(MPa);P 为最大破坏剪切力(N);D 为棉秆直径(mm)。

根据式(2-3)对剪切试验数据进行计算处理,结果如图 2-9 所示。每一组试验进行 6 次。结果表明,棉花枝秆的剪切强度与棉秆直径之间存在以下关系:随着直径增大剪切强度稍有减小,棉花枝秆剪切强度大约在 2MPa。从图 2-9 可以看出,每组数值的标准差较大,表明剪切强度与棉花枝秆的生长、发育有密切关系。虽然棉秆直径差异不大,但剪切强度可能相差很大。

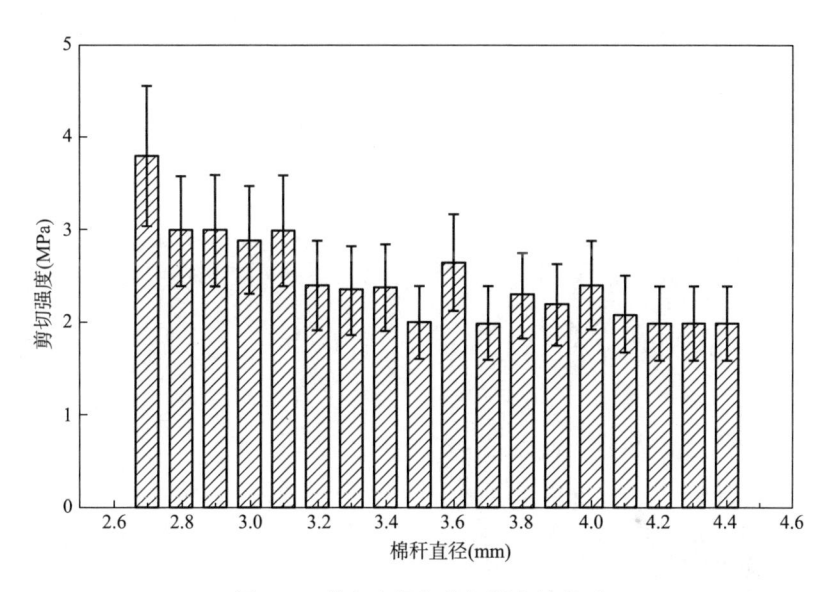

图 2-9　棉秆直径与剪切强度的关系

从剪切后的棉秆支茎轴向断面来看,棉秆由皮部、木质部、髓部组成,如图 2-10 所示。皮部的最外表层呈破裂不完整状态,含色素颜色较深。周皮由木栓细胞构成,周皮内侧受挤压,细胞形状极不规则,多呈中空腔扁平束状纤维、细胞壁较厚,如图 2-10(a)所示。木质部由管孔状的导管、管胞和木纤维组成,细胞腔大,细胞之间的空隙数量较多,这些空隙主要作用是蓄积水分以及输送水分。靠近皮部管孔密而小,连接髓部的管孔较大且疏松,中间形成过渡。另外,在木质部区域存在径向排列分布的木射线,如图 2-10(b)所示。髓部由较大的薄壁细胞组成,截面呈正六边形结构,外接圆直径约 60μm,细胞排列疏松、有明显的胞间隙,塑性较大,如图 2-10(c)所示。薄壁细胞呈现为竹节状中空结构,竹节层分布微米级细小孔洞,如图 2-10(d)所示。

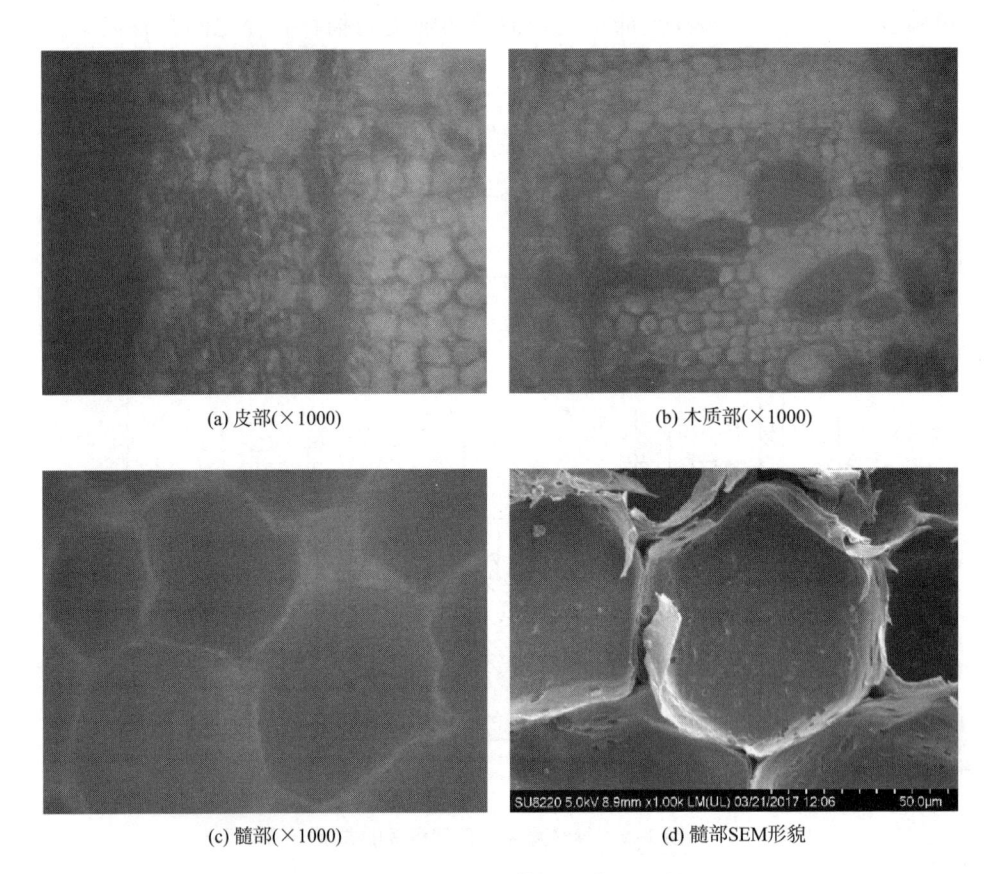

(a) 皮部(×1000)

(b) 木质部(×1000)

(c) 髓部(×1000)

(d) 髓部SEM形貌

图 2-10 棉秆支茎横切面微观形貌

此外,从径向尺寸来看,皮部很薄,厚度大约只有 0.2mm,木质部厚度约为 0.5mm。皮部、木质部和髓部体积大致例为 23∶45∶32。

棉秆支茎为阶梯多尺度天然生物质材料,硬度分布沿横切面半径从外向里逐渐降低。为了准确描述棉秆枝茎的硬度分布,分别对皮部、木质部、髓部进行纳米硬度表征和分析。将棉秆样品切成 5mm 圆柱段,采用环氧树脂无包埋冷镶样后,然后用抛光机(Tegramin,Struers,丹麦)对横切面进行仔细抛光,依次采用砂纸(SiC,FEPAP#4000,Struers)和抛光布(MD-MolAPS),转速 120r/min。经横切面抛光磨平后在 50℃的干燥箱保温烘干 24h。

试验所采用的纳米压痕仪是瑞士 CSM 仪器公司生产,该纳米压痕仪载荷范围为 0.1mN~1N,可用于分析有机物与无机物材料的纳米硬度。将抛光后试样固定到纳米压痕仪的试样台上进行测试。试验采用金刚石布氏压头,载荷加载方式为线性加载,最大载荷为 10mN,加载速率为 20mN/min,卸载速率为 20mN/min,设置棉秆泊松比为 0.3。环境温度为 25℃,湿度为 26.7%。

棉秆枝茎皮部和木质部横截面在纳米压痕试验中的形貌如图 2-11 所示。从残余压痕来看,与木质部相比,皮部残余压痕清晰可见[图 2-11(a)中黑色线条区域],木质部残余压痕模糊不清。这表明,皮部的压痕过程主要以塑性变形为主,弹性恢复较小,而木质部弹性恢复能力明显高于皮部。

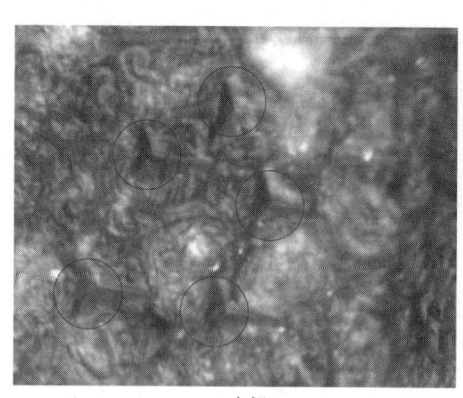

(a) 皮部 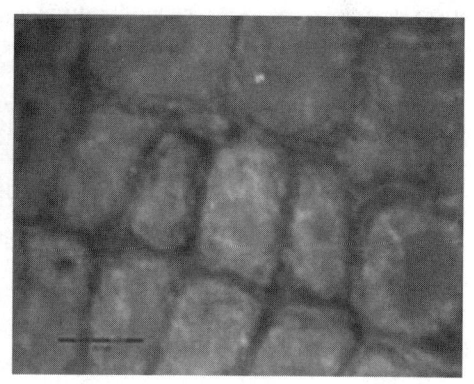　　　　　　　　　　(b) 木质部

图 2-11　棉枝秆支茎横截面微观形貌

棉枝秆枝茎皮部和木质部的弹性模量和硬度分布见表 2-13。从平均值来看,皮部的弹性模量是木质部 2 倍以上,硬度则小于 2 倍。此外,由于棉秆支茎的髓部多为孔洞状结构,并且细胞壁很薄,因此未能采用纳米压痕仪测试到髓部的弹性模量及硬度,表中 N 表示未检测。

表 2-13　棉枝秆弹性模量与硬度

项目	皮部		木质部		髓部	
	弹性模量	硬度	弹性模量	硬度	弹性模量	硬度
最大值(GPa)	21.1	0.36	11.2	0.29	N	N

续表

项目	皮部		木质部		髓部	
	弹性模量	硬度	弹性模量	硬度	弹性模量	硬度
最小值(GPa)	15.1	0.27	5.8	0.08	N	N
平均值(GPa)	18.7	0.32	8.2	0.18	N	N
标准差	2.2	0.04	2.0	0.07	N	N

五、扯出籽棉力

把籽棉从棉桃中摘下需要一定的力。在机械化采收棉花时,采棉机摘锭首先接触棉桃并缠绕,然后从棉铃中摘出籽棉。棉桃有时被拆散,籽棉不能和铃壳完全分离,形成所谓"留胡子"现象。为了确保从棉桃中完全采摘籽棉,摘锭需要不断重复操作。籽棉与铃壳之间的连接力大小决定了棉瓣被采摘时的拉伸长度,而棉纤维长度则会影响棉瓣的拉伸。因此,棉纤维长度的拉伸和棉瓣的拉伸相互作用,共同影响采摘损失率和采净率。本文测试了籽棉从棉桃中拉出的力学行为,试验时间为2017年10月,测试品种为新陆中37号,测试了300多个棉桃,环境温度约为20℃。该品种成熟籽棉从棉桃中拉出所需的最大力、最小力和平均力见表2-14。测试过程中出现籽棉扯断的现象。

表2-14 扯出籽棉所需力

年份	品种	试验次数	平均连结力(N)	最大连结力(N)	最小连结力(N)
2017	新陆中37	120	1.85	3.01	0.72

棉桃重量与扯出力的关系如图2-12所示。扯出籽棉所需力见表2-14,可知平均扯出力约为1.85N。可以看出,扯出力随棉桃重量增大呈现上升趋势,棉桃重量7.5g以下的扯出力均小于1.5N,而棉桃重量大于7.5g的扯出力均高于1.5N。因此,棉花在机械化采收过程中棉桃重量大小与摘锭的采摘功率具有直接联系,也与摘锭的转速密不可分。

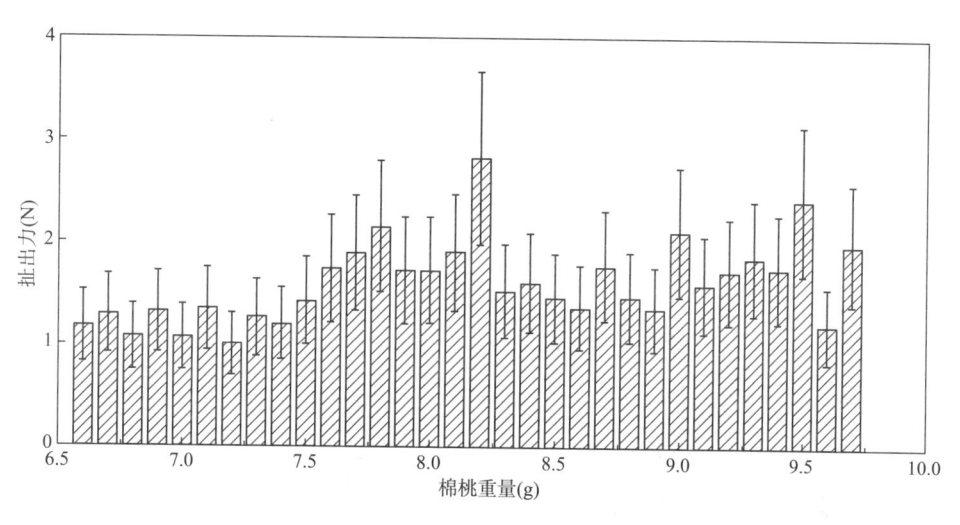

图 2-12 棉桃重量与扯出力关系

六、棉植株各部分的空气动力学特性

棉植株各部分的空气动力学临界速度可以通过垂直气流管道进行测定。通过试验,获得了不同成分的临界速度值(单位:m/s),见表2-15。

表 2-15 棉植株部分的临界速度

成分	速度(m/s)
小团籽棉	2.9
棉瓤	4.9
未开裂的棉桃	11.0
开裂的棉桃	4.7
半开裂的棉桃	6.2
铃瓣	4.4

成团棉花的临界速度较分散棉花的临界速度大10%左右。根据棉花科学研究所的资料,籽棉的临界速度应该稍微小一些,如图2-13所示。

当空气和籽棉的混合的容积比为1∶580时,在水平管道内的静压力与纯空气输送时的压力相同。沿水平管道的空气送棉速度,取决于籽棉和空气的重

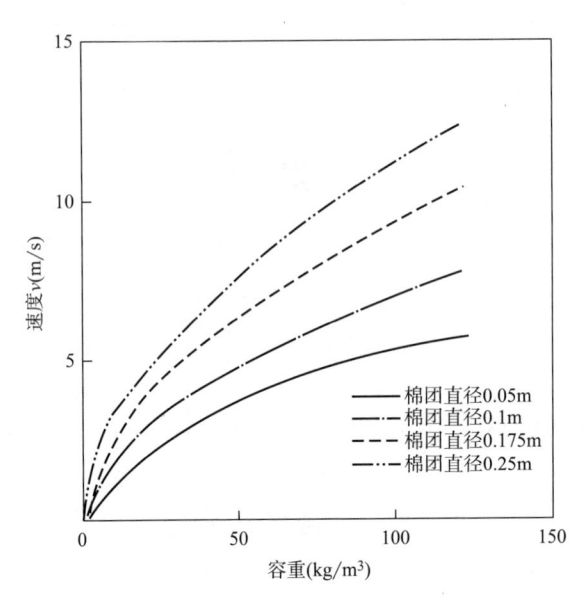

图 2-13 棉花团的尺寸和散堆棉花容重与空气动力学临界速度的关系

量比例。当吸气管里空气流速度为 18~20m/s，以及籽棉和空气容积比为 1：100 时，用采棉机收获中等产量以上的籽棉，能够顺利地使棉花在垂直管道内输送。

棉株各部分物理性能的主要指标见表 2-16。当棉花纤维宽度很小时，棉花纤维长宽比比棉桃瓣和棉桃的长宽比约大 1000 倍，比茎秆和果枝的长宽比大 20~50 倍，比叶子大 7~8 倍。棉絮与的棉株其他各部分相比，它的弯曲刚度极小。籽棉和铃瓣间的连结力，相比于棉叶与棉株的其他部分之间的连结力，均较为微弱。当拉力作用于果枝轴向时，棉桃和果枝的连结力仅为果枝和主茎连结力的 1/2~1/3。棉瓢和铃瓣连结力破坏时的相对变形率比棉株其他各部分之间的破坏时的相对变形率大 50~75 倍。籽棉的这些特有的指标(尺寸、连结力、变形和刚度)是进行棉花采收机械化的依据。棉瓢和铃瓣之间的连结力与叶子和分枝之间连结力差异较小，叶片的刚度和棉纤维刚度的差别不大，这意味着在机器采摘籽棉时，可能会掺杂大量碎叶。

表 2-16　棉株各部分物理性能的主要指标

棉株各部分名称	长度（mm）	宽度（mm）	长宽比	连接力（N）	伸长率（%）	弯曲刚度（kg/cm^2）	空气动力学的临界速度（m/s）
棉絮	25~35	0.015~0.025	1000~2200	0.01~0.05[①]	150~250[③]	0.000003~0.000004	2.9~4.9
叶子	100~200	0.25~1.50	130~140	0.075	2~5	0.05~0.8	—
果柄	30~50	2~5	10~25	2~10	2~5	0.8~25	—
果枝	50~300	2~7	25~100	4.1~18[②]	2~5	12~100	—
茎	450~1550	10~30	25~40	10~90	2~5	500~2500	—
未开裂的棉桃	27~44	25~35	1.0~1.5	2~10	2~10	—	11~13.3
铃瓣	27~44	12~17	1.5~3.5	—	—	—	4.4

①铃瓣和棉瓤的连结力。
②是指作用力沿着果枝方向时的连接力,如果作用力是沿着茎秆方向的,则连接力应该减少 50%。
③适用于小团籽棉和棉瓤。

第三节　棉纤维基本性质

一、棉纤维的形态及结构

棉纤维的亚单元之间存在着相互关系。从多组分的主壁到纯纤维素次壁,再到内腔,亚纤维单元的组织结构使棉纤维具有可加工、强韧和舒适的特性。棉纤维的外皮,即细胞壁(角质层—主壁),是由随机组织在蜡、果胶、蛋白质和其他非纤维素材料混合物中的微纤维组成的内部网络[7]。在干燥的棉纤维中,微纤维呈纵横交错的线状网络,包裹着整个纤维内部。细胞壁中的非纤维素成分使纤维表面呈现出非纤维状外观,既能在环境中提供疏水保护,又能在加工过程中提供润滑表面,如图 2-14、图 2-15 所示。

一般成熟棉纤维的横截面由多层同心组织组成,由里到外依次为中腔、次生层和初生层[8-10],如图 2-16 所示。在微观形貌下观察发现棉纤维横断面大多为腰圆形、纵向呈扁平的带状转曲结构如图 2-17 所示,具有锥状特征,生长在棉籽上的一端较粗且敞口,另一端封闭尖细。

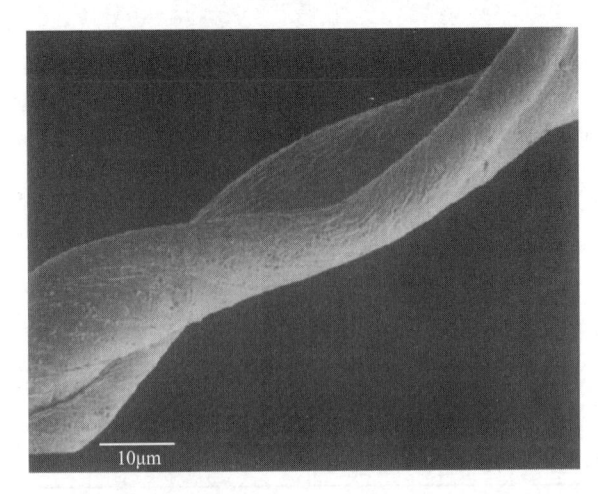

图 2-14 棉纤维干燥后的典型尺寸结构变化(扫描电子显微镜)

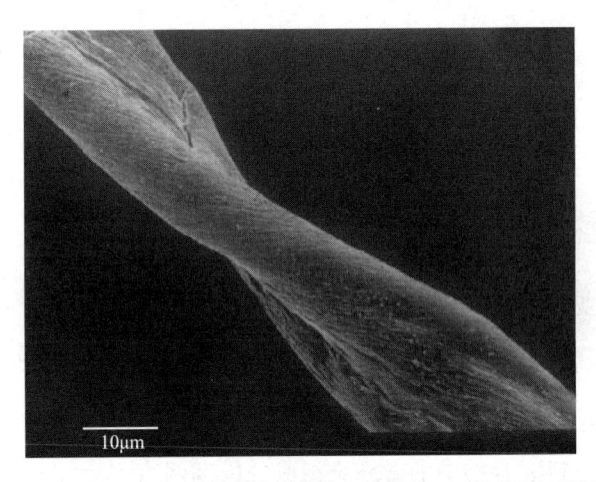

图 2-15 棉纤维干燥后的尺寸结构变化较少(扫描电子显微镜)

第一部分是棉纤维的最外层,是棉纤维的"皮肤"。该层较光滑,含有果胶、蜡质和蛋白质,这一层具有的润滑作用对后续棉纤维加工过程有很大影响。棉纤维外层很薄,只有几个分子厚,容易受到环境的影响。遇大雨冲刷和高温可能被去除,使棉纤维摩擦增加。

第二部分是初生层,靠近最外层里侧,大多数由原纤组成。该层厚度与成熟度相关,棉纤维成熟度高、初生层厚,为 $0.1 \sim 0.2 \mu m$。一般组成初生层的纤

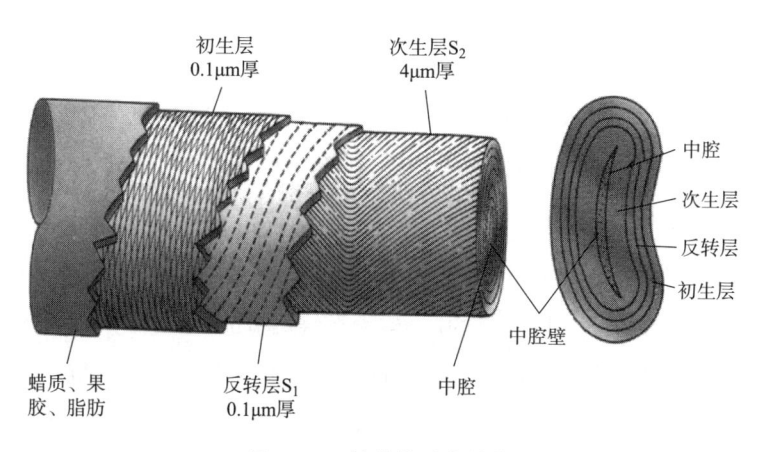

图 2-16 棉花的形态结构

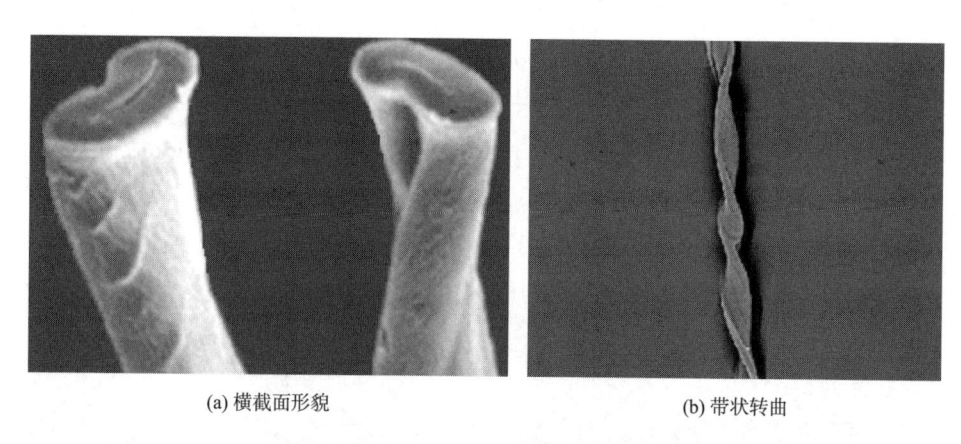

图 2-17 单根棉纤维形貌
(a) 横截面形貌 (b) 带状转曲

维素具有螺旋状结构,与纤维轴夹角为 70°~90°。

第三部分是反转层 S_1 和次生层 S_2,该层的微原纤呈螺旋排列分布,与纤维轴向具有一定角度,相比初生层,取向度、结晶度很高。微原纤的螺旋方向沿纤维轴向周期性分布、形成扭曲,是构成纤维转曲形态的基础。反转层 S_1 和次生层 S_2 的厚度分别为 $0.1\mu m$ 和 $4\mu m$,S_1 是由微原纤相互紧密堆砌而成,几乎没有缝隙和孔洞,与纤维轴夹角为 20°~30°。S_2 由基本同心的环状层形成纤维主体结构,与纤维轴夹角约为 25°。单根棉纤维上这种转向达 40 次以上,层与层之间相互形成网状结构,并存在一定的空隙。

第四部分是中腔,中腔雏形是细长薄壁细管,随着棉纤维的生长发育,次生胞壁厚度不断增大,形成的胞腔逐渐缩小。因此棉纤维的中腔横截面随成熟度逐渐变化;当棉纤维未成熟时,水分较大,中腔呈圆形;当棉纤维成熟后,水分蒸发,中腔呈腰圆形。

原生壁的蜡质成分必须部分去除,以便整理和染色化学品能够进入纤维主体。在原生壁内部,有一层薄薄的层,称为卷绕层,如图 2-18 所示,由螺旋状的微纤维带组成,铺成花边网络,与原生壁[11]和次生壁[12-13]都有关联。

在棉纤维破碎过程中,缠绕层通常与主壁分离;缠绕层纤维素是在次级壁合成开始时,伸长率降低形成沉积的,因此可能与次级壁的化学连接更紧密。初级壁的相互啮合的原纤维网络与其下方的缠绕层的纤维编织垫形成了一个动态外壳,允许次级壁内有限的膨胀,次级壁的微纤维更多地沿着纤维轴取向。套管保护次级壁原纤维在膨胀过程中免受横向分离力的影响。只要初级壁缠绕层完好,纤维的内部就不太容易损坏。纤维的主体,即次级壁,由几层几乎平行的原纤维组成,这些原纤维以螺旋形同心排列,如图 2-19 所示。

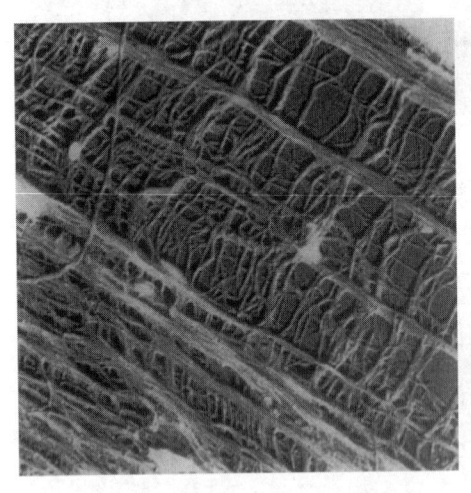

图 2-18 缠绕层的交叉刻痕结构
（透射电子显微镜）

图 2-19 次级壁的平行微纤维
（透射电子显微镜）

靠近主壁的次级壁原纤维与纤维轴成约 45°，如图 2-20 所示。当接近纤维芯或管腔时，次级壁原纤维的取向与原纤维轴更紧密地对齐，如图 2-21 所示。

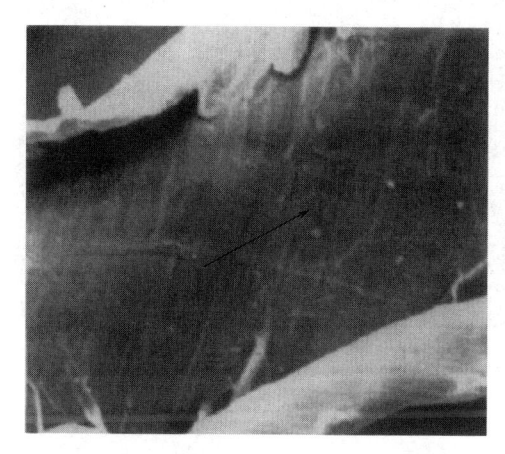

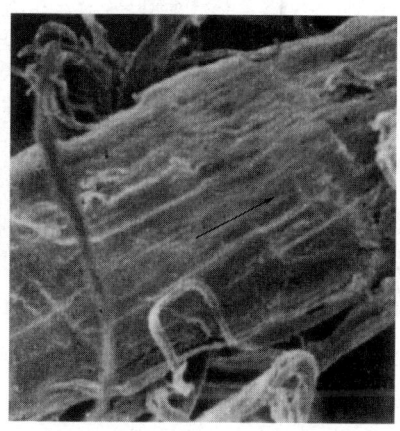

图 2-20　主壁被剥离的纤维，其下层次生纤维与纤维轴线呈 45°（扫描电子显微镜）（箭头表示纤维轴）

图 2-21　剥去原生壁和外层次生壁的纤维，次生壁纤维几乎平行于纤维轴（扫描电子显微镜）（箭头表示纤维轴）

围绕光纤轴的螺旋方向沿光纤长度以随机间隔反转的原纤维的方向变化称为反转，可以通过追踪纤维表面皱纹的方向来检测，如图 2-22 所示。

反转代表断裂强度的变化区域。与其他纤维区域相比，紧邻反转两侧的区域在应力下更容易断裂[14-15]。反转两侧被真菌损坏的纤维的开裂，形成纤维主壁上的皱纹，如图 2-23 所示。

次级壁的致密纤维层被认为是纯纤维素。从主壁到管腔的壁厚与重量细度（单位长度的质量）密切相关。没有二次壁发育的纤维不能表现出单个纤维的完整性，只能以团块的形式存在[16]。具有原生壁但没有次级壁的纤维束的横截面，如图 2-24 所示。次级壁的发展为纤维提供了刚性和主体性。

中间次生壁发育（未成熟纤维）的横截面如图 2-25 所示。成熟纤维的横截面如图 2-26 所示。

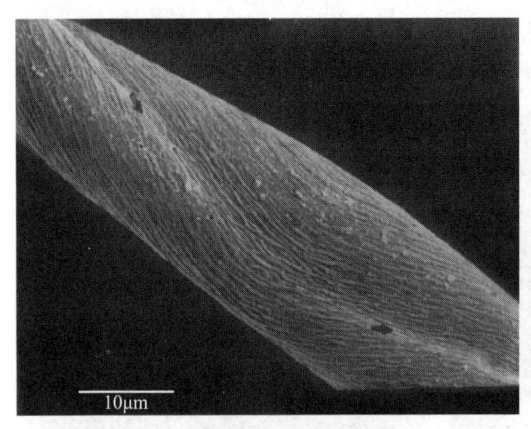

图 2-22 纤维表面皱纹显示纤维方向的潜在逆转

图 2-23 反转两侧产生裂纹的纤维（扫描电子显微镜）

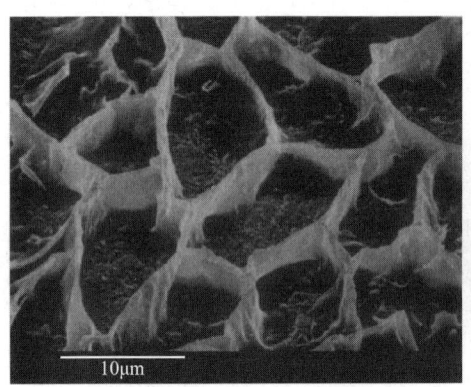

图 2-24 具有原生壁但没有次生壁的纤维束横截面（扫描电子显微镜）

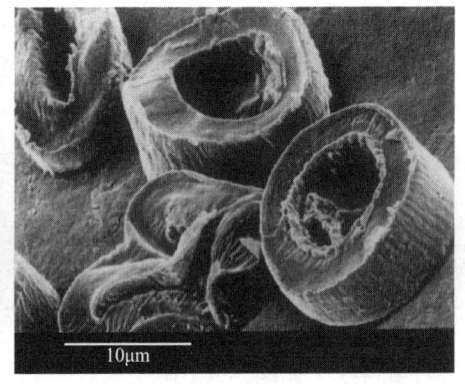

图 2-25 部分发育的原生壁和未成熟纤维横截面（扫描电子显微镜）

这些切片是活体收获的,在湿润状态下加工,因此它们比干燥纤维更圆,没有呈现出干燥纤维特有的菜豆形横截面形状。次生壁较薄的纤维被称为未成熟纤维,而壁厚达到或接近最大厚度的纤维被称为成熟纤维。因此,成熟度是一个难以客观衡量的相对术语。二次壁厚与纤维的强度、染色性和反应性等性能直接相关。典型纤维束的横截面如图 2-27 所示,混合了成熟纤维和未成熟纤维。

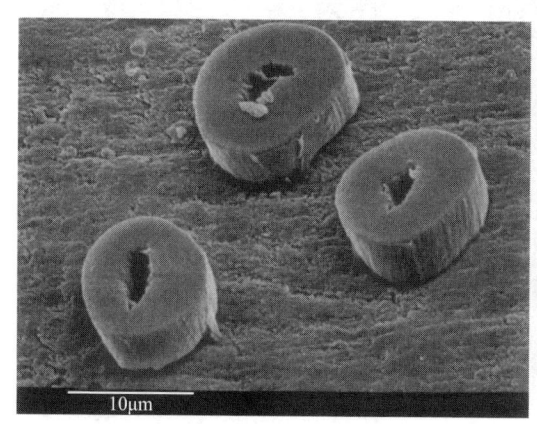

图 2-26　完全发育的原生壁和成熟纤维横截面(扫描电子显微镜)

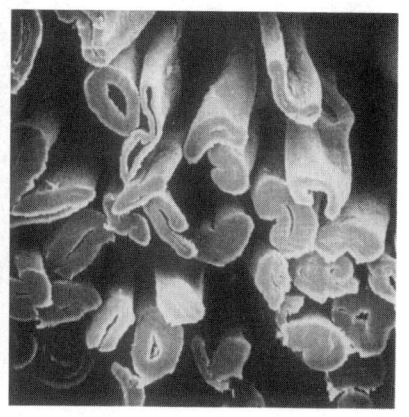

图 2-27　成熟纤维和未成熟纤维的纤维束横截面(扫描电子显微镜)

当纤维干燥时,连续的次级壁纤维层之间无法区分。然而,当纤维膨胀并在更高的放大倍数下观察横截面时,花边、分层图案变得明显[17]。当纤维被水或其他液体(如低级醇、乙二醇或甘油)润湿时,通过甲基丙烯酸甲酯和丁酯的聚合嵌入,发生的分层。可用透射电子显微镜观察到,如图 2-28 所示,是在较低放大倍数下图像。

纤维内的开放空间代表了液体的进入位置,因此纤维可以接触到液体[18]。在透射电子显微镜下以更高的放大倍数显示纤维分层,揭示了构成次级壁层的原纤维,如图 2-29 所示。

层状模式的形成是由于日常生长周期中纤维形成速率的差异[19-20]。原纤维的不同压实提供了原纤维结合的变化,并决定了进入纤维内部区域的可及性或渗透性。管腔是纤维的中心开口,从基部延伸到尖端,它含有细胞原生质的干燥残留物,这是纤维中除初生壁外的非细胞物质的唯一来源。薄细胞壁(管腔壁)形成了内部细胞边界,管腔开口约占成熟纤维横截面积的 5%。

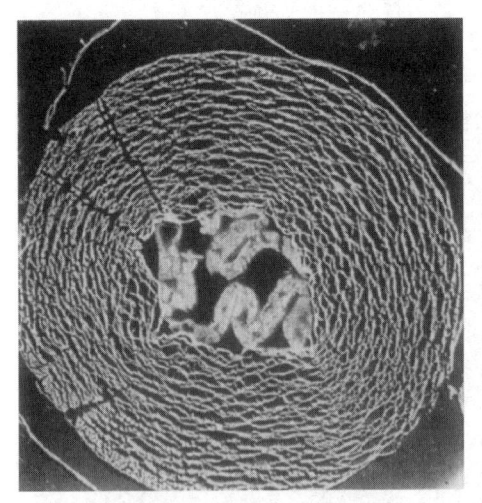

图 2-28　较低放大倍数下膨胀纤维中的分层薄横截面(透射电子显微镜)

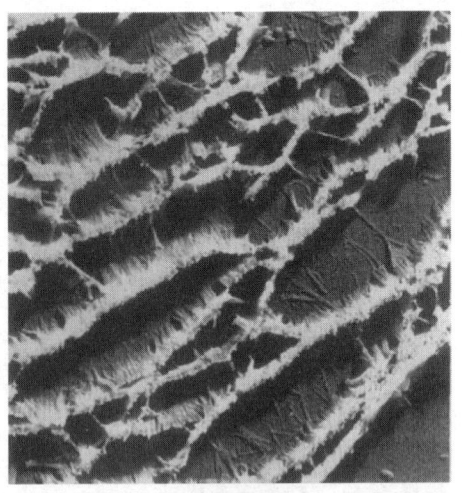

图 2-29　较高放大倍数下膨胀纤维层中的纤维横截面(透射电子显微镜)

活跃的水存在于棉铃室内可用空间的管状结构中。当棉铃打开时,水的去除会导致纤维的内层扭曲和塌陷,而主壁由于其网状结构不易收缩,反而会对下层纤维产生褶皱和模压,产生褶皱和卷曲(扭曲)和压缩痕迹,如图 2-30 所示。所以纤维经常以不均匀的椭圆模式折叠,其横截面有凸面和凹面,如图 2-27 所示。

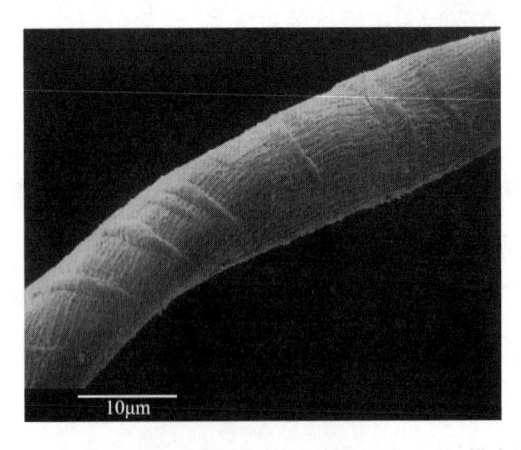

图 2-30　棉纤维表面因水分去除而产生的压缩痕迹(扫描电子显微镜)

这种模式在低成熟度的纤维中更为明显。即使在成熟的纤维中,管腔横截面在干燥时也呈细长形状,从而使纤维横截面具有长轴和短轴。这种不对称结构表明纤维周围的纤维堆积密度可能存在差异。这些区域在光纤中呈现不同的可达性。目前尚不清楚这些纤维密度变化区域是由于横截面不同区域纤维结构的固有差异,还是干燥过程中的物理力在某些区域压缩了纤维结构,而在其他区域扩大了纤维结构[21-22]。干燥的纤维具有相对较厚的次级壁,这使其横截面呈现出典型的厚豆状形态。干燥与收缩过程导致了棉纤维的不均匀卷曲,因此,棉纤维在干燥状态下的结构与水合状态下的结构存在显著差异。

二、棉纤维的物理性能

(一)成熟度和细度

棉纤维的物理特性参数主要包括棉纤维的细度、长度、强力和成熟度,这些特性受棉花生长发育条件、品种以及后续加工方式等因素的影响。棉纤维的细度是指单位长度的质量。棉纤维的强力指纤维拉伸断裂时的最大载荷,粗纤维的强力高,细纤维的强力低。实际中强力多采用断裂比强度表示,是综合评价纤维强度和细度参数,单位为 g/dtex 或 cN/dtex。成熟度是表征纤维整体质量的重要指标,通常与纤维的细胞壁厚度相关。除了长度外,纤维的其他物理性质也与其成熟度密切相关。

棉纤维成熟度通常被理解为棉纤维次级壁的发育或增厚程度[23-24]。成熟度受生长条件的影响,良好的生长条件可以加速次级壁的发育,而不良条件如虫害、疾病或霜冻等可能导致纤维过早停止生长。成熟纤维通常发展成具有加厚次级壁的圆柱形状。然而,由于纤维筒的直径受遗传因素或物种特性等的影响,仅凭纤维次级壁的绝对厚度难以准确判断其成熟度。因此,对棉纤维成熟度的更好定义,应根据埃尔斯和外去瑞格[25]提出的,通过"平均相对壁厚"来衡量,即细胞壁的厚度与棉纤维的直径或周长之比。

增厚程度 θ 定义为细胞壁面积与纤维横截面周长相同的圆面积之比,即 $\theta = 4\pi A/P^2$,其中,A 是壁面积(μm^2),P 是纤维周长(μm)。

在选择棉花时,了解棉花的成熟度是很重要的,这将决定产品的最终质量,因为它与可染性和加工难易程度有关。未成熟的棉花容易染色不均匀,造成纺纱和织造的断裂和故障,还有加工浪费。

棉纤维成熟度可以直接或间接测量。一般来说,直接法更准确,但比间接法更慢更烦琐。在实践中,直接法被用来校准或规范间接法。

最重要的三种直接法包括:

(1)烧碱膨胀试验[26]。将整个棉纤维在18%的烧碱(NaOH)中膨胀,在光学显微镜下进行检查,并对棉纤维的相对宽度和壁厚进行具体评估,用于识别棉纤维的成熟、未成熟或死亡。

(2)偏振光测试[27-28]。在偏振光显微镜上使用交叉极化和亚硒酸盐缓速板将平行光纤的胡须放置在显微镜载玻片上。次级壁的干涉颜色将是其厚度和成熟度的直接衡量标准。一般来说,成熟的棉纤维呈现橙色到黄绿色,而未成熟的棉纤维呈现蓝绿色到深蓝色到紫色。

(3)光纤束截面图像分析的绝对参考法[29-30]。利用图像分析计算机系统自动测量几百个光纤截面的面积和周长,并进行统计分析,测量平均 θ 和周长。

间接法因其快速和准确的特点,广泛应用于棉花销售系统。间接法可分为双压缩气流法和近红外反射光谱法。双压缩气流法的例子是 Shirley Developments 细度和成熟度测试仪(FMT)[31]和 Spinlab 面积计[32]。近红外光谱方法由刘永良[33]和蒙塔尔沃等[34]开发和讨论。

纤维细度一词在纤维科学中有许多解释和认识。用于定义细度的一些最重要的参数包括周长、直径、横截面积、单位长度质量和纤维比表面积。

在这五个参数中,周长被证明是随生长条件变化最小的,并且在遗传多样性方面基本不变的属性。因此,周长常被视为纤维细度的固有特征。由于棉纤维横截面的不规则性,实际测量其直径非常困难,通常需要假设纤维的横截面是圆形的。同样,横截面积、单位长度质量和纤维比表面积取决于成熟度,因此它们并非完全独立的变量。从纺织生产的角度来看,最重要的细度参数是单位长度的质量。了解这一参数有助于纺纱工人根据所需纱线的尺寸选择合适的棉纤维。

棉纤维细度或单位长度质量可以直接或间接测量。直接法从样本中选择五个单独的纤维束。每束棉纤维会被梳理直,并在顶部和底部切割,留下 1cm 长的纤维束。每束棉纤维被放在一个低放大镜下的手表玻璃上,在每束棉纤维中数出 100 根,压紧在一起,然后在灵敏的微天平上分别称重。通过这种方法,可以得到棉纤维细度,单位为 $10^{-8}\mathrm{g/cm}$。

最接近于间接测量细度的方法是马克隆试验[35]。马克隆测试实际上测量的是细度和成熟度的乘积。它是基于对通过多孔棉纤维塞的气流的测量。在标准的马克隆测试中,将 50gr(3.24g)纤维松散地装入圆柱形容器中,容器壁上有孔以允许气流通过,将纤维压缩至 1 英寸。可抵抗 6lb/英寸以下的空气流动。研究表明,通过棉花的流量为 $Q=aMH$,其中,a 为常数,M 为成熟度,H 是细度。这些结果表明,对于恒定的成熟度,马克隆值几乎线性依赖于细度。然而,对于不同细度和成熟度的样品,细度和成熟度的乘积(MH)与马克隆值之间存在二次关系。这种关系最好用二次式 $MH=aX^2+bX+c$ 来表示,其中,X 是马克隆值,a,b 和 c 是常数[23]。因此,若已知细度、成熟度或马克隆值中的任意两个参数,就能推算出第三个参数,从而帮助加工人员更全面地评估棉花的质量。

(二)抗拉强度

准确了解纺织纤维的拉伸性能(它们对轴向力的反应)对于为特定的纺织选择合适的纤维至关重要。为了在纤维之间进行有意义的比较,有必要在已知的、可控的和可重复的试验条件下进行测量[36]。棉花是重要的纺织纤维,其强度随湿度增加而增加,而大多数其他纤维则随湿度增加而减弱。纺织纤维普遍随着温度的升高而强度减小。在纤维材料中,较长的长度通常意味着更容易出现缺陷,从而增加故障的风险。此外,材料中杂质的存在也可能导致结构不稳定,增加脆弱性。

评估材料抗拉强度的常用方法是计算断裂应力,即将材料的断裂载荷除以其截面积,从而得到单位截面积上承受的拉伸力。这可以用方程表示,$\sigma=T_b/A$,其中,T_b 是断裂张力,A 是截面积。σ 的 CI 单位为 $\mathrm{N/m^2}$(或 Pa)[37]。然而,在处理纺织品时,用单位质量的力而不是单位截面积的力来考虑强度更方便。当处理纤维时,这转化为每质量(m)每纤维长度(l)的力,定义了特定应力(韧性),如 $\sigma_{sp} = T_b/(m/l)$($N \cdot m/kg$ 或 $Pa \cdot m^3/kg$)。根据处理纺织品的量的大小,用 tex 系统测量线密度(1tex = 1mg/m)和用合成应力单位 mN/tex 或 gf/tex 测量单纤维的毫牛顿负荷更方便。这里 gf 指的是克力或克重量,它是使 1g 质量产生 980cm/s^2 的加速度所必需的力。

单纤维的抗拉强度值为 13~32gf/tex(127.5~313.7mN/tex)[38]。基于纤维素分子的结合强度的计算,可以预测棉花的强度高很多,但其他因素也很大程度影响了棉纤维的最终强度。这些因素包括晶体取向、结晶度、纤维成熟度、纤维取向和纤维结构的其他特征。虽然单纤维测试相当烦琐和耗时,但过去的大量研究显示出一些一致的结果,包括:纤维断裂载荷随纤维粗度的增加而增加,但与纤维横截面面积不成正比;断裂强度与纤维长度和细度呈正相关关系;在任何单一品种中,纤维断裂负荷和纤维重量之间存在相关性[39]。

纤维抗拉强度测量技术中最显著的进步是单纤维拉伸测试仪螳螂(Mantis)的开发[40]。Mantis 可以在不使用胶水的情况下,在破碎钳口之间快速加载单纤维,并具有计算机系统来控制单纤维断裂并记录应力—应变曲线和其他相关数据。Mantis 使用的单纤维测试包括两种测量模式:机械和光学。光纤安装是半自动的,即操作人员在颚面放置一根光纤,由两根横向真空管引起的横向气流将光纤拉直。小钳夹住纤维端部,施加轻微的应力(<0.2g)以去除卷曲。光学测量是通过检测光纤的存在对红外辐射的衰减来完成的。衰减的程度与光纤的投影轮廓(色带宽度)成正比。施加均匀的应力,使纤维伸长直至断裂。在纤维断裂之前,提供克力与伸长率的关系图。除了应力—应变曲线外,Mantis 还提供了断裂力 T_b(g)、纤维带宽度 R_W(μm)和断裂功 J(J)。

测定原棉抗拉强度的主要目的是预测原棉纤维纺成的纱线的强度。由于纱线强度不仅由棉纤维强度决定,还由长度、摩擦力和捻度引起的纤维与纤维之间的相互作用决定,因此,通过模拟棉纤维强度和相互作用的组合,平行棉纤维的断裂束可以更好地预测纱线强度。两种最常用的捆绑测试仪是 Pressley 和

Stelometer[41]。Pressley 的工作原理是将一束扁平的平行纤维夹在一组钳口之间,钳口之间基本上没有间隙(零规),或者有 0.125 英寸的夹角。夹子之间的间距为 8 英寸。钳口上的载荷是由一个重物沿斜面滚落引起的。当达到断裂载荷时,线束断裂,钳口分离,并从附带的刻度读取断裂力。

棉束抗拉强度范围从短粗亚洲棉的 18gf/tex(176.5mN/tex)到长细埃及棉的 44gf/tex(431.5mN/tex)。棉纤维的晶体取向程度,即通过 X 射线衍射获得的精细结构参数,与棉纤维的束强度直接相关[42]。这个参数是测量纤维轴旋转的角度。不同棉花品种的取向角度差异较大,埃及棉的取向角度约为 25°,而较粗糙和较弱的品种约为 45°。通常,棉纤维的晶体取向角度越小,其取向程度越高,棉纤维的强度也越大。此外,棉花的抗拉强度还受到环境因素的影响。一般来说,随着棉花含水量的增加,其抗拉强度会有所提升;而随着温度的升高,棉花的抗拉强度则会下降。

(三)其他物理性质

1. 伸长率

棉花的伸长率用断裂时的伸长率表示,因此有断裂伸长率一词[36]。对大多数棉花来说,断裂伸长率在 6%~9%之间。湿度对伸长率的影响最为显著。在低相对湿度下,伸长率约为 5%,当相对湿度达到饱和点时,伸长率约为 10%。水在纤维的孔隙和非晶态区域的吸附有助于降低纤维间的凝聚力和减轻纤维内部的应力。从而实现了更均匀的外加应力分布。X 射线衍射可以看到内部纤维的取向。溶胀处理,如丝光、乙胺和液氨处理,对纤维伸长率的影响远远大于水处理。

而参数伸长率是纤维承受变形的能力,弹性是纤维在释放载荷时恢复其原始形状的能力。这个属性与时间的高度相关。杨氏模量,单位横截面积的拉伸应力与单位长度的伸长率之比,可以根据伸长率开始(初始模量)或断裂点的数据计算。棉花的初始杨氏模量范围从海岛棉的 80g/den 到亚洲棉的 40g/den。棉花的弹性是不完美的,因为它拉伸后不能恢复到原来的长度。当纤维受到应力并允许恢复时,杨氏模量约为初始值的三分之一,这表明纤维中现在存在一些永久变形。

2. 弹性回复率

纤维的弹性回复率可以用两种方法来估计。其中一种方法是,通过循环加载将纤维机械地预处理到特定的水平。拉伸后的恢复和释放到零应力后的恢复是弹性恢复,即在特定周期后的可恢复伸长率与周期结束时的总伸长率之比。在这种方法中,弹性回复率是伸长率的函数;弹性回复率呈曲线状下降,从1%伸长率时的0.9下降到断裂时的0.4,断裂时伸长率约为6%。另一种方法是,将弹性恢复分解为三个部分:即时弹性回复、延迟弹性回复(卸荷后5min)和永久固定(或拉伸)。

3. 韧性

纤维的弹性是纤维拉伸和释放时吸收的能量与恢复的能量之比。为了得到该指标,测量了延伸阶段和恢复阶段应力—应变曲线下的面积。扩展面积与恢复面积的比值是恢复力的指标。棉花不是一种很有弹性的纤维。应力—应变曲线的另一个参数是韧性或断裂能量。韧性是由测量到断裂点的应力—应变曲线下的面积决定的,它可以近似地表示为断裂应力与断裂应变的乘积除以2。因此,韧性的单位也是 gf/tex 或 mN/tex(CI)。棉花的韧性范围为 5~15mn/tex。与未膨胀的纤维相比,通过膨胀处理,在没有张力的情况下干燥结束,韧性大大增加。然而,纤维在拉伸作用下的膨胀和干燥会降低韧性。

4. 刚度

纤维的刚度是描述纤维抗扭性能的另一个重要的弹性参数,在纺织纤维的纺纱中会有应用。刚度有时被称为"扭转刚度",定义为在单位长度的试样两端之间赋予单位扭转或单位角挠度所需的扭矩。与杨氏模量类似,剪切模量或刚度模量被定义为剪切应力与剪切应变之比,或单位面积上的扭转力与扭矩产生的扭转角(位移)之比。细纤维比粗纤维硬度小;细埃及棉的硬度在 1.0~$3.0 mN/m^2$ 之间;美国棉的硬度在 4.0~$6.0 mN/m^2$ 之间;粗印度棉的硬度在 7.0~$11.0 mN/m^2$ 之间。引入与纤维细度无关的单位线密度(tex)的特定扭转刚度是有利的。这可以定义为 $R_t = \varepsilon n/\rho$,其中,R_t 是特定的扭转刚度($mNmm^2/tex^2$),

ε 是棉花的形状因子,约等于 0.7,n 是剪切模量,ρ 是密度。刚度会随着生长条件和纤维成熟度而变化。纤维刚度随温度升高而升高,随含水量增加而降低。因此,在纺丝过程中,纤维的刚度通过保持一个相当温暖和潮湿的环境可以得到提升。

到目前为止,所讨论的弹性特性与施加在相对较低速率下的应力有关。当力以高速的速率施加时,则得到动态模量,能量关系和数据的数量级大不相同[43-44]。由于试验上的困难,与在低速率施加应力下进行的测试相比,棉纤维在高速速率下进行的工作很少。相反,棉花对零加载速率即施加恒定的应力,也有反应。在这种情况下,棉纤维表现出蠕变,这是通过在施加载荷后的不同时间间隔内测定纤维伸长来测量的。蠕变是随时间变化的,在卸除荷载后可能是可逆的。

5. 拉伸断裂试验

本节试验所用的棉纤维的产地为新疆生产建设兵团第一师十二团(新疆阿拉尔市),品种为新陆中 37 号,是新疆生产建设兵团大面积机采棉种植品种。经机采后轧花清理成精梳棉条,采用大容量纤维测试仪 HVI 1000(USTER)测试,环境温度为 25.6℃,相对湿度为 28%。该精梳棉的主要物理特性见表 2-17。

表 2-17 试验所用精梳棉的主要物理特性

序号	数量 (根)	成熟度 (%)	平均长度 (mm)	断裂比强度 (CN/tex)	伸长率 (%)	含水率 (%)
1	427	0.84	21.35	28.8	7.9	10.1
2	606	0.85	22.51	27.4	7.4	9.9
3	628	0.84	21.91	26.7	7.6	9.9
4	652	0.84	25.79	26.0	8.4	9.8
5	644	0.84	23.13	27.0	7.6	9.9
6	648	0.84	22.67	27.6	8.0	10.0
7	491	0.84	24.25	17.5	8.3	10.4
8	663	0.84	23.88	24.7	7.9	9.9
平均值	595	0.84	23.19	25.7	7.9	10
标准差	87	0	1.42	3.5	0.4	0.2

从上述精梳棉中抽取单根棉纤维进行拉伸试验,采用自制拉伸试验台进行测试。试验装置包括平移运动部分和测量部分,其中平移运动部分由电动位移平台组成,测量部分包括双回型梁和电涡流位移传感器。电涡流位移传感器测量悬臂梁因受力而产生的变形量,根据标定结果换算对应的力值。电涡流位移传感器的分辨率为10nm,使用不同厚度的悬臂梁可以获得不同的测力范围。

试验过程中,棉纤维的一端由环氧树脂胶固定在基底上,另一端固定在水平布置的悬臂梁末端。平移台带动棉纤维一端运动,使棉纤维拉伸直至断裂。拉伸过程中,悬臂梁的变形信号被采集,采样频率为1000Hz,拉伸速度为0.1mm/s,环境温度为23.7℃,相对湿度为25%。试验得出单纤维典型的拉伸曲线,如图2-31所示。初始拉伸时,棉纤维扭曲逐渐减小,应力与应变呈线性关系。拉伸后期,存在明显抖动,出现应力下降波动,表明棉纤维某个部位分子链出现滑移或破坏,与金属材料拉伸过程的屈服类似。随着外力增大,棉纤维产生断裂。该精梳棉单根纤维拉伸断裂的极限值见表2-18。

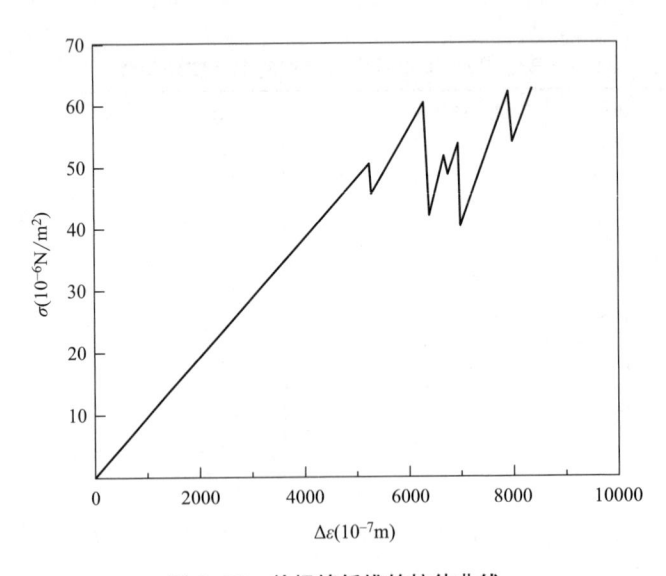

图2-31 单根棉纤维的拉伸曲线

表 2-18 精梳棉单根棉纤维断裂极限值

序号	1	2	3	4	5	6
数值(mN)	18.031	17.942	25.486	14.443	18.964	12.068
平均值(mN)	19.091					
标准差	1.520					

三、棉纤维的摩擦学特性

(一) 棉纤维的压缩

棉纤维的摩擦学特性与压缩性能息息相关,压缩过程是棉纤维的局部拉伸与扭转、弯曲、摩擦和滑移等多种变形的耦合作用,受纤维排列、物理性能及表面性能的影响[45-48]。为了简单方便处理,假设纤维的压缩是一维弯曲导致,忽略拉伸、扭转、摩擦和滑移的影响。为此,纤维的压缩密度 μ 可定义为纤维体积 V 占纤维集合体体积 V_c 的比,可用下式表示:

$$\mu = V/V_c \tag{2-4}$$

纤维集合体是由许多单根纤维组成的。理想化的纤维集合体中,纤维是平行均匀沿轴向分布组装。在这样的纤维集合体中,纤维被布置在一个周期性排列结构中,如图 2-32 所示。

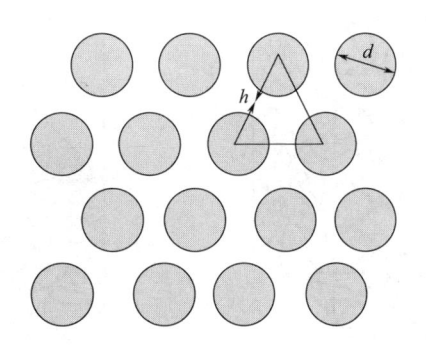

图 2-32 纤维周期性排列结构几何模型示意图

假定棉纤维的横截面为圆形,d 为棉纤维直径,h 为相邻之间距离,可以看出该结构是一等边三角形的重复与聚合,压缩密度为:

$$\mu = \frac{\pi d^2/8}{(d+h)^2 \cos 30°/2} = 0.907 \frac{1}{(1+h/d)^2} \quad (2-5)$$

压缩的紧密程度与 h/d 密切相关。当 $h<d/2$ 时为紧密状态；当 $d/2<h<d$ 时为中间压缩状态；当 $h>d$ 时为疏松压缩状态。理想的纤维压缩密度见表 2-19。

表 2-19 理想的纤维压缩密度

结构形式	紧密	中间	疏松
h 与 d 关系	$h=0$	$h=d/2$	$h=d$
μ	0.907	0.403	0.227

纤维集合体的压缩行为受多因素影响，如前所述忽略纤维拉伸、扭转、滑移及卷曲，在外载下纤维弯曲是唯一的变形。假设纤维是随机取向、均匀堆砌，纤维间不存在摩擦力，考察纤维集合体在单向外力作用下的压缩行为。假定盒子是刚性的，在外力 p 作用下，纤维集合体从疏松状态到压缩状态，压缩密度从 μ_0 到 μ，压缩量为 dc 时，高度从 c_0 到 c，如图 2-33 所示，压缩体积 V 为：

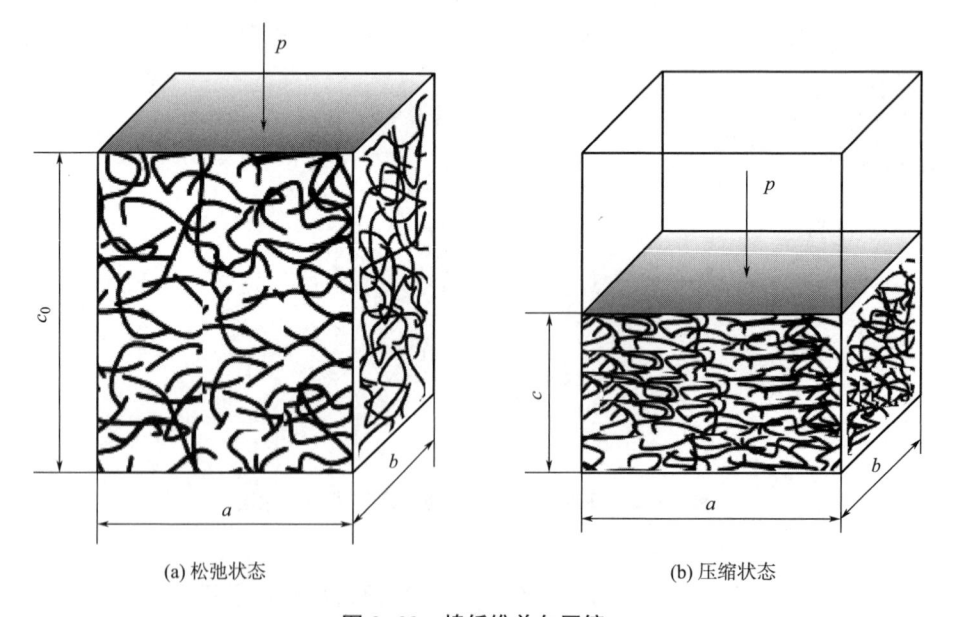

图 2-33 棉纤维单向压缩
(a) 松弛状态　(b) 压缩状态

$$V = abc_0\mu_0 = abc\mu \tag{2-6}$$

在此过程中,外力 p 做功为 $\mathrm{d}A$:

$$\mathrm{d}A = (pab)\mathrm{d}c \tag{2-7}$$

将式(2-6)两边微分并代入式(2-7)得:

$$\mathrm{d}A = (pab)\frac{c_0\mu_0}{\mu^2}\mathrm{d}\mu \tag{2-8}$$

$$p = \frac{\mu^2}{V}\frac{\mathrm{d}A}{\mathrm{d}\mu} \tag{2-9}$$

理想纤维集合体的单向压缩是仅考虑弯曲变形,范·维克[49]首次利用变形能推导了外力做功与压缩密度之间的关系,计算公式为:

$$\frac{\mathrm{d}A}{\mathrm{d}\mu} \propto k\mu \tag{2-10}$$

式中,k 为独立于压缩密度 μ 的常数。因此将式(2-10)代入式(2-9),得到:

$$p = k_p\mu^3 \tag{2-11}$$

由此可知,外载荷与压缩密度成比例关系,k_p 是独立于压缩密度 μ 的常数。该理论结果随后被邓洛普通过实验证实[48,50],实验结果与理论计算能够较好吻合,尤其是当压缩密度在 0.2~0.3 之间的情况下。

采用上述棉纤维集合体进行压缩试验,力学性能试验机为 WD-D3 非金属万能材料试验机,其加载测力范围为 10~5000N,试验速度范围为 0.001~500mm/min,产自上海卓技仪器设备有限公司。为了测试棉纤维压缩行为及压力传递过程,在测试棉纤维中放置 3 个压力传感器 A、B 和 C (FSR400 薄膜压力传感器,0.5~20N),其放置位置如图 2-34 所示。图 2-34 中,p 为压力,h 为压缩量,初始值为 255mm。压缩容器材料为圆形亚克力管,外径为 110mm,内径为 104mm,壁厚为 3mm。每次取棉纤维 (225±0.01)g,压缩过程加载速度为 20mm/min,环境温度为 16℃,相对湿度为 27%。

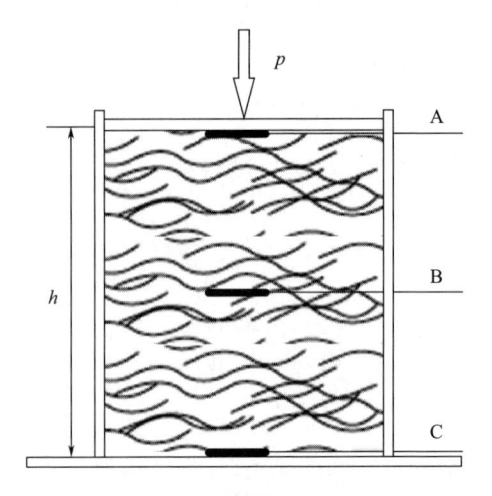

图 2-34 棉纤维放置位置

压缩过程中压力的传递情形如图 2-35(a)所示,可以看出,压力与棉纤维集合体应变呈非线性幂指数变化。图中表明棉纤维集合体压缩密度小于 0.2,压力随应变增加不敏感,主要原因是排挤棉纤维空隙间空气同时伴有棉纤维集合体内纤维间滑移与穿插,存在明显吸能现象。此后,随着棉纤维集合体应变量增加,压力显著增加,棉纤维集合体受挤压发生弹塑性形变,表现为棉纤维集合体刚度增加。同时表明,棉纤维内部压力传递并非刚性传递,并非由上部逐次传递到下部,而是存在明显压力传递的滞后现象,上部致密度大于整体致密度。

棉纤维集合体压缩过程理论值与试验值对比如图 2-35(b)所示[49]。可以看出,在压缩密度小于 0.12 时吻合较好,随着压缩密度增加,理论值高于试验值,主要原因可能是试验过程采用的棉纤维不一致导致。

(二)棉纤维的宏观摩擦特征

在宏观摩擦学中,库仑定律又称为经典的摩擦定律,其表述为摩擦力与载荷成正比,摩擦系数与接触面积和滑动速度无关,静摩擦系数大于动摩擦系数[51]。经典的摩擦定律在一定程度上反映了滑动摩擦机理,方便地解决了许多工程实际问题。近来研究发现,大多数根据经典摩擦定律计算结果并不完全

(a) 不同位置压强与压缩密度关系

(b) 理论值与试验值对比

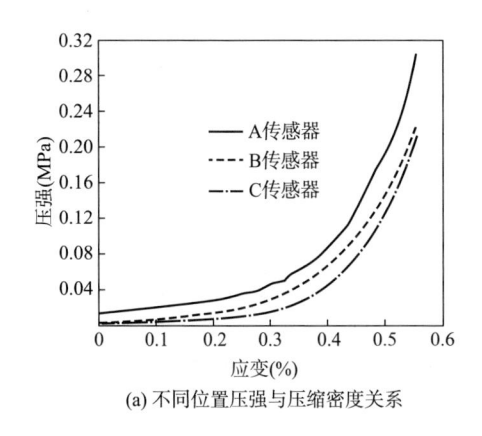

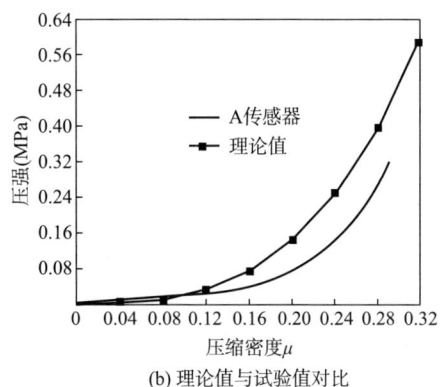

图 2-35 棉纤维集合体压缩过程

准确,摩擦力与两个相对滑动表面的材料性质、接触面积、载荷工况等息息相关。宏观摩擦机理的解释主要有机械啮合、分子作用和黏着摩擦理论[52]。

棉纤维的宏观摩擦是在法向载荷下相互接触的棉纤维或棉纤维与其他材料沿接触面滑移时,在接触面间产生阻碍滑动的切向阻力(摩擦力)。根据经典的库仑定律,该摩擦力与法向载荷成正比。对于具有屈服极限的材料,如金属,摩擦系数与表观接触面积无关。而棉纤维是黏弹性材料,因此摩擦系数与接触面积有关。此外,一般材料而言,法向压力为零时,摩擦力为零,但对于棉纤维来说,法向压力为零时,摩擦力仍不为零[53-55]。当相互接触的不是纤维而是纤维集合体时,上述特征仍然存在。这是因为棉纤维具有带状转曲结构和摩擦抱合特性,不同于一般块体材料。最后,棉纤维具有一端(根部)较粗且敞口、另一端(头部)封闭尖细的锥形特征,根部的摩擦系数大于头部的摩擦系数,因此棉纤维的排列形式对摩擦特性具有一定影响[56-58]。

综合上述原因,对于具有高分子聚合物特性和显著的黏弹性的棉纤维,根据经验和试验验证,摩擦力与法向压力之间的关系可以近似表示为[59]

$$F = aN^n \tag{2-12}$$

式中,a 和 n 为摩擦因子;F 为摩擦力;N 为法向压力。当 $n=1$ 时,该式为经典的库仑摩擦定律公式。

假定除接触数目外,棉纤维是均匀一致的,如图2-36所示。

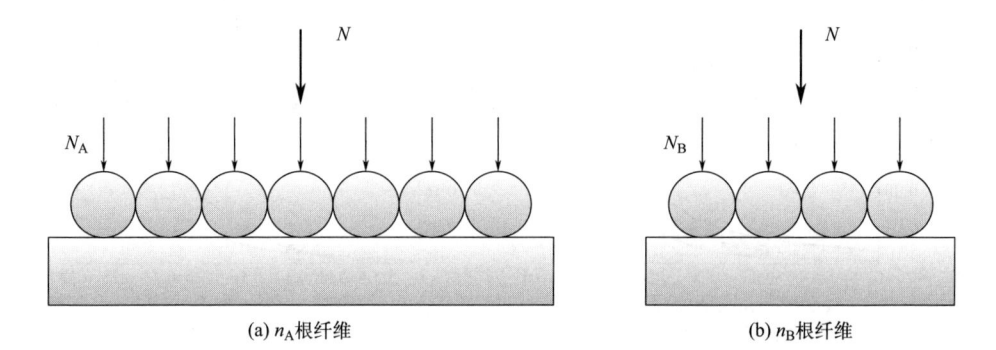

(a) n_A根纤维

(b) n_B根纤维

图 2-36 棉纤维单向压缩

$$N_A = N/n_A, N_B = N/n_B \tag{2-13}$$

式中,n_A和n_B为接触数目,假定摩擦力为库仑摩擦力,则:

$$f_A = \mu N_A, f_B = \mu N_B \tag{2-14}$$

总摩擦力为:

$$F_A = \sum_1^{n_A} f_A = n_A \mu N_A = n_A \mu \left(\frac{N}{n_A}\right) = \mu N \tag{2-15}$$

$$F_B = \sum_1^{n_B} f_B = n_B \mu N_B = n_B \mu \left(\frac{N}{n_B}\right) = \mu N \tag{2-16}$$

可以看出,摩擦力与接触数目无关,摩擦力与法向载荷成正比,因此,不同接触数目的棉纤维摩擦力是相等的。

$$F_A = F_B \tag{2-17}$$

接触面积对棉纤维集合体摩擦的影响如图 2-37 所示,不同的棉纤维从皮棉到纱线的处理转换过程。可以看出,在不同的处理阶段,棉纤维集合体表面纤维排列是不同的。皮棉在摩擦表面上,纤维排列是随机的,这样通常会导致在摩擦滑动过程中对另一个表面(纤维或其他固体材料)摩擦力的变化较大,或随机出现黏滑现象。经过梳理成粗梳棉条或精梳棉条时,纤维集合体表面沿着滑动方向上表现出较少的变化,即纤维排列较为规律一致。当法向压力不变,纤维集合体的表面纤维排列的变化会显著影响接触面积,导致经典的库仑摩擦力与实际摩擦力存在较大偏差。

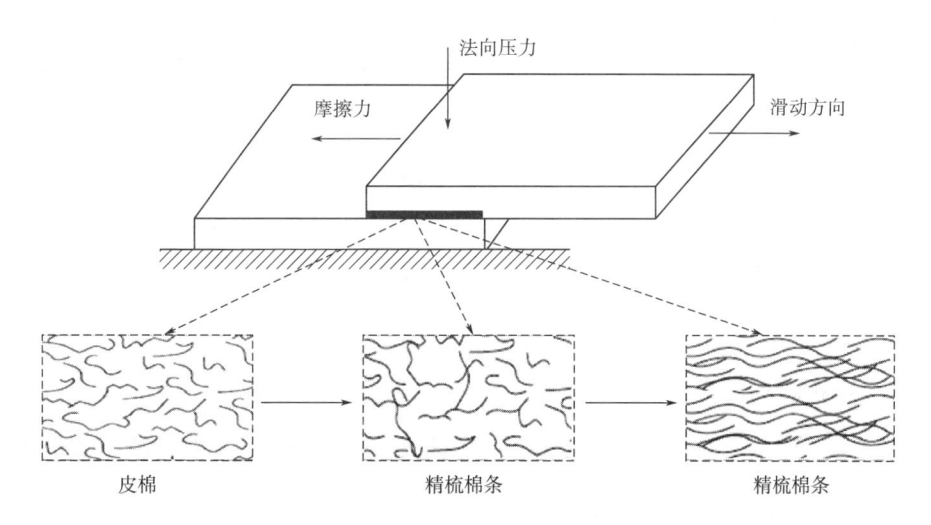

图 2-37 接触面积对棉纤维集合体摩擦的影响

棉纤维在压缩过程中纤维间空隙逐渐挤压排空,同时纤维集合体内纤维进行重新穿插与排列,棉纤维之间存在交错滑移。表现在压缩初期压力上升比较平缓,伴随明显的吸能现象。在压缩后期压力随压缩密度急剧增加,纤维集合体表现较大刚性。

第四节　小结

(1)棉花株型和果枝空间分布特征直接关系到棉花机械化采收的效果,因此,深入研究棉花枝秆的物理机械特性是设计采棉机关键部件的必要条件,这是因为棉花枝秆的物理特性直接决定了在收获过程中工作部件与棉花接触表面的机械效应。

(2)棉株果枝节间平均长度和株宽平均值随棉株高度增高呈现先上升后逐

渐平稳下降趋势,最大的株宽通常出现在棉株高度的三分之一处。棉花节间主茎随棉株高度增高而下降,节间高度随棉株高度增高而先上升后下降。棉株果枝与主茎夹角呈现出"驼峰"趋势,且峰顶较宽,夹角越大,在压缩过程中变形越大。

(3)采棉机在采收棉花时,棉株在宽度和高度方向上都产生压缩。棉株在宽度方向上压缩最大在中下部,且果枝变形较大。

(4)从棉桃中平均扯出力约为1.85N。随着棉桃重量的增加,扯出力呈上升趋势。当棉桃重量小于7.5g时,扯出力通常小于1.5N,而大于7.5g时,扯出力则超过1.5N。

(5)棉纤维具有自然转曲、多层中空腔的螺旋形态,以及半晶态结构。以精梳棉为例,展现了其物理特性,考察了单根棉纤维的拉伸过程,并讨论了棉纤维的化学结构及成分组成。

(6)棉纤维具有显著的黏弹特性和抱合特性,其摩擦学特性介于具有晶体特性的金属和非晶特性的非金属之间。分别从理论和试验考察了压力与压缩密度的关系,分析了棉纤维在压缩过程中力传递的滞后特性。棉纤维的摩擦学特性与其接触面积、压缩状态息息相关。

参考文献

第三章 棉花采收机械化及摘锭磨损

第一节 概述

棉花收获机械是棉花机械化采收的载体,也是棉花种植全程机械化的核心所在。棉花收获机械主要有采棉机和摘铃机。采棉机是目前较为普遍推广使用的棉花收获机械,以水平摘锭式采棉机居多。摘铃机正处于研发阶段市场较为少见,主要用于采摘即将成熟但未开裂的绿色棉桃,优点在于减少机械采收的杂质和造成的棉纤维损伤,不足之处在于需要进一步采用分离机械(将棉纤维和绿色棉壳分开)进行二次收获和使用烘干设备烘干。其他类型的收获机(气吸式、气流吹吸式、气吸振动式等)尚未推广使用,处于探索研究阶段。我国市场主要以水平摘锭式采棉机为主。下面简要介绍水平摘锭式采棉机的工作原理。

美国凯斯公司(CASE)620采棉机如图3-1所示。该采棉机结构主要由采摘系统、行走系统、润滑系统、传动系统及集棉系统组成。工作时每个采棉头对准相应的棉花种植行将棉花摘下,并由气流输送装置将摘下的棉花及少量的棉壳和叶子输送到集棉箱。

采棉机采摘系统示意图如图3-2所示。采棉机在采摘作业过程中沿固定棉行前进,使棉行内棉株从两侧扶导器1进入采棉机工作采摘室。采摘室本质是一条平行于采棉机前进方向的狭小缝隙,其宽度小于100mm,两侧用棉株压紧器10和栅板11限制。摘锭7从栅板之间伸入到压缩在采摘室的棉株中,摘锭在采摘过程中一直保持高速旋转,并同采棉滚筒8一起与采棉机相反方向退

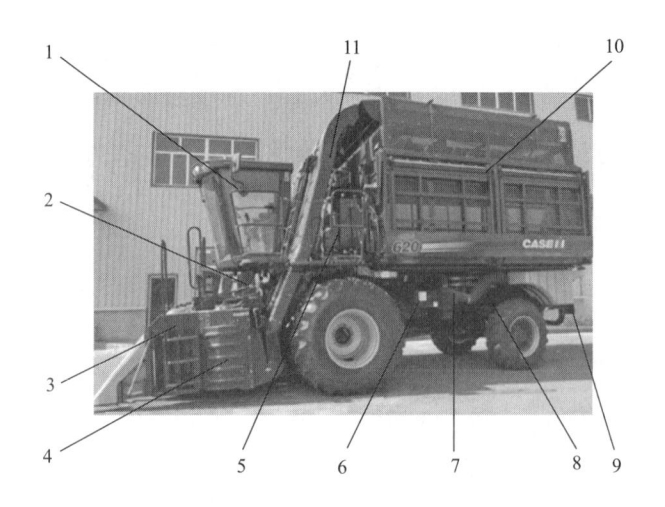

图 3-1　CASE 620 采棉机

1—驾驶室　2—润滑系统　3—采棉头　4—安全系统　5—清洗系统　6—行走系统　7—液压电气系统　8—发动机　9—自动润滑系统　10—棉箱和压实系统　11—输棉系统

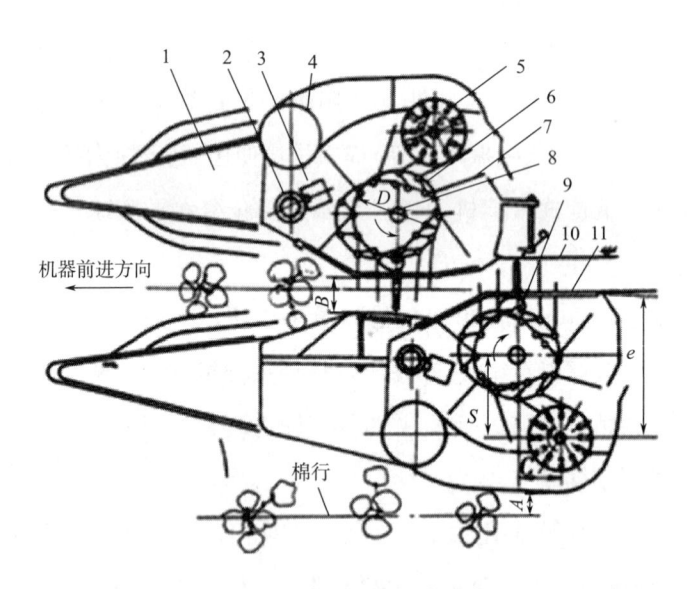

图 3-2　采棉机采摘系统示意图

1—棉株扶导器　2—润湿器供水管　3—润湿器垫板　4—气流输棉管　5—脱棉盘　6—导向槽　7—摘锭　8—采棉滚筒　9—曲柄滚轮　10—棉株压紧器　11—栅板

出采摘室。摘锭停留在采摘室的工作区域,始终与采棉机前进方向保持垂直,以减少棉纤维损伤,其运动行为通过导向槽 6 和曲柄滚轮 9 的机械结构实现。当摘锭进入到高速旋转的带有凸凹结构的塑料脱棉盘 5 下面时,脱棉盘将缠绕在摘锭表面的棉纤维脱下。最后在离心风机负压作用下,经输棉管 4 将脱下的棉花送入集棉箱,完成田间棉花采收工作。

第二节　棉花采收机器要求

一、棉花采收对机器的要求

用机器从开裂的棉桃中收集棉花,比棉花种植机械化的其他过程复杂得多,其复杂程度取决于棉花的栽培特性。棉花的品种和品质决定棉花机械化采收的质量。

棉花成熟是在未开裂的棉桃内进行的。在接近下霜时,从开裂的和正常成熟的棉桃内得到的棉花具有较高的纺织性能。棉花的成熟和棉桃的开裂并非同时发生,而是连续不断地沿主茎秆从下向上和从主茎秆向小枝的方向呈圆锥形分层成熟和开裂。在整个棉花收获期,在已经成熟的和完全开裂的棉桃的棉花丛中,夹有半开裂、未开裂的棉桃和花,这进一步增加了采收过程的复杂性。

棉桃的开裂和成熟过程受多种因素影响,如棉花品种、气候条件和农业技术措施等,通常需要 60~80 天。如果未能及时采摘已开裂的棉桃,棉花的质量将下降,并且部分棉花可能掉落。因此,人工收花通常是分批进行,随着棉桃的开裂逐步采摘。由于棉花成熟和棉桃开裂的特性,机械化采收过程十分复杂,对采棉机提出了多方面的要求。棉花在初霜时停止生长,未成熟的棉桃迅速枯萎。此时,一部分最先成熟的棉桃开裂,另一部分半开裂或未开裂。根据棉花生长成熟的特点,来对采棉机提出基本要求。

采棉机需要从已开裂的棉桃中收集已成熟的棉花,同时避免损伤棉枝或未成熟的棉桃。机器应在霜冻前尽可能完成大批棉花的采收,确保收获的棉花品质最高。如果未成熟棉花与成熟棉花一同采摘,会导致棉花品级降低1~2级。机采后遗留的棉花,需要人工进行采收。一般采棉机在作业过程中,每公顷会遗留50~100kg的棉花,人工采收这些棉花需6~8个工作日。因此,采棉机应尽量减少遗留在棉株上的棉花,以提高效率和收获质量。

采棉机应避免将已收集的棉花弄脏或损伤棉籽。收获的棉花中,夹杂物的性质及混杂程度应降至规定标准,与人工采收相当,混杂率控制在0.5%以内。使用移动式或固定式净棉机来达到这一清洁度,至少需要进行一次清洁。减少棉花掉落也是采棉机设计中的重要要求,因为掉落在地上的棉花往往混杂率较高,极大地降低了棉花的品级。

为了减少棉花在收获过程中掉落到地面的数量,可结合相应的农业技术措施,对机器结构进行以下几个方面的改进。

(1)在垂直纺锭式机器提高纺锭的摘棉性能;

(2)工作室宽度随棉花生长情况进行调整;

(3)改进工作部件的升降机构,使机器的工作部件能收集底下的棉花桃;

(4)设计附加装置,使棉枝以正确的方向进入工作室;

(5)机器采用流线型设计。

在改进机器结构的同时,降低采棉机的燃料消耗也是一项关键任务,这不仅有助于提高收获效率,还能降低运行成本。

二、影响机器采收的因素

(一)品种特性

种植尽可能少的品种对成功地发展和应用采收机械化是极为重要的。棉花育种能够更有效地培育最宜于机械采收的棉花品系。

许多棉花品种不适于机械采收,特别是用采铃机采收。适宜用采铃机采收的理想棉花品种一般植株大小中等,果枝和营养枝较短,棉桃能抵抗暴风雨而不掉落,每个果枝上棉桃的棉絮松散易于拉出,并且棉桃的柄的粗细中等,可以用13.35~22.25N的力量拉脱。对生长松散、有大量营养枝和果枝的品种,应用采铃机的收花率会很低,且田间损失会很高。

采棉机的工作效果主要取决于棉桃的形态,而非棉桃的大小尺寸。棉桃对暴风雨的抗性越强,越适合使用采铃机采收,但却不适合用采棉机采收。

除了植株的产量,植株的大小、生长方式以及棉桃的特性对机械采收的影响更为显著。在适宜的植株条件下,采棉机对于高产棉花和低产棉花的收花效果相当。

(二)密植程度和株行距

尽管有观点认为连续、密集的植株有助于机械采收,但实际试验结果不支持这一看法。在点播和条播的棉花中,密植程度相同的情况下,机械采收的效率和收集的碎屑量并没有显著差异。

在另一项试验中,点播棉花每英亩 8000～68000 株(相当于每亩 1330～11300 株),当每英亩的棉花密度超过 20000 株(约 3300 株/亩)时,收花率变化较小,而在较低密度下,收花率略有下降。该试验结果显示,在较高的收花率(92%～97%)下,采收效果不会有明显差异。而在较不利条件下,每英亩 11000 株和 71000 株(每亩 1830 株和 11800 株)的棉花,收花损失分别为 18% 和 8.9%。

此外,增加棉花密度可以有助于提高最低棉桃的生长位置,见图 3-3。在试验条件下,总损失的 41% 发生在植株底部的 6 英寸范围内,17% 发生在 6 英寸以上,42% 是由于损伤造成的。因此,提升棉桃的生长位置有助于改善收花率。同时,也能使工作部分处于更高的位置,从而减少在泥土中工作而带来的磨损。

(三)杂草控制和中耕作业

杂草问题是棉花生产全面机械化的主要阻碍之一。杂草不仅与棉花争夺水分和养料,还会影响收花率并降低棉花的质量。对于轧花机来说,去除杂草是一个极具挑战的问题。控制杂草常见的措施包括后期中耕、化学除草和火焰除草,这些方法有助于将杂草数量控制在最低水平。中耕时通过将土壤培至棉株根部,是许多地区普遍采用的杂草控制方式。然而,这一做法会对机械采收产生影响。最后一次中耕时留下的棉行横断面形状对于机械采收至关重要。

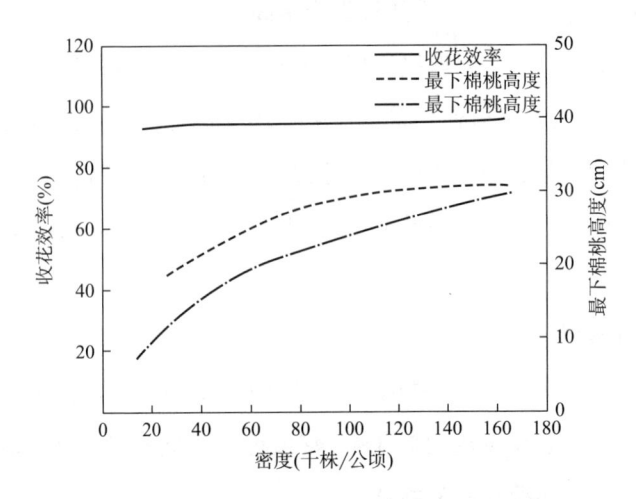

图 3-3　密植程度对最下棉桃高度和收花效率的影响

为了确保采收顺利,棉行的横断面应保持均匀一致,且没有土块,行的顶部应与棉花秆的基部平齐。

(四)打叶

在机械采棉或采铃过程中,打叶措施有三个重要目的:去除多余的叶片,以免影响收花;防止青叶污染棉花;去除叶片碎屑来源,减少这些碎屑对轧花机负荷的影响。

棉花是一种落叶植物,受到多种自然因素的影响时会自然落叶。干导、缺肥、病虫害、寒冷、轻微霜冻都可能导致植物在叶茎底部形成断裂层,形成落叶。这些因素通常标志着植物生长过程中的损伤或处于不利环境。化学打叶通过人为引起植物的损伤,促使落叶的发生。

然而,过度损伤(如严重霜冻或化学药剂过量使用)可能导致植物断裂层细胞的死亡,从而阻碍落叶所需的正常生理活动。在这种情况下,整株植物可能会死亡,但叶片仍然留在植株上,直到完全干枯,这会导致收获的棉花中增加碎屑。

化学打叶剂可采用喷雾或喷粉方式,通过地面设备或飞机进行喷洒。在棉花枝叶特别茂盛的区域,喷药往往难以完全渗透。喷粉剂在植株上有露水时效果最佳,因为露水既能激活药剂,又能帮助药剂更好地附着在叶片上。

化学打叶,可在开絮初期进行,以加速棉铃吐絮的速度。由于减少了不开裂的棉铃,积累了更多质量好的霜前花。同时,叶子掉落和棉铃吐絮,能提高机械化采收的效率。

第三节 摘锭采摘过程的力学分析

采棉机完成采收工作首先要通过采摘头中公转的滚筒带动摘锭,以一定速度自转完成圆周运动,自转的摘锭触碰棉株,通过钩齿缠卷棉花,使棉花从棉铃中脱落。棉花通过转动的采棉滚筒进入脱棉区,再通过脱棉盘进行脱棉。脱棉盘旋转速度应大于滚筒并且旋转方向与之相反。脱出的棉花通过输送管送至棉花收集箱内,单次采收工作完成。完成脱棉工作的摘锭进入清洗区进行清洗后,再次回到采棉区,如此循环工作。摘锭采摘时不光通过自身转动摘取棉花,还通过采棉机行驶速度和滚筒转速带动拉扯籽棉,三个动作共同完成棉花采摘工作。摘锭采摘的工作部分呈圆锥形,中间支撑部分为圆柱体,尾端为锥齿轮,用于啮合传动。为提高抓取棉花的能力,摘锭生产制造时需要通过机械切削在圆锥面上加工出12个具有一定倾角的钩齿。摘锭基体实物图和采摘头实物正面图如图3-4所示。

水平摘锭沿着自身轴旋转的方向移动并深入棉铃中,进入棉铃的同时缠绕棉纤维,然后逐渐退出工作区。摘锭在棉株中工作的延时时间如图3-5(a)所示,摘锭在棉铃中持续时间内没有用自己的全部表面来工作,这与实际更换的摘锭尾部磨损较轻结果一致。设条格 MN 为直线形,摘锭表面任意一点在工作区内的时间为 t,则有:

$$t = \frac{\varphi}{\omega} = \frac{2\arccos(1 - l/R)}{\omega} \tag{3-1}$$

式中,l 为锭任意一点到工作部分的里端距离;R 为滚筒半径;ω 为滚筒角

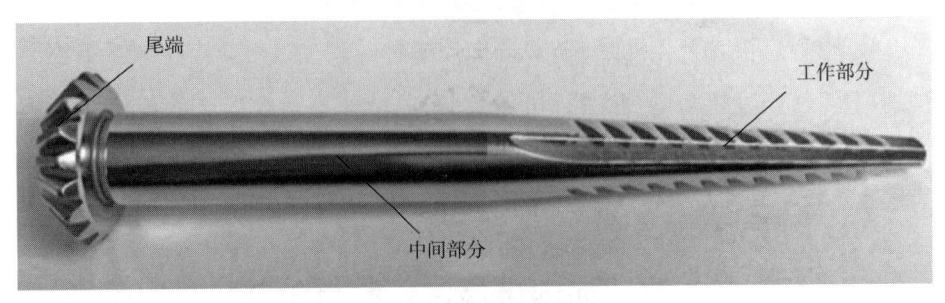

(a) 摘锭基体实物图

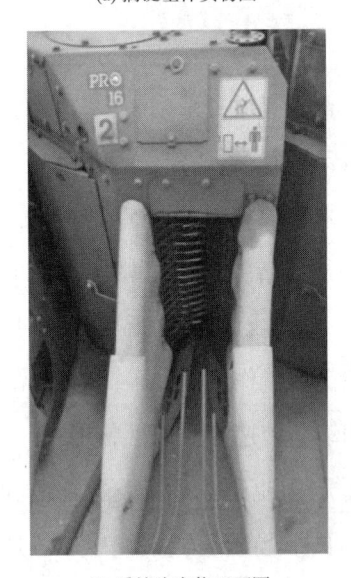

(b) 采摘头实物正面图

图 3-4 采棉机采摘头

速度。

摘棉时，旋转摘锭圆锥表面，和它接触的棉纤维产生摩擦力，摩擦力大小随脱棉盘与摘锭之间的间隙而变化。为了产生足够大的摩擦力以顺利带出盛开在棉铃中的棉纤维，摘锭表面加工需具有一定角度的钩齿，同时将棉纤维压紧在摘锭表面上。

摘锭表面被棉纤维所包围形成的扇形角度为包角。摩擦力随包角增大而增加。由于包围摘锭表面的棉纤维与棉铃中许多棉纤维相连，导致带出棉纤维

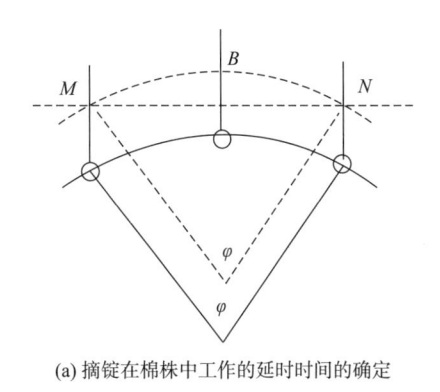

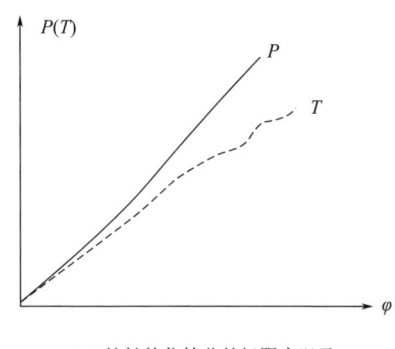

(a) 摘锭在棉株中工作的延时时间的确定

(b) 摘锭钩住棉花的极限力以及缠绕棉花所需力的变化关系

图 3-5 摘锭工作区及摘棉力

的阻力增加,摘锭与棉纤维之间的作用力必须克服这个阻力才能成功摘取。

在整个包角范围内,摘锭与棉纤维的连接力 T 必须大于阻力 P,才能保证摘取成功,如图 3-5(b)所示。图 3-5(b)中,$T=f(\varphi)$,即棉纤维和摘锭表面的连接力;$P=f(\varphi)$,即棉纤维缠绕到摘锭表面上的阻力。假定同样长度的棉条贴紧在摘锭表面上,形成的包角 φ 与摘锭直径成反比,同时棉纤维和摘锭间的摩擦力随着包角 φ 的增大而增加,所以,摘锭直径直接影响摘取棉纤维的摩擦力,较小直径的摘锭能更有效地摘取棉纤维。

摘锭和棉纤维间的摩擦力 F 与正压力 N 成正比,与压力、摩擦副特性有关,可采用下式表示:

$$F = fs_0 + \mu N \tag{3-2}$$

式中,f 为摩擦常数,一般较小,并对 μ 的影响较小;μ 为摩擦系数;s_0 为实际接触面积。

式(3-2)中,棉纤维在干燥的钢表面滑动摩擦时,$f=0.01 \sim 0.05 \text{g/cm}^2$,$\mu=0.2 \sim 0.3$[1];对于水润湿的钢表面,$f=0.1 \sim 0.2 \text{g/cm}^2$,$\mu=0.6 \sim 0.7$[1]。假定在正压力下棉纤维形成棉条包住摘锭圆柱面表面,取其半径 r 处微长度 dL 的棉条进行力学分析,如图 3-6(a)所示。由力平衡可得:

$$(F + dF)\sin\frac{d\alpha}{2} + F\sin\frac{d\alpha}{2} = dN \tag{3-3}$$

式(3-3)中 dα 很小,因此,$\sin\frac{d\alpha}{2}$ 可近似为 $\frac{d\alpha}{2}$,并忽略 $dF\sin\frac{d\alpha}{2}$,得到:

$$Fd\alpha = dN \tag{3-4}$$

对式(3-2)两端取微分得到线性微分方程:

$$\frac{dF}{d\alpha} - fF - \mu r = 0 \tag{3-5}$$

考虑初始条件:$\alpha = 0, F = 0$。求解式(3-5),得到:

$$F = \frac{fr}{\mu}(e^{\mu\alpha} - 1) \tag{3-6}$$

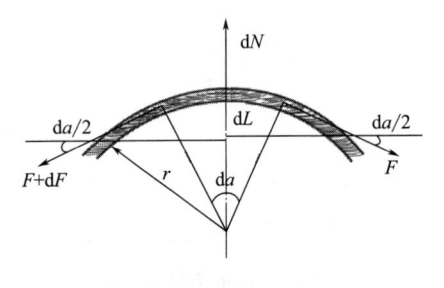

(a) 作用在摘锭上的棉条力

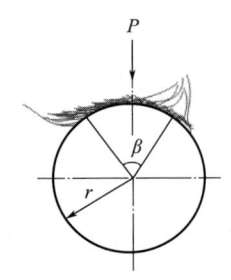

(b) 具有一定压紧力时作用在棉条上的力

图 3-6 棉条在摘锭上的受力分析

在采摘过程中,为了顺利采摘,通常使摘锭与棉纤维之间具有一定压紧力,如图 3-6(b)所示。在这种情况下,求解摩擦力需要考虑压紧力 P 的影响。假定压紧力 P 在棉纤维上的压力均布在某个角度 β 内,即 $P/\beta = dP/d\beta$。同式(3-3)根据力平衡条件可得:

$$Fd\beta + dP = dN = \frac{dF - frd\beta}{\mu} \tag{3-7}$$

即:

$$\frac{dF}{d\beta} - \mu F - \frac{\mu dP}{d\beta} - fr = 0 \tag{3-8}$$

考虑初始条件:$\beta = 0, F_1 = F_2$,F_2 为在压紧力 P 分布不到的区间上的摩擦力,即式(3-6)表示。求解式(3-8),得到:

$$F_1 = F_2 e^{\mu\beta} + \left(P + \frac{fr}{\mu}\right)(e^{\mu\beta} - 1) \quad (3-9)$$

因此,对于整体而言,摩擦力的总和为:

$$F = F_1 + F_2 \quad (3-10)$$

另外,摘锭在采摘过程中高速旋转,但上面推导摩擦力时未考虑离心力的作用。随着摘锭转速增加摩擦力将会减小,这是因为高速转动时棉纤维质量的转动惯量的影响比较显著,使得摘锭表面上的压紧力减小,因此式(3-6)变为:

$$F = \left(\frac{fr}{\mu} - \frac{qv^2}{\mu g}\right)(e^{\mu\alpha} - 1) \quad (3-11)$$

式中,q 为棉条弯曲单位长度的质量;g 为重力加速度;v 为圆周速度。

式(3-9)变为:

$$F_1 = F_2 e^{\mu\beta} + \left(P + \frac{fr}{\mu} - \frac{qv^2}{\mu g}\right)(e^{\mu\beta} - 1) \quad (3-12)$$

第四节 摘锭结构的几何模型、弹流润滑及有限元分析

一、几何模型

摘锭是采棉机采摘棉花的关键部件。以凯斯机型采棉机摘锭为例,摘锭采摘的工作部分(头部)呈圆锥形,中间支撑部分(中部)为圆柱体,尾端(尾部)通过锥齿轮啮合传动。摘锭头部球面直径5.4mm,中部直径为12mm,整体长度为120mm,工作转速为 3000~4000r/min,质量 0.093kg(不含套筒)。

摘锭的基体材料为低碳合金钢,通常在圆锥表面上通过机械切削加工形成具有一定倾斜角度的钩齿(凯斯摘锭拥有 14 个钩齿),有利于提高田间采摘环节抓取棉花的能力,采用软件 Solidworks 建立摘锭实体模型以及基于软件 COMSOL 对摘锭模型头部进行网格划分,如图 3-7 所示。

假定渗碳钢(20CrMnTi)为摘锭基体材料,弹性模量为 207GPa,泊松比为

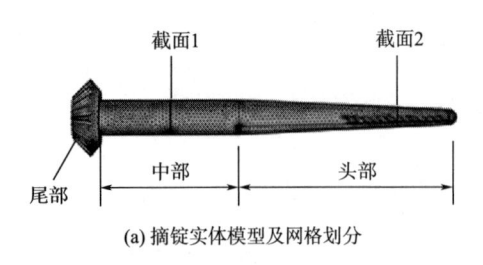

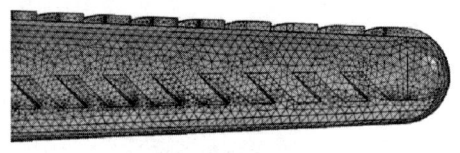

(a) 摘锭实体模型及网格划分　　　　　(b) 摘锭头部网格划分(放大)

图 3-7　摘锭建模

0.3,剪切模量为 80.94GPa,密度为 $7.8×10^3 kg/m^3$,拉压强度为 $1.1×10^9 N/m^2$。为了减少摘锭更换次数、提高耐磨性和降低运营成本,对摘锭基体表面进行电镀铬涂层。电镀铬涂层表面颗粒交错堆积形成粗糙峰,有利于提高采棉环节的摩擦力,如图 3-8 三维白光形貌所示。凯斯采棉机摘锭表面电镀铬涂层厚度约为 30μm。

弹性模量是表征材料弹性变形能力的主要参数。本节借助纳米硬度仪(瑞士 CSM 公司)测试和表征电镀铬涂层的纳米硬度及弹性模量,通过测量分析压痕深度与载荷关系曲线,如图 3-8 所示,计算得到凯斯采棉机摘锭电镀铬涂层弹性模量为(265.9±12.8)GPa。

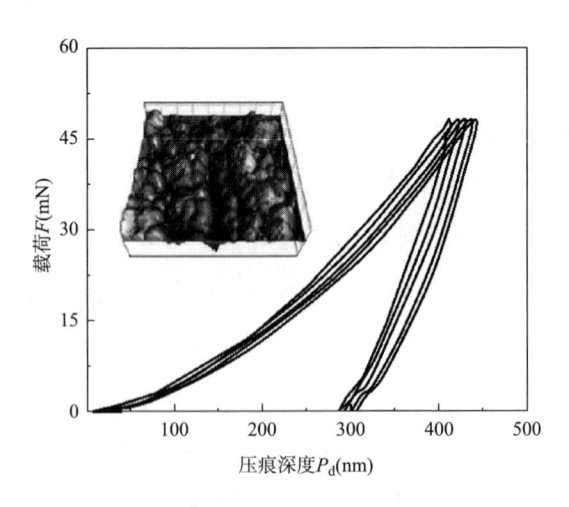

图 3-8　摘锭电镀铬涂层压痕深度与载荷关系

二、弹流润滑

采棉机摘锭是通过套筒座安装在座管上,座管以滑动轴承方式支撑摘锭高速转动,如图3-9(a)所示,因此摘锭与套筒座之间形成弹性流体动压润滑。目前对支撑摘锭高速旋转的径向滑动轴承润滑研究甚少,而该问题通常基于流体动压理论的雷诺方程进行求解[2-5]。

在流体动压润滑过程中,最小油膜厚度是保证润滑工况的主要参数,但在某些摩擦副工况下,关键部件表面的弹性变形量较大,与最小油膜厚度相当甚至超过。在这种情况下,必须考虑表面弹性变形的影响,因为润滑油的黏度变化会影响润滑行为。在考虑弹性变形时,弹性流体润滑分析研究转化为同时求解弹性变形方程和雷诺方程[6]。陈凌珊等[7-8]基于温克勒的假定,分析了动载滑动轴承的弹流润滑状况;基于布辛内斯克解[9-11],探讨了径向轴承的弹流润滑问题;段芳莉等[12-14]提出柔度矩阵法,从数值计算方法角度研究了该类弹流润滑问题。温克勒假设模型为一维模型,而布辛内斯克解假设模型是半无限体,都与工程实际有较大差距。此外,柔度矩阵法假设弹性位移与压力是线性关系,是一种简化求解弹性变形的方法。近年来随着计算机技术的革新有限元方法快速发展,杨建军等[15-16]采用耦合迭代算法,同时考虑弹性变形与压力分布变化,为解决径向轴承的弹流润滑问题提供了新的途径。

支撑摘锭工作的套筒座简化为径向滑动轴承,其轴心位置如图3-9(b)所示,建立雷诺方程:

$$\frac{\mathrm{d}}{\mathrm{d}x}\left(\frac{\rho h^3}{12\eta}\frac{\mathrm{d}p}{\mathrm{d}x}\right) = U\frac{\mathrm{d}(\rho h)}{\mathrm{d}x} \tag{3-13}$$

式中,平均速度 $U=(u_1+u_2)/2$;ρ,h 和 η 为 x 的函数。雷诺边界条件是:

(1) 油膜起点:$x=x_1$,$p=0$;

(2) 油膜终点:$x=x_2$,$p = \dfrac{\partial p}{\partial x} = 0$;

建立膜厚方程:弹性圆柱体接触时任意点 x 处油膜厚度的表达式为:

$$h(x) = c(1 + \varepsilon\cos\theta) + v(x) \qquad (3-14)$$

式中,$v(x)$为由于压力产生的弹性变形位移。

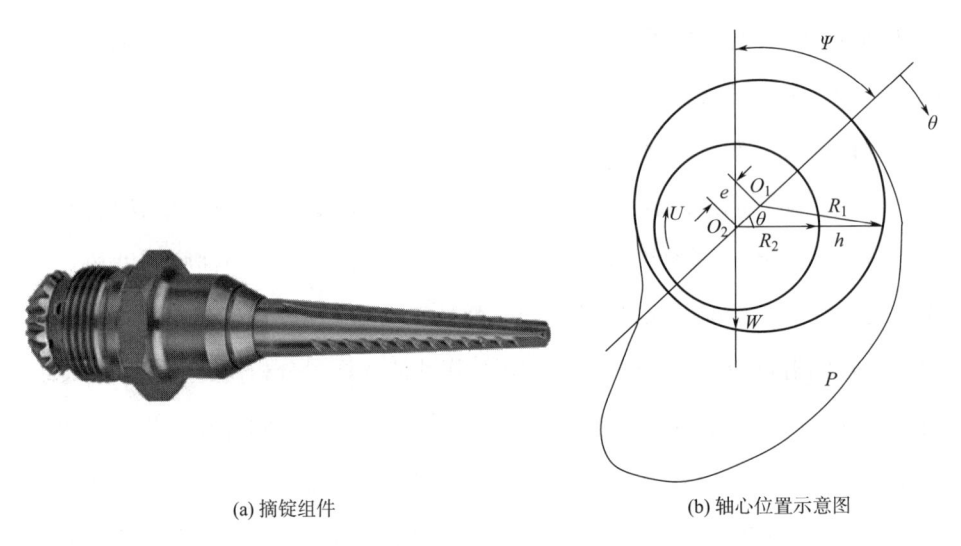

(a) 摘锭组件　　(b) 轴心位置示意图

图 3-9　摘锭结构示意图

弹性变形和耦合算法实现:软件 COMSOL 多物理场耦合可以方便有效地求解弹性变形。通过施加径向外载荷和设置边界条件求出对应的弹性变形。将上述雷诺方程求解得到的流体压力作为外载荷施加在摘锭中部外表面,然后施加头部的外载荷和摩擦力矩,计算出整个摘锭的弹性变形量,进而将弹性变形量代回雷诺方程的膜厚方程中进行求解,实现流体雷诺方程和弹性变形的耦合计算。

三、有限元分析

摘锭表面电镀铬涂层性能参数决定了其力学性能指标,探索和分析最优参数组合一直是结构优化设计的关键。本节主要讨论摘锭涂层厚度、弹性模量及泊松比变化对摘锭结构性能的影响。采用软件 COMSOL 数值计算过程中相关参数设置,见表 3-1。加载初始边界条件如图 3-10 所示。

表 3-1　软件 COMSOL 数值计算过程相关参数

主要参数	数值	主要参数	数值
润滑油密度	860kg/m^3	润滑油气相黏度	9×10^{-6}Pa·s
润滑油动力黏度	0.04Pa·s	饱和压力	20kPa
润滑油气相密度	0.03kg/m^3	偏心率 ε	0.8

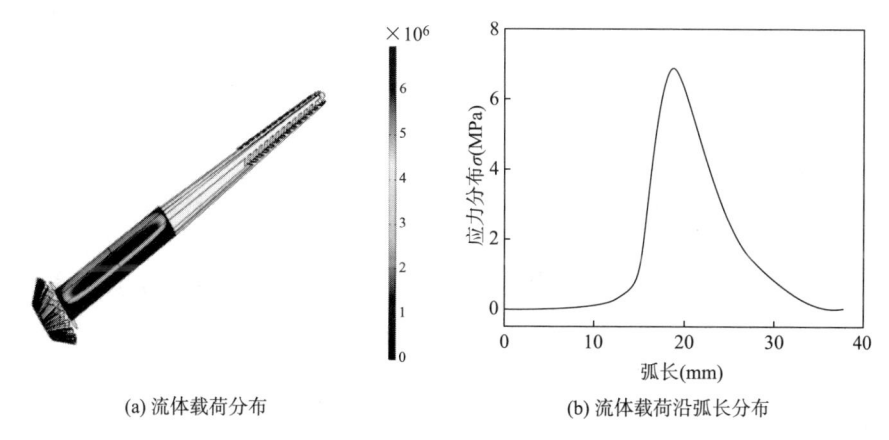

(a) 流体载荷分布　　(b) 流体载荷沿弧长分布

图 3-10　加载初始边界条件

由上文可知,摘锭的涂层厚度约为 30μm。通常,随着电镀铬涂层厚度的增加,涂层出现裂纹的数量增多,残余应力也会加剧,最终可能导致表面碎裂。为了提高采摘环节的摩擦力,摘锭的表面粗糙度要求为 $Ra=0.7$μm, $Rz=14$μm。因此,为保证涂层的有效性和性能,表面涂层的厚度至少应保持在 20μm 以上。

随着涂层厚度增加,摘锭表面的应力略有下降,摘锭头部应力下降较中部明显,如图 3-11(a) 所示。图 3-11(a) 表明,在保证完全覆盖粗糙峰情况下,应尽可能减小涂层厚度,这与目前涂层厚度 30μm 较为吻合。截面最大位移变化趋势如图 3-11(b) 所示,中部(截面 1)最大位移随涂层厚度增加而增大,头部(截面 2)最大位移随涂层厚度增加而减小。涂层厚度增加导致摘锭自身刚度提高,使得摘锭整体形变恢复,位移减小,所以头部位移减小。中部属于流体载荷作用区,形变恢复会导致位移轻微增加。

电镀铬涂层泊松比变化对摘锭力学性能的影响如图 3-12 所示。数值结果

(a) 最大应力

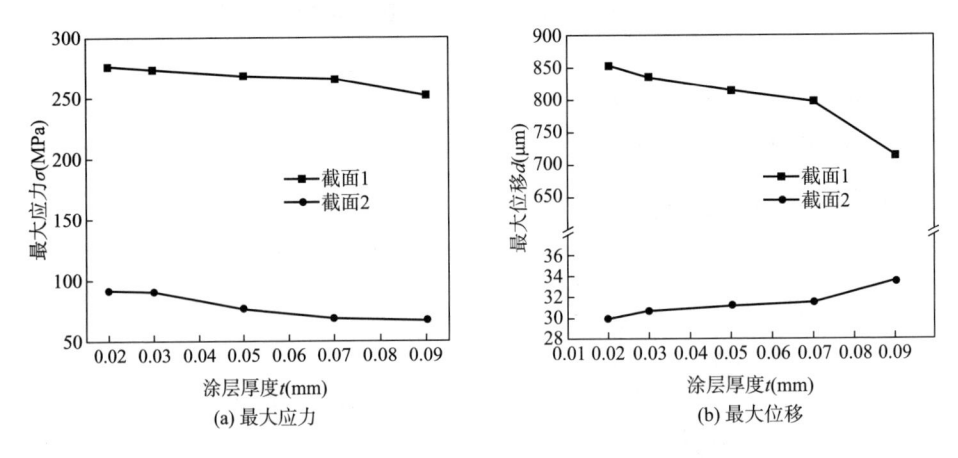

(b) 最大位移

图 3-11　涂层厚度变化对摘锭性能的影响（$E=266\text{GPa}, v=0.3$）

显示，随泊松比增加，摘锭表面最大应力和最大位移略有下降，但下降幅度不大。表明摘锭涂层力学性能对泊松比变化不敏感。

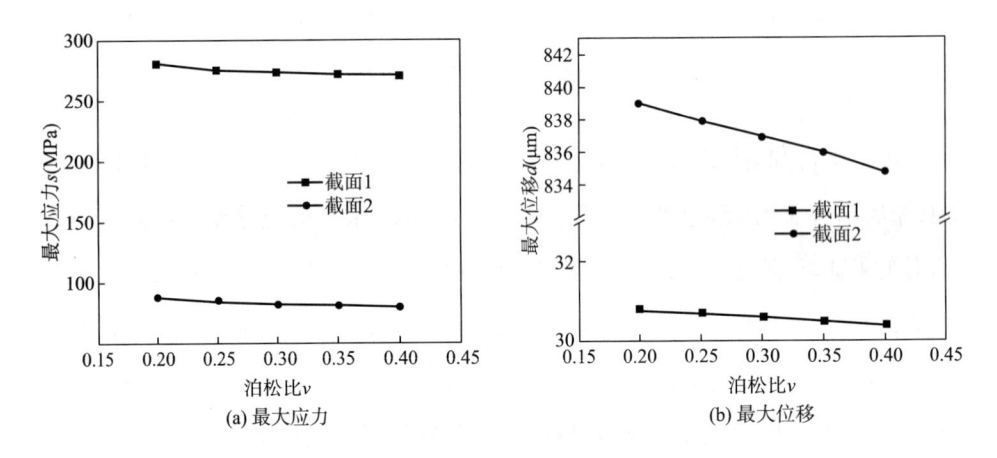

(a) 最大应力

(b) 最大位移

图 3-12　涂层泊松比变化对摘锭力学性能的影响（$E=266\text{GPa}, t=0.03\text{mm}$）

摘锭表面涂层弹性模量变化对摘锭力学性能的影响如图 3-13 所示。整体来看，随弹性模量增加，摘锭表面最大应力增加，但最大位移逐渐减小，且整体趋势变化明显。表明增大摘锭表面涂层弹性模量有助于保护基体、有效抵抗外变形和提高承载能力。

图 3-14 进一步分别展现了泊松比、弹性模量和涂层厚度变化对摘锭（选择

(a) 最大应力

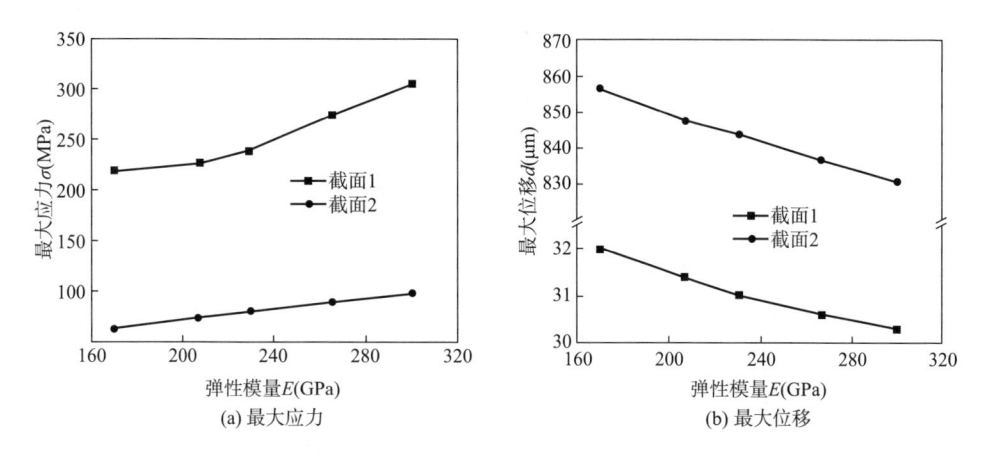

(b) 最大位移

图 3-13 涂层弹性模量变化对摘锭力学性能的影响（$v=0.3, t=0.03$mm）

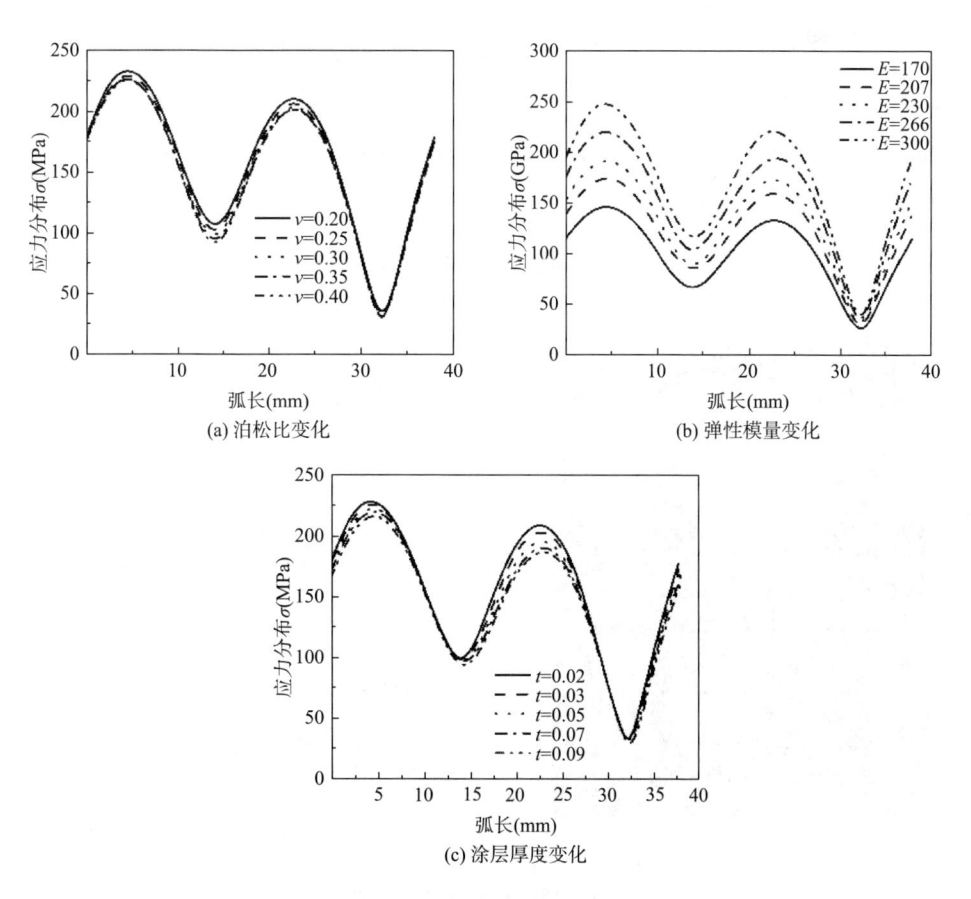

(a) 泊松比变化

(b) 弹性模量变化

(c) 涂层厚度变化

图 3-14 应力沿弧长的变化

中部中间位置)整个截面上沿弧长方向的应力分布影响。可以看出,泊松比和涂层厚度变化对应力分布变化不大,只是在极值处稍有波动。但弹性模量对应力分布影响较为明显,随弹性模量增加摘锭表面应力逐渐提高,表明在外载荷一定的情况下,提高涂层弹性模量可以减小摘锭基体材料的刚度,使得摘锭心部具有一定的韧性,不至于在外载突变时导致摘锭脆断。这一结果与现在使用的摘锭材料低碳合金钢较为一致,其摘锭基体心部硬度约为26HRC。

第五节 采棉机摘锭磨损特征

采棉机摘锭的磨损随采摘时间的增加逐渐加剧。采摘初期表现为摘锭表面粗糙度下降,中后期出现摘锭钩齿表面涂层脱落现象。为了描述摘锭一个生命周期的磨损过程,在采棉季节(新疆南疆地区机采棉一般为每年10月初到11月中旬)跟踪一台采棉机在田间整个采季的工作,以连续工作间隔35~45h换取摘锭,每次换取位置从滚筒底部起第8~10排的3根,如图3-15(a)所示。

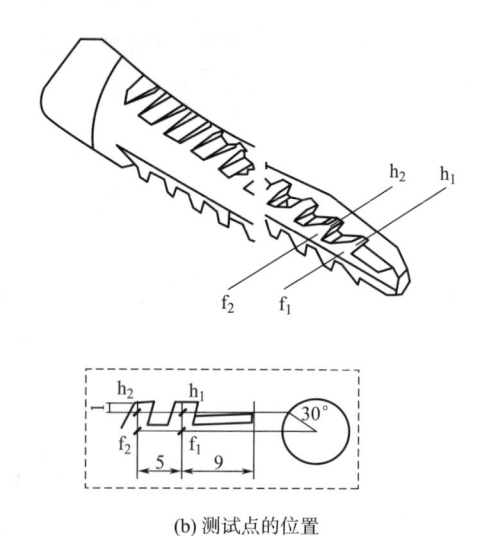

(a) 摘锭样品 (b) 测试点的位置

图3-15 摘锭样品及测试点的位置

从正常更换磨损失效后的摘锭可以看出,头部磨损较根部严重,钩齿表面磨损较圆锥面严重。为了对比分析钩齿表面与圆锥表面的磨损差异,测试点选取从摘锭头部起前2个钩齿和与之平行对应的圆锥表面上,具体测试点的位置如图3-15(b)所示。图中,h表示钩齿表面,f表示圆锥表面。采用扫描电子显微镜和三维白光共聚焦干涉形貌仪(MICROXAM-3D)进行分析,表面粗糙度的变化通过三维白光共聚焦干涉形貌仪自带的软件 SPIP 获取。在每次表面形貌测试前,对摘锭样品进行丙酮和无水乙醇超声清洗10min。

新摘锭横截面的 SEM 形貌如图3-16(a)所示,摘锭的基体材料和表面电镀铬涂层的能谱分析如图3-16(b)(c)所示。能谱结果表明,摘锭基体材料为低

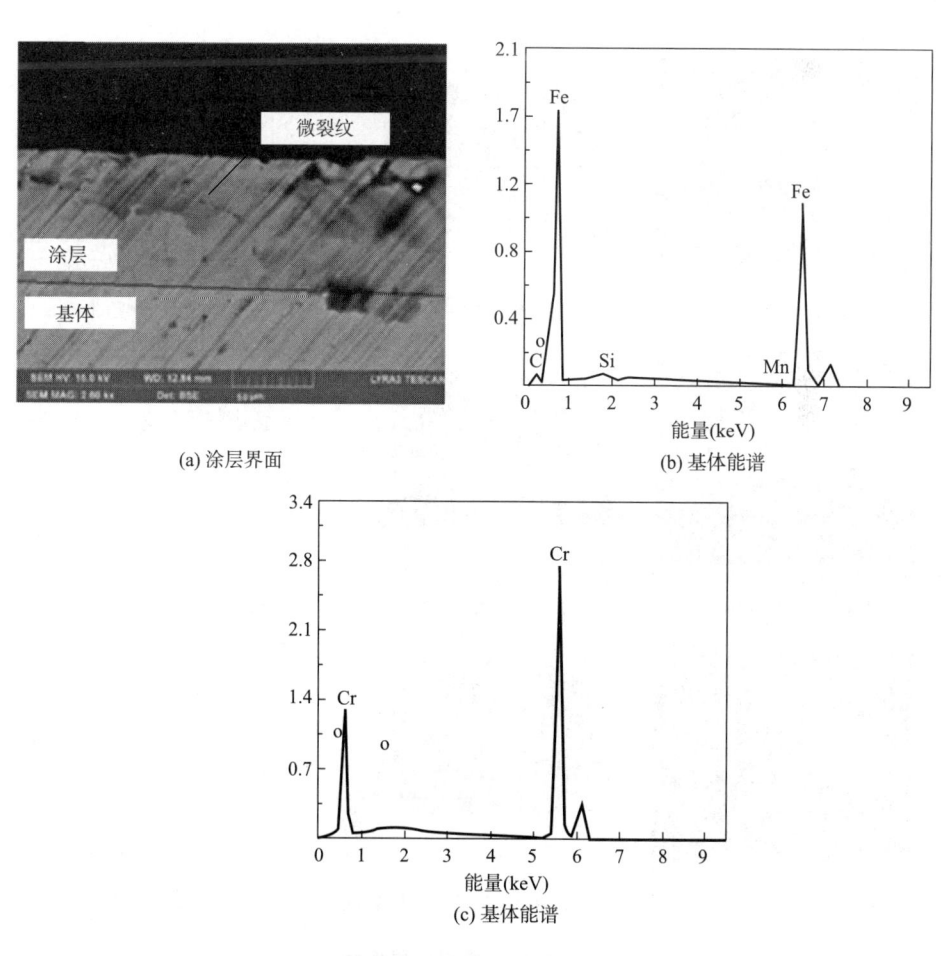

(a) 涂层界面

(b) 基体能谱

(c) 基体能谱

图 3-16 新摘锭横截面形貌及能谱

碳合金钢,表面涂层为铬或铬的氧化物,涂层厚度约为30μm。从横截面的形貌可观察到,整个涂层截面上裂纹深度不一、错综交错,存在部分穿越界面延伸到基体的情形,这与许多电镀铬涂层工程表面较为吻合[17-21]。涂层出现微裂纹的主要原因是在机械加工和涂层沉积后残余压应力作用所致。在大多数工程领域,这些微裂纹不足以产生涂层破坏,但在采棉过程中,这些微裂纹可能是棉纤维的藏身之地,从而成为摘锭表面涂层撕裂、脱落的潜在诱因。

摘锭电镀铬涂层表面颗粒交错堆积形成初始粗糙峰,由于涂层沉积过程不均匀导致表面起伏较大,表面粗糙度 Ra 平均为 $0.75\mu m$,三维白光干涉表面形貌如图 3-17(b) 所示。图 3-17(d)

彩图

(a) 新摘锭二维表面形貌　　(b) 新摘锭三维表面形貌　　(c) 新摘锭表面磨损曲线

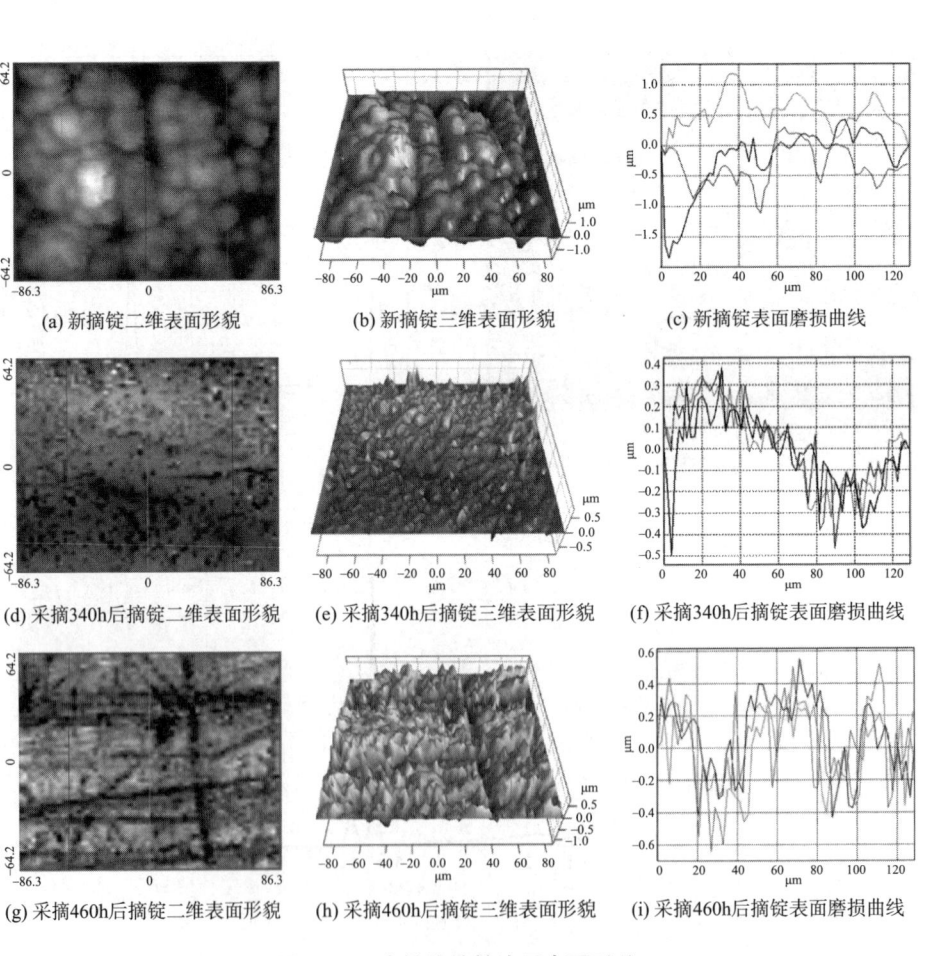

(d) 采摘340h后摘锭二维表面形貌　(e) 采摘340h后摘锭三维表面形貌　(f) 采摘340h后摘锭表面磨损曲线

(g) 采摘460h后摘锭二维表面形貌　(h) 采摘460h后摘锭三维表面形貌　(i) 采摘460h后摘锭表面磨损曲线

图 3-17　电镀铬摘锭涂层表面形貌

和(g)分别为连续采摘340h和460h后的二维表面形貌,可以看出,摘锭表面粗糙度降低,电镀铬涂层表面变平坦、光滑,表面粗糙度 Ra 平均为 $0.20\mu m$,从图3-17(e)(h)三维形貌可以看出,电镀铬颗粒粗糙峰被磨损。在采摘过程中,棉秆、棉壳、细小沙粒等硬质材料作用下,引起涂层表面擦伤,出现较深的沟槽,如图3-17(h)所示。另外,从不同位置表面形貌可以看出,新摘锭初始表面在不同位置高低不同,如图3-17(c)所示;与初始表面形貌相比,经过采摘磨损后摘锭表面在不同位置趋于一致,如图3-17(f)和图3-17(i)所示,这是纤维材料磨损硬质材料的显著特点。

摘锭生命周期的磨损形貌及磨痕的形成过程如图3-18所示,分别为连续采摘34h、70h、110h、150h、188h、230h、265h、300h、340h、375h、413h、457h后,钩齿 h_1 表面SEM形貌。从整个采摘过程中可以看出,在采摘100h前,摘锭钩齿表面由于粗糙度逐渐降低而变光滑,钩齿棱角变圆滑。采摘100h后,钩齿表面涂层从边缘开始逐渐撕裂磨穿,涂层磨损区域呈"矩形"形貌。采摘时间的继续增加,钩齿表面涂层磨痕宽度逐渐扩大到整个钩齿表面,形成"扫把"形貌。

摘锭表面涂层脱落后基体裸露,一方面,由于基体材料的硬度低于电镀铬涂层硬度,在采摘过程中硬质沙粒、棉秆材料不断擦伤基体表面,更易导致基体机械磨损,如图3-19(a)所示;另一方面,电镀铬涂层脱落后失去保护基体作用,基体表面形成多种铁的氧化物,氧化物放大后的形貌如图3-19(b)右下角所示,基体上形成氧化物的能谱如图3-19(c)所示。在后续采摘过程中,氧化物不断交替反复形成与磨损,磨掉后形成凹坑,加速基体材料的磨损,如图3-19(b)中白亮色小凹坑所示。

此外,摘锭在一个生命周期内涂层磨痕逐渐扩大,如图3-20所示,同时伴随着表面粗糙度下降,导致摘锭缠绕棉纤维能力下降,两者都会影响采棉机田间的采棉效果,致使采摘后期棉花采净率显著降低。一般而言,采摘初期采净率达95%以上,中期90%以上,后期会降低到90%以下。假定以钩齿边缘顶点为起点,测试涂层磨痕宽度随采摘时间的变化,结果表明,涂层磨痕宽度与采摘时间近似呈线性关系,如图3-20(a)所示。同时也测试了钩齿及圆锥表面粗糙

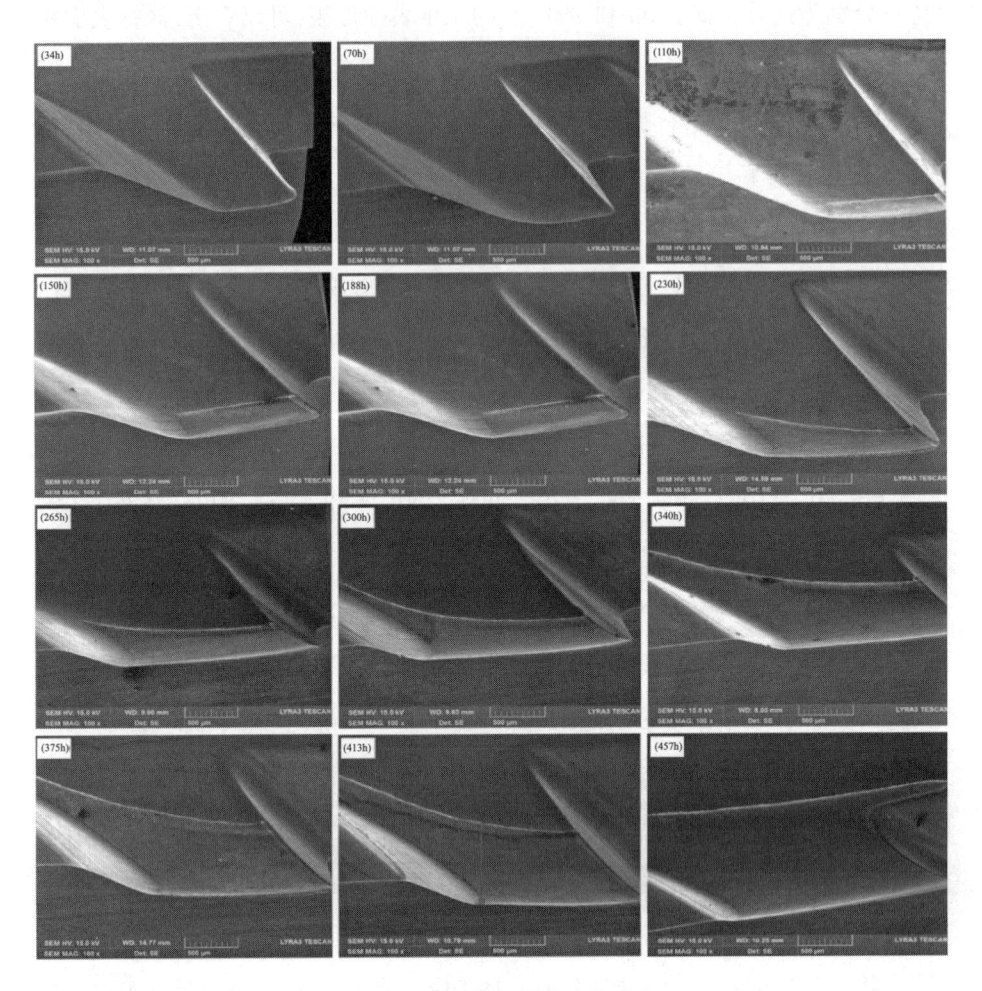

图 3-18 摘锭磨损形貌演化过程

度随采摘时间的变化,结果显示,采摘初期(100h 左右)表面粗糙度急剧下降,可能是磨合阶段所致;然后进入稳定的磨损期,涂层没有脱落表面时,表面粗糙度基本保持在 0.15μm 左右;在涂层脱落后,基体表面粗糙度相对较高,如图 3-20(b)所示,400h 后钩齿 h_1 和 h_2 基体表面粗糙度达到 0.3μm 左右。可以看出,钩齿表面粗糙度相对低于圆锥表面粗糙度,钩齿磨损较圆锥表面严重。测试结果与宏观磨损结果一致。

彩图

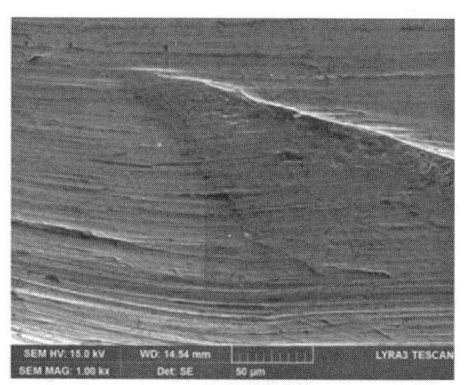

(a) 基体擦伤形貌　　　　　　　　　　　(b) 氧化物放大形貌

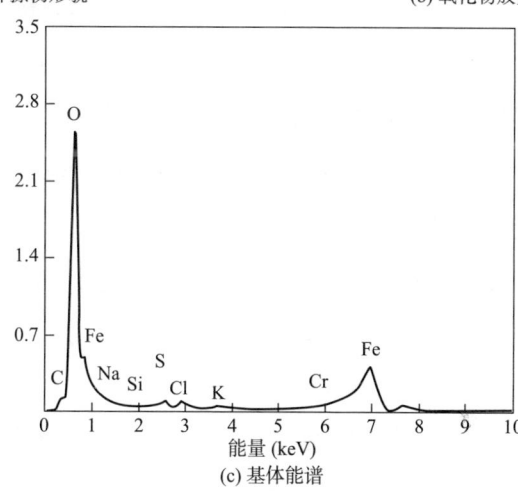

(c) 基体能谱

图 3-19　摘锭涂层脱落形貌

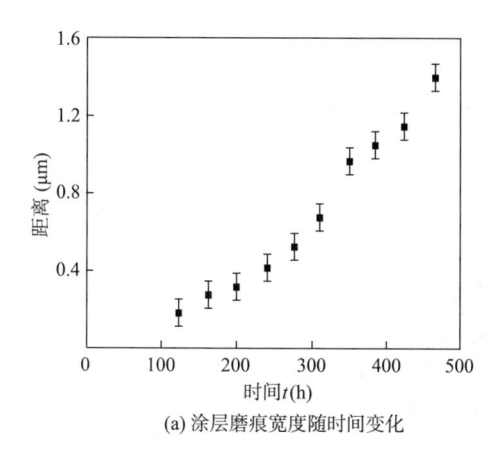

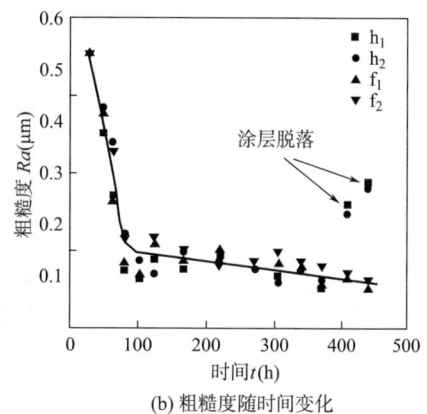

(a) 涂层磨痕宽度随时间变化　　　　　　　(b) 粗糙度随时间变化

图 3-20　摘锭表面磨损

第六节　小结

本章探讨了棉花采收机械化的关键技术和摘锭磨损的问题，主要内容如下。

(1)介绍了采棉机作为棉花机械化采收的核心设备，重点分析了水平摘锭式采棉机的工作原理和结构组成，包括采棉系统、行走系统、润滑系统、传动系统及集棉系统。

(2)讨论了棉花收获机对机器的要求，包括对棉花成熟度的识别、收获效率、棉花品质保护、混杂率控制以及减少棉花掉落等方面的挑战。

(3)强调了棉花品种、种植密度、杂草控制、中耕作业和化学药品打叶等农业技术对机械化采收的影响。

(4)建立了摘锭在采摘过程中的力学模型，进行了静力学分析，探讨了摘锭与棉纤维之间的摩擦力、压紧力以及离心力的作用。

(5)通过软件 Solidworks 和 COMSOL，对摘锭进行了实体建模、网格划分和有限元分析，研究了摘锭涂层厚度、弹性模量及泊松比变化对摘锭结构性能的影响。

(6)跟踪了摘锭在整个采棉季节的磨损过程，分析了摘锭表面粗糙度的变化、涂层脱落现象以及基体材料的磨损情况。

参考文献

第四章　棉纤维与金属点接触的摩擦磨损规律

第一节　概述

在棉制品生产加工过程中,棉纤维与金属点接触的摩擦行为造成了棉纤维的损伤以及金属表面的磨损[1-3]。

为研究粗糙度不同金属表面与纤维束的摩擦机理,国内外学者对此进行大量试验探索。陈荣昕等[4]通过研究棉织物与玻璃凸透镜下的点接触摩擦副,从接触点的变化解释了载荷及摩擦速率对棉织物材料摩擦行为的影响机制。杨洁等[5]对碳纤维束间的摩擦进行了试验探究,结果表明摩擦柔数与法向负载呈负相关。尤克塞卡伊[6]观察到摩擦柔数随纤维束上施加的法向负载变化,推翻了之前大多数研究学者认为库仑摩擦的摩擦柔数是一个恒定值的看法。范春等[7]采用高速往复摩擦磨损试验仪,研究了载荷及摩擦速率对金属材料摩擦磨损的影响,其研究方法为本文提供了重要参考。科尔内利森等[8-9]建立了光滑与粗糙表面的纤维束—金属接触模型,对纤维束与不同粗糙度金属面的理论接触面积进行了计算。试验表明,纤维束试样与金属表面之间的摩擦柔数受金属表面形貌的显著影响。斯梅尔多娃等[10]研究了不同织物剪切角下微接触面积的变化,并通过理想接触长度和接触宽度近似求解理想接触面积。此外,国内外学者还在纤维材料摩擦学性能的研究中取得了显著进展,旨在揭示复合纤维材料的性能特征[11-15]。棉纤维的摩擦行为反映了棉纤维承受剪切运动的能力,并受纤维的表面结构、载荷类型和相对运动速度的影响。对于棉纤维之类的聚合物来说,负载和接触面积都会显著影响其与金属表面的摩擦性能[16]。相关研究多侧重于通过拍摄真实接触面积,分析纤维组间或织物层面上的摩擦力[4,17]。本文选用棉纤维束作为试验材料,从单根棉纤维与不同粗糙度不锈钢表面的力学接触模型出发,进而对整个接触面的摩擦行为进行系统分析。

通过自制棉纤维与金属点接触摩擦试验装置,对棉纤维束与不同粗糙度金属摩擦辊表面进行点接触摩擦试验。建立棉纤维束与摩擦辊的接触力学模型,从预加张力、粗糙度、摩擦速率、棉纤维束包角四个方面,结合接触面的理论接触面积,对摩擦行为进行探究。本章为棉纤维与金属粗糙表面摩擦磨损行为的研究提供一定的指导,建立一种适用于通过定量计算来探究棉纤维与粗糙金属表面点接触摩擦行为的方法。

第二节　棉纤维与金属点接触装置

采用自行设计的棉纤维与金属点接触装置进行摩擦试验,如图4-1(a)所示。摩擦辊与步进电机通过万向联轴器连接,以补偿步进电机和摩擦辊之间可能存在的径向和角度偏差。借助24V、3A直流电源为步进电机供电,使用0~20N拉式力传感器记录棉纤维束a端受力情况。此时传感器所记录的拉力为摩擦力与预加张力的总和,拉力传感器通过自制的固定装置安装在底部滑移平台上。将长度为270mm棉纤维束试样以一定的包络角度均匀地缠绕在不锈钢摩擦辊上,棉纤维束两端分别与传感器和砝码使用棉线连接,如图4-1(b)所示。试验过程中通过更换b端砝码对预加张力T_1进行调节,更换粗糙度不同的摩擦辊进行粗糙度调控。同时,底部滑移平台控制棉纤维束与摩擦辊的包角。使用驱动器控制步进电机转速,并采用软件LABVIEW对传感器所受拉力进行实时记录,用软件MATLAB对所采集数据进行处理,以分析不同试验参数对摩擦力及摩擦因数的影响,具体试验参数见表4-1。本文中的摩擦界面是从生产角度选择的,金属摩擦辊代表在棉制品加工过程中与棉纤维发生直接接触的金属零部件。

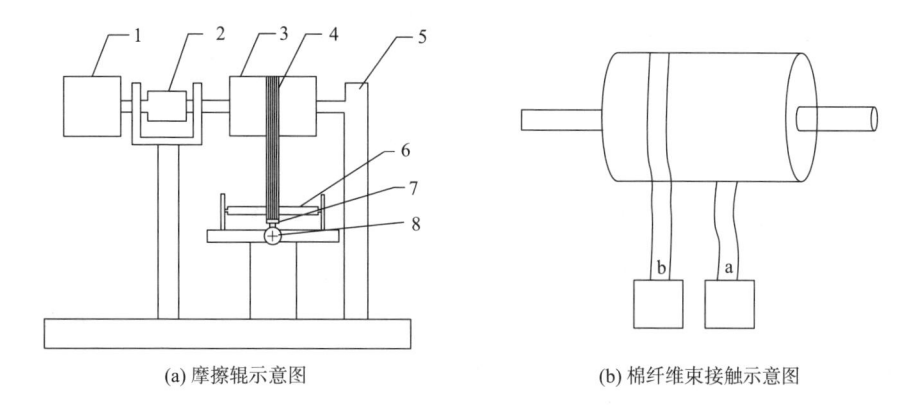

(a) 摩擦辊示意图　　　　　　　　(b) 棉纤维束接触示意图

图 4-1　棉纤维与金属点接触装置示意图

1—步进电机　2—万向联轴器　3—摩擦辊　4—棉纤维束　5—支架　6—支撑杆
7—传感器　8—丝杠旋钮

表 4-1　摩擦试验矩阵

预加张力(N)	粗糙度 Ra	包络角度(°)	转速(Hz)
0.098	2.4	180	3
0.196	2.4	180	3
0.49	2.4	180	3
0.49	0.6	180	3
0.49	1.2	180	3
0.49	2.4	120	3
0.49	2.4	150	3
0.49	2.4	180	4
0.49	2.4	180	5

通过进行预试验发现,棉纤维束与金属摩擦辊在300~1000个周期之间摩擦行为较稳定,超过1000个周期后,摩擦力与摩擦因数出现明显下降,这是由于棉纤维表面经过长时间摩擦后遭到破坏。因此,选择300~650个周期作为试验参数。每组不同参数进行5次试验,并绘制摩擦力与摩擦因数平均值曲线。

第三节 棉纤维与金属点接触试验材料与方法

一、试验材料

棉纤维束采用新疆新越丝路有限公司生产的精梳棉条,弹性模量为 7.5GPa,泊松比为 0.85,纤维直径为 20μm,线密度为 1580kg/m³。摩擦辊采用 303 不锈钢,直径为 50mm,长为 60mm,粗糙度分别为 0.6、1.2、2.4,弹性模量为 206GPa,泊松比为 0.3。

二、接触力学模型

为研究棉纤维束与摩擦辊之间的干摩擦问题,需要对其理论摩擦力进行计算。经典库仑摩擦认为摩擦力只与施加在摩擦副上的法向载荷有关;摩擦系数由摩擦副自身性质决定,通常视为一个常数。然而实际情况中,当纤维材料与金属表面接触时,摩擦力与摩擦系数都会随法向载荷改变。为更精确地分析纤维的摩擦行为,豪厄尔(Howell)方程提供了一种更为全面的方法。该方程描述了法向载荷与由其产生的摩擦力之间的关系,能够更准确地反映摩擦过程中的动态变化,公式为:

$$F_f = kN^n \tag{4-1}$$

式中,k 为试验确定的用于将摩擦力与法向载荷相联系的比例系数;N 为法向载荷(N);n 为与纤维变形机制相关的拟合参数[18-19]。$n=2/3$ 时发生弹性变形,$n=1$ 时发生塑性变形,$2/3<n<1$ 时,纤维既发生弹性变形又发生塑性变形[20]。

通过 Howell 方程可推得等效库仑摩擦系数:

$$\mu_{equ} = kN^{n-1} \tag{4-2}$$

式中,μ_{equ} 为等效库仑摩擦系数;k 为试验确定的用于将摩擦力与法向载荷相联系的比例系数;N 为法向载荷(N)。

罗斯曼和塔博尔指出,摩擦力 F_f 由接触材料的剪切强度 τ 与它们之间的接触面积 A 的乘积和犁沟力 P 决定,为:

$$F_f = A\tau + P \tag{4-3}$$

式中,F_f 为摩擦力(N);A 为理论接触面积(μm^2);P 为犁沟力(N);τ 为面剪切强度。

通过对摩擦后的摩擦辊表面观察,发现摩擦辊表面并未因摩擦受到影响。因此,犁沟力 P 在摩擦系统中起次要作用,在当前模型中可以省略。界面剪切强度 τ 只与材料本身有关,故对于同种材料,摩擦力 F_f 与理论接触面积 A 成正比。

第四节 棉纤维与摩擦辊理论接触面积

为计算棉纤维与摩擦辊的理论接触面积,首先应对棉纤维与摩擦辊接触根数 n_{fil} 和摩擦辊表面形貌进行分析,进而计算单个粗糙峰与单根棉纤维接触点处的理论接触面积,最后结合接触点的分布情况,将计算结果扩展到整个接触面的总接触面积。

一、不同预加张力下棉纤维与摩擦辊接触根数

预加张力的变化直接影响棉纤维束与摩擦辊表面的接触根数。棉纤维束在预加张力的作用下,靠近摩擦辊部分排列紧密,远离摩擦辊部分排列稀疏。为了获得较为精确的接触根数,本试验使用黏性适中的边长为 2mm 的正方形黑色薄膜黏附在与摩擦辊发生接触的棉纤维束表面上,每束棉纤维上放置 3 处采样点,每组试验重复 5 次。待试验完成后把所有与薄膜发生粘连的棉纤维与薄膜一并取下,使用型号为 DinoCapture2.0 的便携式显微镜对纤维接触根数进行拍照,放大倍数为 220 倍,并通过软件 MATLAB 对图片进行二值化处理,如图 4-2 所示。

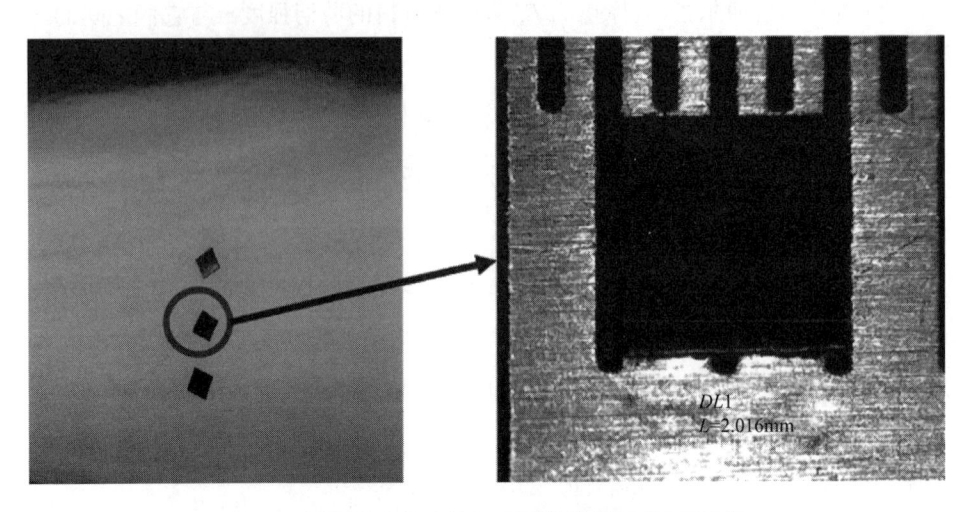

图 4-2　棉纤维束与摩擦辊表面接触根数采集示意图

在样品图像上手动选择出 1mm 宽度的纤维根数，如图 4-3~图 4-5 所示。

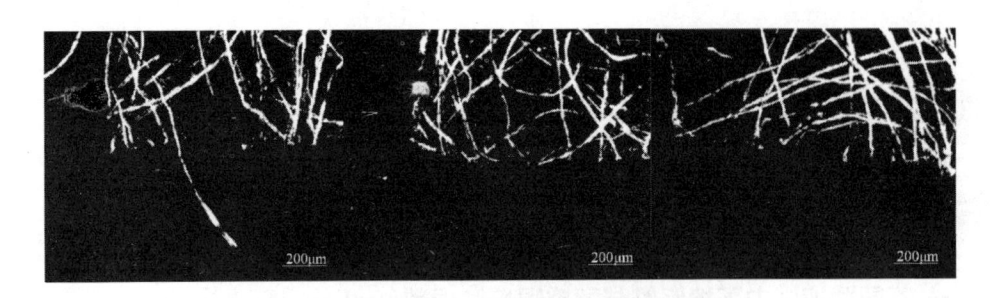

图 4-3　10g 预加张力下棉纤维束与摩擦辊接触根数

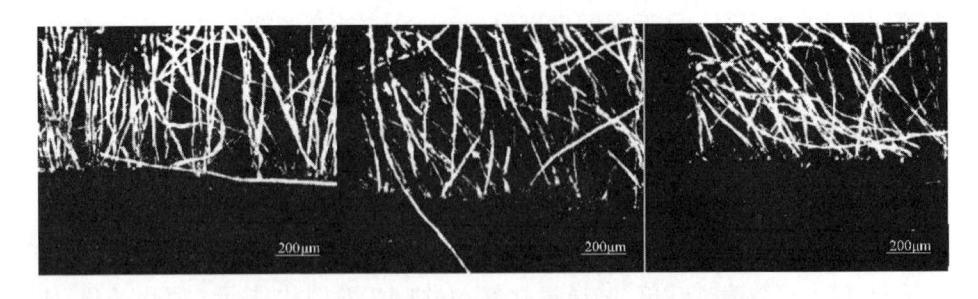

图 4-4　20g 预加张力下棉纤维束与摩擦辊接触根数

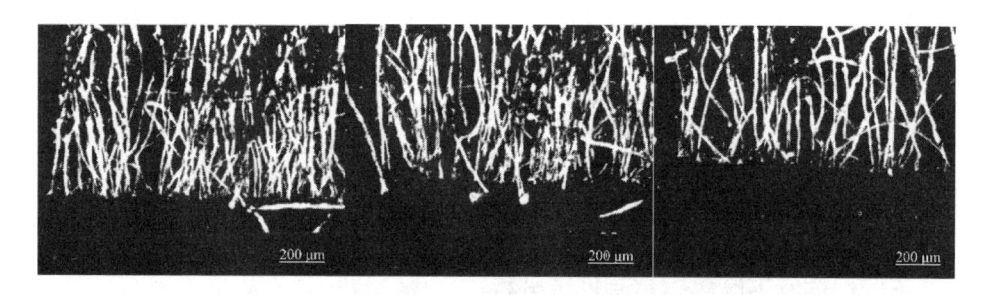

图 4-5　50g 预加张力下棉纤维束与摩擦辊接触根数

通过对比棉纤维束上黏附薄膜试验与未黏附薄膜试验，发现棉纤维束上黏附薄膜后对摩擦系统的影响可以忽略不计，如图 4-6 所示。

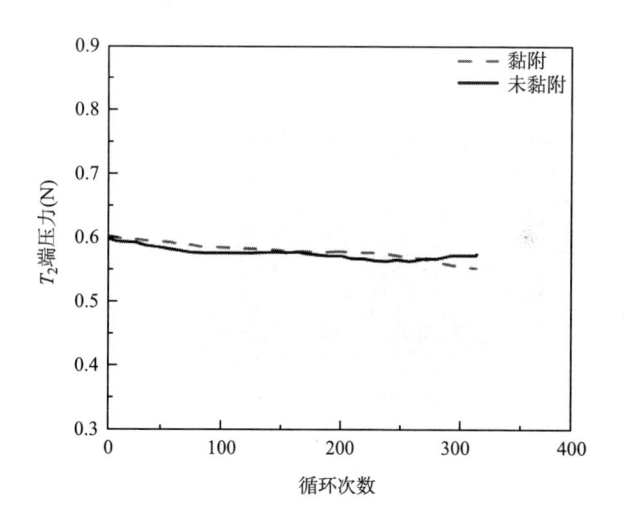

图 4-6　砝码 10g 时 T_2 端受力对比

通过处理后的图像可以观察到，随预加张力增大，棉纤维与金属表面的接触逐渐由杂乱变得更加有序，且接触的纤维数量显著增加。随后，通过测量棉纤维束与摩擦辊接触宽度，计算出棉纤维束与金属摩擦辊实际接触根数，具体数据见表 4-2。

表 4-2　不同负载下棉纤维束与摩擦辊表面接触根数

纤维束宽度(mm)	接触根数(根)
23.5	258
23.2	441
22.5	608

二、不同粗糙度下摩擦辊表面形貌分析

为了获得摩擦辊表面粗糙峰的形貌和分布,选取的测量区间需足够小且具备较高的精度。因此,采用共焦扫描显微镜对三种不同粗糙度的摩擦辊表面三维形貌进行分析,并对粗糙峰进行简化,如图 4-7 所示。手动选择出较大粗糙峰轮廓,并计算粗糙峰的密度,相关数据见表 4-3。

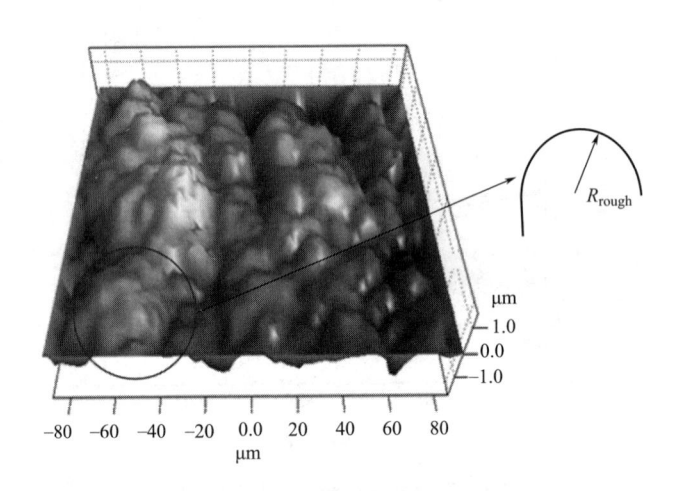

图 4-7　摩擦辊表面形貌($Ra1.2$)

表 4-3　接触点个数及粗糙峰密度

粗糙度 Ra	半径(μm)	密度(mm^2)
0.6	20	1.1×10^{10}
1.2	30	0.78×10^{10}
2.4	40	0.54×10^{10}

三、棉纤维与摩擦辊理论接触面积

由于棉纤维在微观结构上并不均匀,为方便计算,把棉纤维等效为光滑的圆柱体且与棉纤维束长度相当。在法向载荷的作用下,棉纤维与单个粗糙峰的接触视为弹性光滑圆柱体与刚性光滑半球面的接触[21],假设棉纤维只与较大粗糙峰顶部接触。椭圆接触区域长半轴为 b,短半轴为 a,下压深度为 d,如图 4-8 所示。

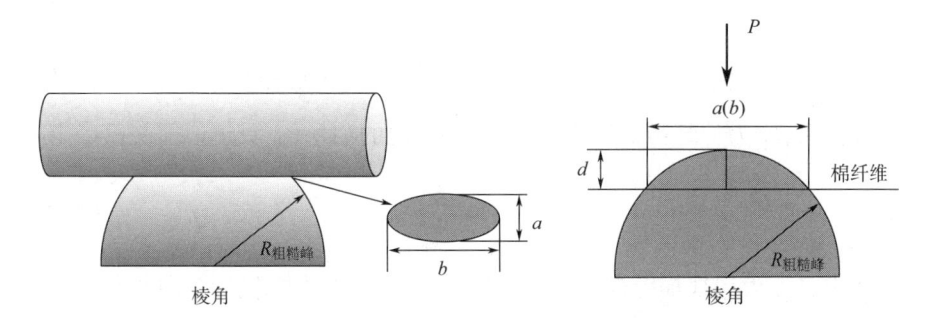

图 4-8 棉纤维与粗糙峰接触示意图

首先计算单个粗糙峰与棉纤维的理论接触面积,再计算单根棉纤维与粗糙峰的接触面积,最后计算棉纤维束与粗糙峰的接触面积,接触面积求解过程如下:

$$A_{asp} = \pi ab \quad (4-4)$$

式中,a 为椭圆接触面积的短半轴(μm);b 为椭圆面积的长半轴(μm)。

$$a = \sqrt{R_1 d} \quad (4-5)$$

$$b = \sqrt{R_2 d} \quad (4-6)$$

式中,R_1 为棉纤维半径(μm);R_2 为粗糙峰半径(μm);d 为棉纤维下压深度(μm)[22]。

$$d = \left(\frac{3N_{asp}}{4E^* R_m^{1/2}}\right)^{2/3} \quad (4-7)$$

式中,N_{asp} 为单个粗糙峰所受法向载荷(N);E^* 为等效杨氏模量;R_m 为平均有效曲率半径(μm)。

$$R_m = \left(\frac{1}{R_{x_1}} + \frac{1}{R_{y_1}} + \frac{1}{R_{x_2}} + \frac{1}{R_{y_2}}\right)^{-1} \quad (4-8)$$

式中，R_m 为平均有效曲率半径(μm)；R_{x_1} 为棉纤维径向曲率半径(μm)；$R_{x_1} = R_1$；R_{y_1} 为棉纤维轴向曲率半径，由于棉纤维视为圆柱体，因此其轴向曲率半径为 ∞；R_{x_2} 为棉纤维轴向曲率半径(μm)。摩擦辊表面视为光滑平面，其曲率半径 $R_{x_2} = R_{y_2} = R_2$。

$$E^* = \left(\frac{1-v_1^2}{E_1} + \frac{1-v_2^2}{E_2}\right)^{-1} \quad (4-9)$$

式中，E^* 为等效杨氏模量；E_1 为棉纤维表面的杨氏模量；E_2 为摩擦辊表面的杨氏模量；v_1 为棉纤维的泊松比；v_2 为摩擦辊的泊松比，具体值前文已给出。

$$N_{asp} = \frac{N_{fil}}{n_{asp}} \quad (4-10)$$

式中，N_{fil} 为单根棉纤维所受法向载荷(N)；n_{asp} 为粗糙峰与单根棉纤维接触点数。

$$N_{fil} = \frac{N_{tow}}{n_{fil}} \quad (4-11)$$

式中，N_{tow} 为棉纤维束作用在摩擦辊上的法向载荷(N)；n_{fil} 为棉纤维束与摩擦辊接触根数。

$$N_{tow} = \frac{T_{tow}}{R_{drum}} l \quad (4-12)$$

式中，T_{tow} 为在任意包络角度 θ 处的拉伸牵引载荷(N/m)；R_{drum} 为摩擦辊半径(μm)；l 为棉纤维束与摩擦辊接触长度(m)。

$$T_{tow} = T_1 \exp(\mu_{app} \theta_{wrap}) \quad (4-13)$$

式中，T_1 为牵引端 b 中的力(N)；μ_{app} 为表观摩擦系数，可从基本绞盘关系中获得；θ_{wrap} 为棉纤维束缠绕在摩擦辊上的包络角度，此处为 180°。

$$\mu_{app} = \ln\left(\frac{T_2}{T_1}\right)\frac{1}{\theta_{wrap}} \quad (4-14)$$

式中,T_2 为牵引端 a 中的力(N)。

$$A_{\text{fil}} = A_{\text{asp}} n_{\text{asp}} \tag{4-15}$$

$$A = A_{\text{fil}} n_{\text{fil}} \tag{4-16}$$

式中,A_{fil} 为单根棉纤维与粗糙峰接触面积(μm^2);A 为棉纤维束与粗糙峰理论接触面积(μm^2)。

第五节 棉纤维与金属点接触试验结果与分析

一、预加张力对摩擦性能的影响

通过前文的试验发现,当使用 100g 砝码进行加载时,棉纤维束会发生撕裂。同时,预试验结果表明,当摩擦辊粗糙度为 2.4 时,摩擦力与摩擦系数的变化较为平稳。因此,选择 10g、20g 和 50g 的砝码对棉纤维束进行加载,并选用粗糙度为 2.4 的摩擦辊。不同预加张力下通过绞盘试验获得的摩擦力数据如图 4-9 所示,相应的摩擦系数数据如图 4-10 所示。

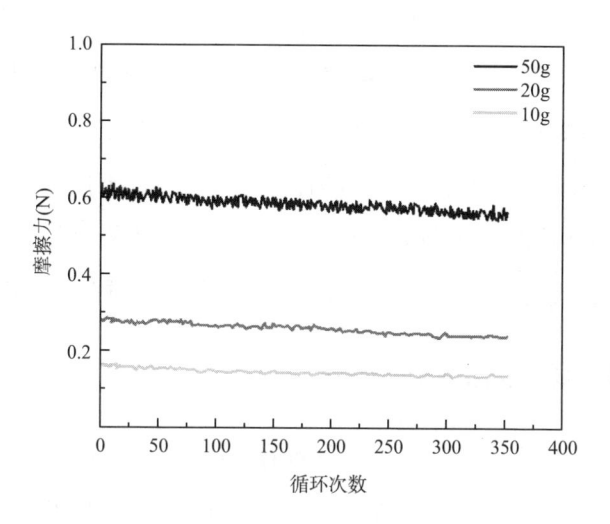

图 4-9 预加张力对摩擦力的影响

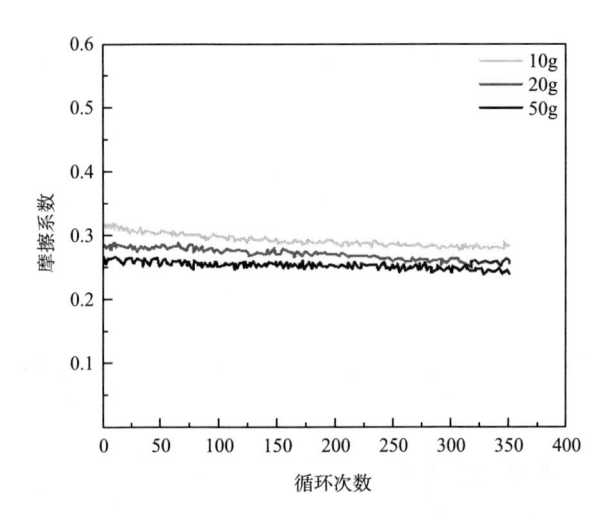

图 4-10 预加张力对摩擦系数的影响

试验结果显示,当预加张力的砝码重量为 50g 时,摩擦力相比于 20g 和 10g 时分别增加 56% 和 75%,而摩擦系数则分别减小 7% 和 16%。这表明,预加张力与摩擦力呈正相关,与摩擦系数呈负相关。

为研究不同预加张力下摩擦力与通过接触模型计算得到的理论接触面积之间的相关性,对两者进行了线性拟合。随着预加张力的增加,棉纤维束与摩擦辊的理论接触面积也随之增大,如图 4-11 所示。结合式(4-3),得出摩擦力随理论接触面积变大而变大的规律,表明棉纤维束的摩擦力 F_f 和理论接触面积呈近似正相关关系。由式(4-2)可知,在摩擦副材料不变的情况下拟合参数不发生变化,棉纤维束与摩擦辊的摩擦力与摩擦系数只与法向载荷相关。在预加张力变大时,棉纤维束所受法向载荷变大,从而导致摩擦系数减小,与试验结果相符。

二、摩擦辊粗糙度对摩擦性能的影响

试验中使用了三种表面粗糙度不同的摩擦辊,粗糙度分别为 0.6、1.2 和 2.4,转速设定为 3Hz,预加张力由 50g 的砝码提供。在不同摩擦辊粗糙度条件下,通过绞盘法测得的摩擦力如图 4-12 所示。

(a) 10g

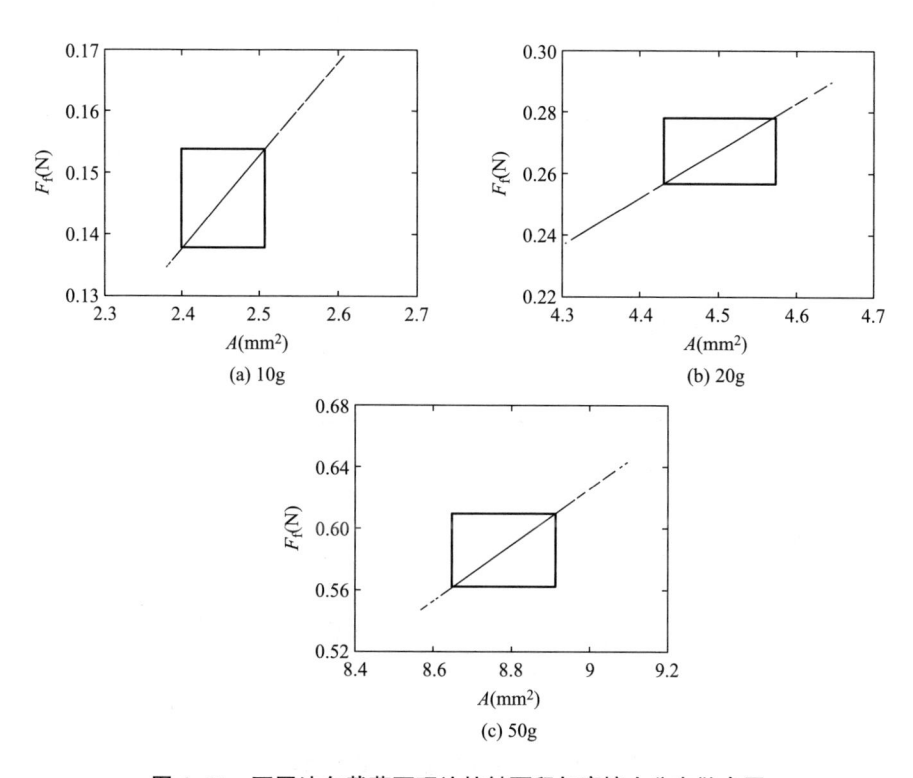

(b) 20g

(c) 50g

图 4-11　不同法向载荷下理论接触面积与摩擦力分布散点图

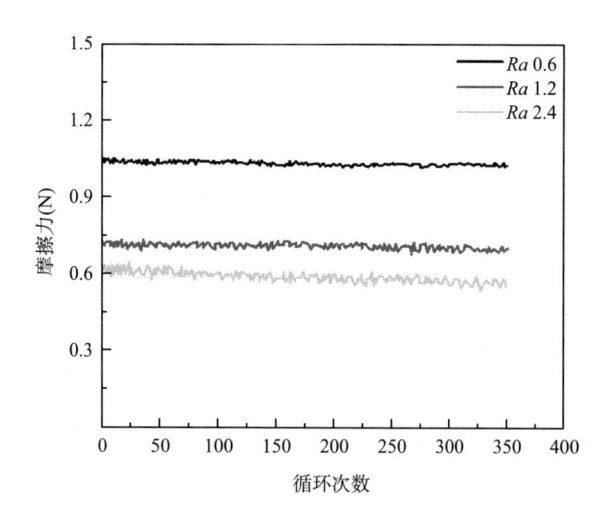

图 4-12　粗糙度对摩擦力的影响

不同摩擦辊粗糙度下通过绞盘法得到的摩擦系数如图4-13所示。结果表明,粗糙度为0.6时较粗糙度为1.2、2.4时分别增加31%、42%,摩擦系数分别增加21%、32%;棉纤维束与摩擦辊的摩擦力和摩擦系数均随摩擦辊粗糙度的增大而减小。

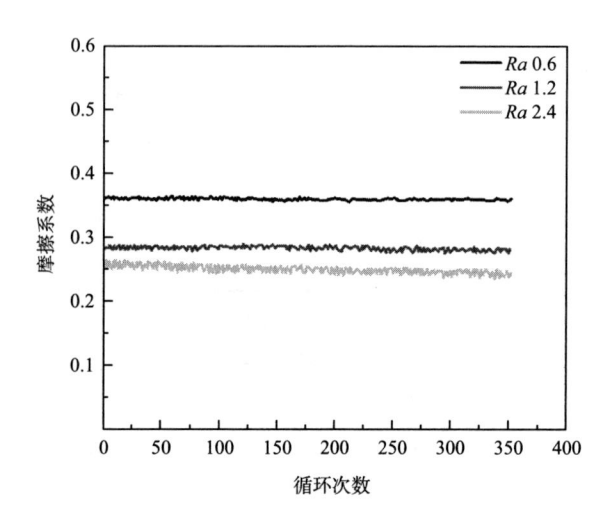

图4-13 粗糙度对摩擦系数的影响

为研究不同粗糙度表面下摩擦力与通过接触模型计算得到的理论接触面积的相关性,对两者进行了线性拟合。不同粗糙度的理论接触面积与摩擦力散点图如图4-14所示。

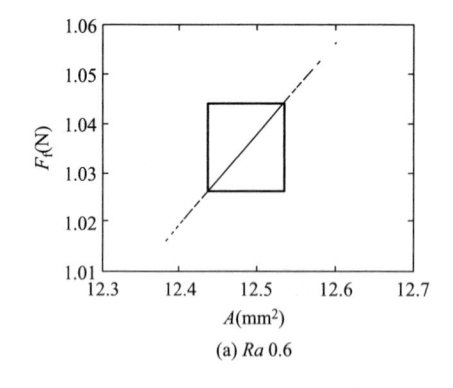

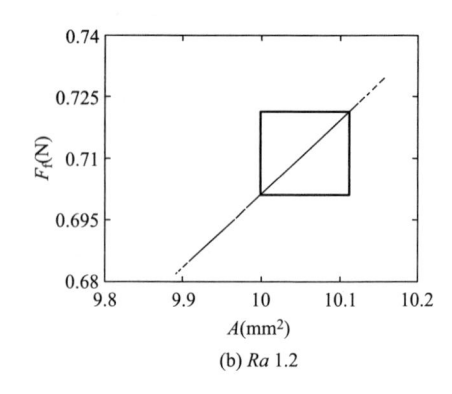

(a) Ra 0.6

(b) Ra 1.2

$$\text{(c) } Ra\ 2.4$$

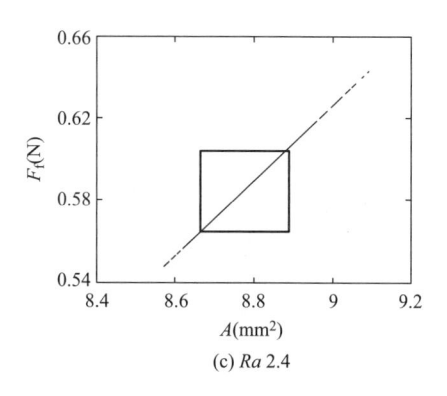

图 4-14 不同粗糙度下理论接触面积与摩擦力分布散点图

通过分析棉纤维束与摩擦辊的理论接触面积，发现理论接触面积与摩擦辊表面粗糙度呈负相关关系，符合试验结果。摩擦系统稳定后，针对不同粗糙度和预加张力下的摩擦力和法向载荷进行拟合，得到三种粗糙度的拟合参数 k、n，具体数值见表 4-4。结果表明，粗糙度越小，棉纤维束造成的法向载荷越大，由式(4-2)可知，摩擦系数随粗糙度增大而减小，这一趋势符合试验结果。

表 4-4 接触点个数及接触面积

粗糙度	拟合参数
$Ra\ 0.6$	$k=0.21$　$n=0.93$
$Ra\ 1.2$	$k=0.15$　$n=0.95$
$Ra\ 2.4$	$k=0.18$　$n=0.94$

三、摩擦辊转速对摩擦性能的影响

通过调节摩擦辊转速，研究了摩擦速率对棉纤维束与摩擦辊摩擦行为的影响，从图 4-15 和图 4-16 中可以看出，摩擦速率对摩擦行为的影响较为微弱。与 4Hz 和 5Hz 相比，3Hz 的摩擦力达到稳定状态所需的周期更长，在 250 个周期之后，摩擦力才趋于稳定。这是因为在 3Hz 下，棉纤维束与摩擦辊的接触时间较长，纤维之间的排列稳定也需要更多的周期。

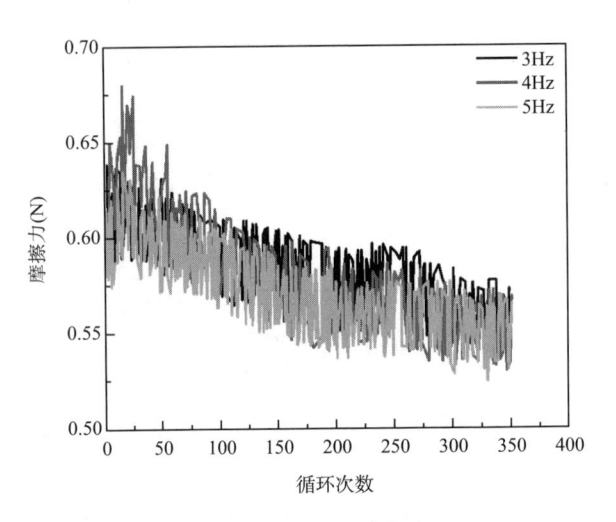

图 4-15 摩擦速率对摩擦力的影响

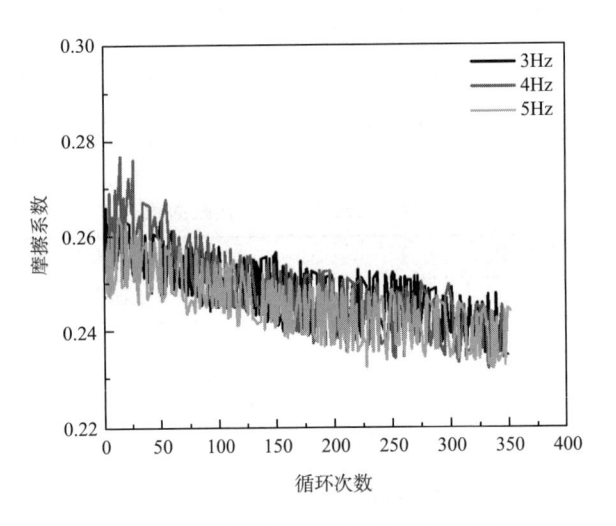

图 4-16 摩擦速率对摩擦系数的影响

四、棉纤维束包角对摩擦性能的影响

通过对棉纤维束与摩擦辊包角摩擦力与摩擦系数的分析,如图 4-17、图 4-18 所示,当包角为 120°、150°、180°时,摩擦力比值为 0.62∶0.87∶1,与预想的接

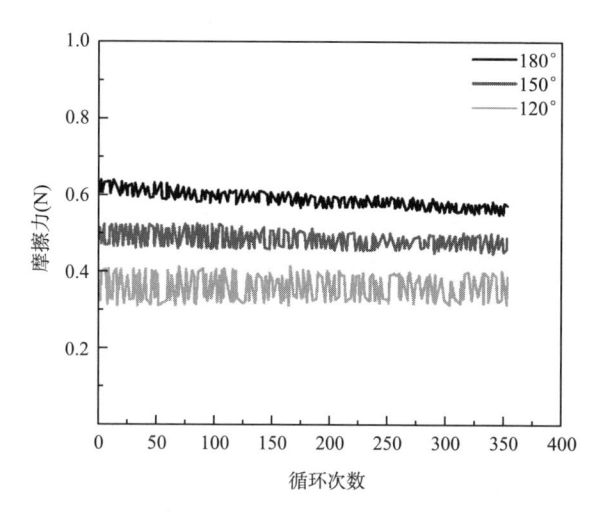

图 4-17　棉纤维束包角对摩擦力的影响

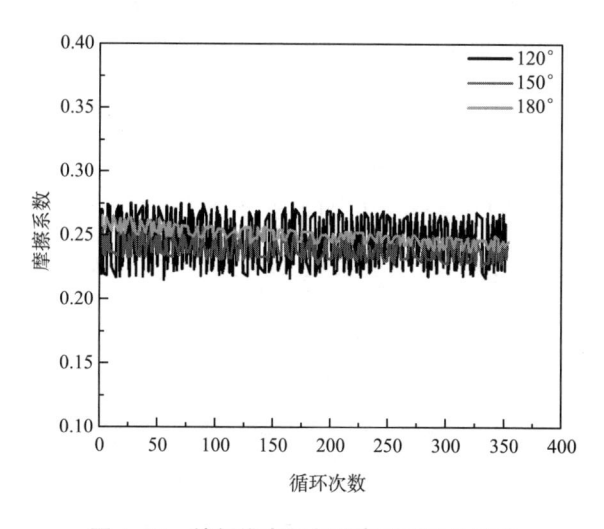

图 4-18　棉纤维束包角对摩擦系数的影响

触面积的比值 0.67∶0.83∶1 相差不大。符合式(4-5)，摩擦力与接触面积成正比。纤维束与摩擦辊的包角对摩擦系数影响较小。包角为 120°时，摩擦力与摩擦系数的波动较大，这是由于包角 180°时，摩擦系统更稳定，产生振荡更小。

第六节　小结

本章研究了棉纤维与金属点接触的摩擦磨损规律,对棉纤维在纺织工业中的应用及其与金属表面接触时的摩擦行为进行了系统分析,主要研究内容和发现如下。

(1)探讨了棉纤维与不同粗糙度金属表面接触时的摩擦磨损特性。

(2)设计并使用了自制的棉纤维与金属点接触摩擦试验装置,通过控制预加张力、粗糙度、摩擦速率和棉纤维束包角等参数,对棉纤维束与金属摩擦辊表面进行点接触摩擦试验。

(3)建立了棉纤维束与摩擦辊的接触力学模型,利用 Howell 方程计算了法向载荷和摩擦力之间的关系,以及等效库仑摩擦系数。

(4)分析了不同预加张力下棉纤维束与摩擦辊的接触根数,以及不同粗糙度下摩擦辊表面形貌,计算了理论接触面积。

(5)研究了预加张力、摩擦辊粗糙度、摩擦速率和棉纤维束包角对摩擦力和摩擦系数的影响。发现预加张力和粗糙度对摩擦特性有显著影响,而摩擦速率和包角的影响相对较弱。

(6)通过定量计算方法,研究了棉纤维与粗糙金属表面点接触的摩擦行为,为棉纤维与金属粗糙表面摩擦磨损行为的研究提供了理论指导。

本章的研究为理解棉纤维在纺织加工过程中的摩擦磨损行为提供了重要的试验数据和理论支持,对优化棉纤维的加工工艺和提高产品质量具有指导意义。

参考文献

第五章　棉纤维与金属线接触的摩擦磨损规律

第一节　概述

棉纤维作为棉纱线的主要成分,无论是在经过一系列工艺加工成棉纱线的过程,还是在加工成为日常必需品的过程,都离不开与制作机械的直接接触。因此,棉纱线与机械部件的摩擦与磨损是不可避免的,这不仅对零部件的使用寿命产生重要影响,也会对棉纤维的质量造成一定影响。

从最初的金属与金属摩擦,到纺织领域纤维与纤维之间的摩擦,有众多研究成果。国外较前沿的研究包括查克拉达尔等[1]对碳纤维在细尺度下的摩擦行为进行了详细的试验研究。在细尺度下纤维平行时,细丝间的夹角对细丝摩擦有显著影响,而细丝尺寸的影响较小。此外,霍塞因阿里等[2-3]回顾了以往关于棉纤维摩擦性能的研究,并评估了测量纤维之间或与另一表面摩擦的不同试验程序,考虑了解释各种试验中的摩擦过程而开发的摩擦模型,并讨论了它们的局限性。国内的研究起步较早,最初由肖振华等[4]对纤维的摩擦性能进行了系统测试。目前,天津工业大学吴宁团队的研究较为成熟,主要集中在碳纤维的摩擦磨损实验。吴宁等[5]主要以碳纤维为研究对象,通过碳—碳纤维摩擦磨损试验分析不同因素影响,随后对碳纤维与复合材料从各方面进行试验,两者不同的是引入了对表面形貌的表征以及纤维束间真实接触面积的测量。透彻了解单个纤维的摩擦特性对于理解和预测成形过程中织物的宏观变形非常重要。科内利森等[6]基于接触力学的摩擦模型证实了实验观察到的摩擦力随着台面粗糙度的增加而减小的现象。所建立的模型提供了对纤维在圆柱形金属台面上摩擦行为的定性理解。

本文采用线接触摩擦磨损方式,借助自主搭建的摩擦磨损试验装置,系统研究棉纱线与金属的摩擦行为。主要分析加载力、预加张力、速度、金属半径和粗糙度、棉含量以及纺织工艺方式和经纬方向对摩擦性能的影响。为深入理解摩擦过程,建立接触力学模型并进行理论分析。基于摩擦力分析从而计算接触面积,并且利用摩擦磨损试验装置进行试验,通过3D表面轮廓仪检测实际接触面积,与理论计算结果进行对比分析。重点考察棉纱线与金属的磨损行为,特别是金属表面磨损的演变过程。表征金属表面不同磨损时间后的磨损形貌,从磨损时长、磨损面积、磨痕深度、磨痕台阶高度以及磨痕体积等多方面进行研究,并通过Archard磨损模型对磨损过程进行磨损量分析,旨在为棉纱线与金属的摩擦磨损行为提供理论支持,并为相关领域的深入研究提供科学依据。

第二节 棉纤维与金属线接触装置

一、装置设计

采用自主搭建的线接触摩擦磨损试验装置进行摩擦磨损试验,主要由硬件和软件两部分构成。硬件部分主要包括交流稳压器、自动绕线机、压力传感器、扭矩传感器、直线滑台组、试验主轴、数据采集卡、线轮、阻尼器、伺服张力器、游标卡尺、电机等,如图5-1所示。

在整个线接触摩擦磨损装置中,起到重要作用的硬件具体介绍如下。

(1)交流稳压器为型号TND1-5的自动交流稳压器。其中,交流稳压器通过自动控制电路对信号取样,在信号的驱动下,使伺服电机在接触式调压器的作用下进行调压,起到稳定电压的作用。试验过程中发现试验设备的开关电源和电机驱动器与理想电压有较大的出入。这种现象一方面会影响设备的使用寿命,另一方面会对有效信号产生较大的干扰,最终对试验结果带来非常大的误差。基于以上情况,稳定整个试验系统的电压成为首要解决的问题。在选择

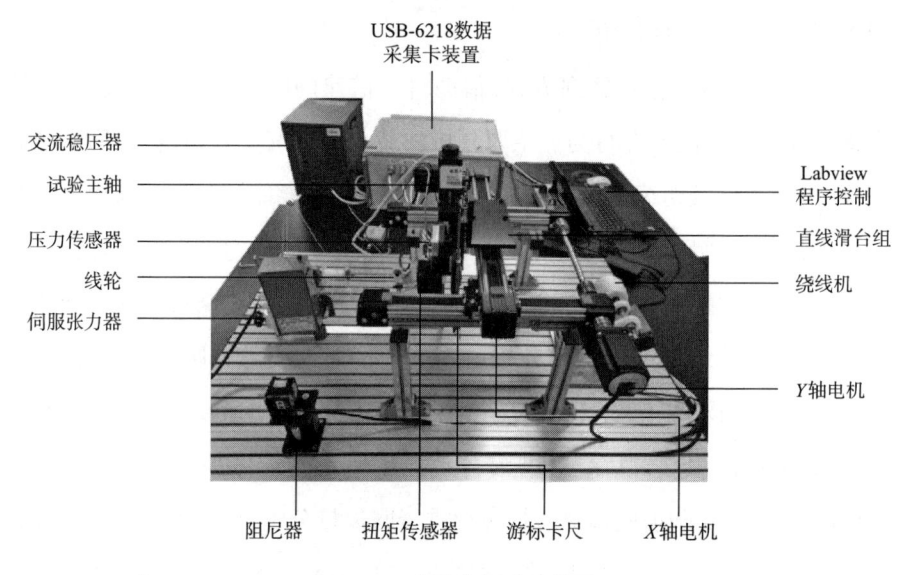

图 5-1　摩擦磨损试验装置

TND1-5自动交流稳压器后，为了保证能够达到预期的效果，使用万能表对稳压前后的电压进行实际测量，通过数据对比观察实际效果。结果发现，稳压后确实能够将电压稳定在220V左右，为后续数据采集系统提供了一个较为稳定的电压值，降低了环境因素对试验信号的干扰。

（2）自动绕线机是一种新型智能芯片控制的可随意编程的半自动绕线装置，工作电压为110～220V，直流为24V，工作电流小于1.5A，功率小于45W，工作方式为微电脑程序控制，适用线径为0.03～0.60mm，运行速度为100～400r/min。该自动绕线机可以根据试验需要对位置参数、起始位置、速度、匝数、高度和线径分别进行设置，完成疏线作用。

（3）压力传感器的型号为LTH-W10-1kg+BS-1Y，输出信号为0～5V，测量范围为0～1000g，精度等级为±0.05% FS，非线性小于等于0.05% FS，供电电压为24V，由压式传感器和精密变送器组成。为了进一步保证试验结果的可靠性，对其进行性能测试。在压力传感器下加10g砝码，因为其非线性小于或等于0.05% FS，所以完全按照线性关系对数据进行处理。结果发现，理论10g的拉力经计算得到结果为9.95g，误差不超过±0.15%，故试验数据真实有效。

(4)扭矩传感器的型号为 FUTEK MODEL TFF400,额定输出功率为 1mV/Vnom(0.04Nm),属于高分辨率的扭矩传感器。棉纱线与金属的摩擦过程所采集的量过于微小,在实际测量中比较困难,低分辨率的扭矩传感器对于 μV 级或者 mV 级的信号采集所产生的误差较大。该扭矩传感器分辨率为 18 位,也就是说它可以区分的最小电压信号为 45.7μV,满足本次试验要求。

(5)数据采集卡的型号为 N1 USB-6001。为了能够准确采集精度较高的压力传感器和扭矩传感器所输出的微小电压信号,选择了分辨率足以满足需求的数据采集卡。该数据采集卡在采集精密信号时,能够保证信号的准确性和稳定性。NI USB-6001 数据采集卡通道分为单通道和多通道,最大采样率分别为 625KS/S 和 500KS/S。该数据采集卡提供了 7 种不同的电压输入量程,A/D 转换器的转换精度达到 18 位,能够分辨的最小电压达到 0.7μV,能够满足试验要求。

(6)伺服张力器选择的是一种自动送线的张力器,型号为 S-100,使用线径范围为 0.01~0.12mm,张力范围为 1~100g,伺服张力器张力杆选用 S1,拉簧型号选用 SS1 或者 SS2,张力值为 1~8g,参考线径为 0.01~0.03mm。将伺服张力器安装在阻尼器与绕线轮之间,使棉纱线在运行过程中保持稳定的运行状态,避免出现松线、断线以及对试验设备的冲击,从而对整个绕线过程中棉纱线的张力进行控制。最理想的状态是能够调节棉纱线张力达到理想水平状态,并确保在任何时间,任何情况下棉纱线的任何部位都不会发生变化。该伺服张力器的张力稳定性是各类绕线机张力器里面性能较优的,利用电机旋转将棉纱线均匀送出,同时通过张力杆和拉簧对棉纱线施加一定的可调力,使外界对张力影响的因素减弱,实现张力波动最小化。

(7)软件部分,主要通过软件 LabVIEW 对运动控制与数据采集进行程序设计,实现直线滑台组和试验主轴的双向运动控制,同时对扭矩传感器和压力传感器进行数据采集,并使用数据采集卡对其进行实时数据记录。运动控制系统程序的设计是整个控制系统的重点,系统运转是否稳定、准确依靠程序设计得是否合理。使用数据采集卡中给定的可以调用的动态链接库,从中调用创建句柄,设置定长脉冲数,设置实位计数器,设置加速计偏移四个库函数节点,完成程序的起动设置。完成上面的程序设计后,对两轴运动控制的前面板进行排版。其中 X 轴可以设置初始速度、驱动速度、加速度、减速度以及往复运动的次数等参数,并且可以单独启动与停止;Z 轴可以选择连续运动和点动运动两种运行方式。由于 Z 轴上带有传感器,要控制 Z 轴的升降来产生下压力,与 X 轴上的平台发生摩擦进行试验,所以需要设置方向。

二、工作原理

根据库仑摩擦定律可知,摩擦力与载荷成正比,表达式为:

$$F_f = \mu F_N \tag{5-1}$$

式中,μ 为摩擦系数;F_N 为正压力;F_f 为摩擦力。

棉纱线与金属直接接触,如图 5-2 所示,包络角度 ≤180°,将棉纱线与金属接触点近似为受力点,对其进行受力分析。根据扭矩的定义,棉纱线与金属摩擦产生的动摩擦力与棉纱线对金属接触点产生的扭矩保持平衡,表达式为:

$$M = F_f R \tag{5-2}$$

式中,M 为扭矩;F_f 为摩擦力;R 为金属半径。

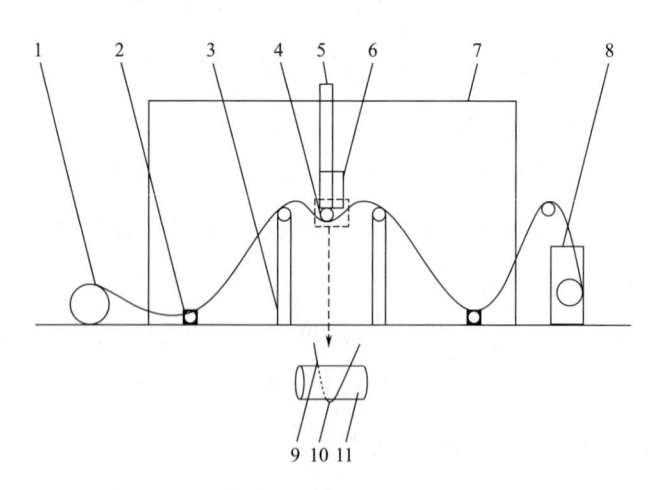

图 5-2 棉纱线接触摩擦磨损试验装置示意图

1—自动绕线器 2—线轮 3—支撑架 4—扭矩传感器 5—试验主轴 6—压力传感器
7—直线滑动台 8—伺服张力器 9—金属试样 10—接触点 11—棉纱线

$$\mu = \frac{M}{F_N R} \tag{5-3}$$

式中，M 扭矩与 F_N 正压力通过摩擦磨损试验装置采集数据。

第三节 棉纤维与金属线接触试验材料与方法

一、试验材料

棉纱线试样为山东泽宇纺织生产的不同股数成品，表面未经处理，其结构如图 5-3 所示，具体性能参数见表 5-1。选用棉纱线的股数依次为 2 股、3 股和 4 股，线密度依次为 54.9tex、83.0tex、116.9tex，弹性模量为 7.5GPa，泊松比为 0.85。

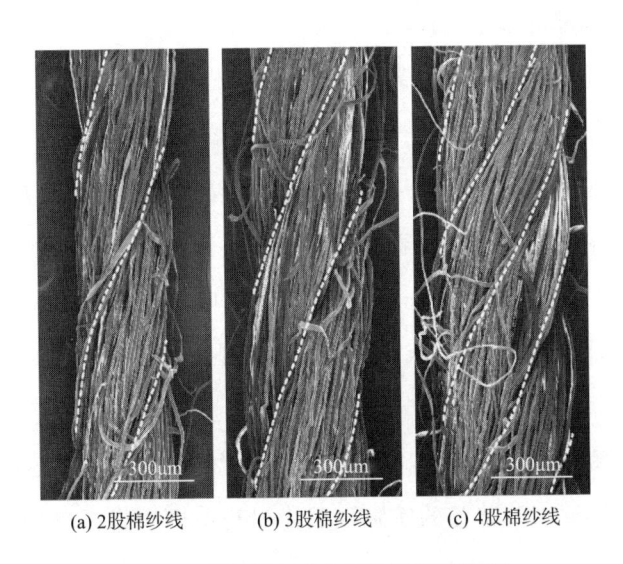

(a) 2股棉纱线　(b) 3股棉纱线　(c) 4股棉纱线

图 5-3　棉纱线图像（扫描电子显微镜）

圆柱辊选用 303 钢，表面未经处理，长为 80mm，半径分别为 4mm、5mm、6mm 和 7mm，粗糙度分别为 5.5μm、6.5μm、7.5μm 和 8.5μm，密度为 7930kg/m³，弹性模量为 206GPa，硬度为 201HBV，泊松比为 0.3。

表 5-1　棉股线性能参数

股数	线密度(tex)	断裂强度(N/mm^2)	弹性模量(GPa)	泊松比
2	54.9	4.72±0.01		
3	83.0	3.06±0.01	7.5	0.85
4	116.9	3.06±0.01		

二、试验方法

在预试验阶段,对摩擦磨损试验设备进行调整,在线轮水平方向安装伺服张力器,保证棉纱线在摩擦过程中保持恒力。将棉纱线按照梳线要求从置线器端固定好,依次通过伺服张力器与线轮让其直接与金属接触,最后连接自动绕线机安装完成。通过自动绕线机对位置、数值以及线径参数等进行设置,开始进行摩擦磨损试验并记录数据。根据线接触摩擦磨损试验装置,选择不同参数的棉纱线和金属进行摩擦试验。

在每次试验前,金属样品需要用超声清洗机进行清洗,每组试验选取同一位置的金属表面进行定点试验,以确保试验数据的准确性。完成摩擦试验后,借助软件部分完成数据采集并进行分析;按照摩擦试验步骤进行磨损试验,需要利用 SuperView W1 光学 3D 表面轮廓仪对不同时间段的磨损表面形貌进行实时表征,完成细观观测后,借助 SQP 型高精度电子天平对其称重,观察金属体积变化趋势并计算其磨损率,从宏观角度考虑是否具有参考意义。具体试验方法如下。

方法一为测试棉纱线股数和加载力对棉纱线和金属的摩擦性能的影响。

根据摩擦磨损试验装置的实际加载力量程范围确定试验加载力为 0.2N、0.4N、0.6N、0.8N、1.0N。其中,试验预加张力为 0N,速度为 0.8mm/s,试验时间为 1min,选取同一粗糙度($Ra = 7.5\mu m$)的金属表面进行定点试验,对 2 股、3 股和 4 股的棉纱线分别进行五次测量,取其摩擦系数平均值并进行分析。

方法二为预加张力对棉纱线与金属的摩擦性能的影响。

在保持速度为 0.8mm/s,时间为 1min 不变的工况状态下,分别探究 2 股、3

股和4股的棉纱线在加载力为0.2N、0.4N、0.6N、0.8N、1.0N情况下,和在预加张力为5N、10、15N、20N、25N的情况下,进行五次测量,取其摩擦系数平均值并分析其摩擦系数变化趋势。

方法三为测试速度对棉纱线与金属摩擦性能的影响。

通过对摩擦磨损试验装置的自动绕线机进行速度设定,研究不同股数棉纱线分别在速度为0.8mm/s、1.6mm/s、2.4mm/s、3.2mm/s、4.0mm/s的情况下,棉纱线与金属的摩擦性能。为避免因加载力过大对表面引起轻微磨损,每组试验选取加载力0N,预加张力0N,选择同一粗糙度($Ra=7.5\mu m$)金属表面进行定点试验,摩擦系数取平均数。

方法四为测试金属半径对棉纱线与金属的摩擦性能的影响。

大部分机械的制造离不开钢和铸铁,因此本文中选取最常见的金属样品进行分析。考虑到纺织过程的实际应用,确定了金属样品的材质后,选择了不同半径的金属样品进行测试,样品分别为4mm、5mm、6mm和7mm。在试验过程中,确保粗糙度相同,加载力和预加张力均为0N,速度设定为0.8mm/s,试验时间为1min。试验选取了2股、3股和4股棉纱线进行测量,每种情况进行五次独立测试,最终取其摩擦系数的平均值进行后续分析。

方法五为测试粗糙度对棉纱线与金属的摩擦性能的影响。

研究表明,摩擦系数会随表面粗糙度的变化而变化。本试验采用速加网加工的金属,表面粗糙度分别为$5.5\mu m$、$6.5\mu m$、$7.5\mu m$和$8.5\mu m$。确定金属半径为4mm,加载力和预加张力均为0N,速度设定为0.8mm/s,试验时间为1min。对于2股、3股和4股棉纱线,分别进行五次测量,取其摩擦系数的平均值进行分析。

基于接触力学模型的建立,分析其摩擦力的影响,进一步优化模型后计算接触面积。对金属表面涂层,进行上述试验后,借助SuperView W1光学3D表面轮廓仪,对金属进行表面提取分析,得出棉纱线与金属之间的实际接触面积,并与计算结果进行比较。

在摩擦试验基础上,根据现有条件,确定磨损试验材料为4股棉纱线与直径为 4mm 的金属,加载力为 1N,预加张力 25N,速度为 0.8mm/s 进行磨损试验,见表 5-2。

表 5-2 磨损试验参数

参数	加载力(N)	预加张力(N)	速度(mm/s)	实验温度(℃)	弹性模量(GPa)	泊松比	磨损时长(h)
数值	1	25	0.8	25±1	7.5,206	0.85,0.3	24,48,72,96,120

摩擦磨损试验装置采用单循环的方式进行,以保证试验的同向性。通过软件 LabVIEW 控制,能够精确定位直线滑台组和试验主轴的位置,同时使用游标卡尺进一步校准。每经过 24h 的磨损后,及时清洁金属表面并进行测量,更换棉纱线以减少因棉纱线长时间磨损产生的毛羽对结果的影响。

借助 3D 表面轮廓仪每 24h 对磨损表面进行 3D 扫描,并将其垂直和水平方向轮廓数据逐一提取,分析磨损情况。从宏观角度使用高精度电子天平(SQP 型),对每次磨损后的金属进行称重,结合理论计算磨损量,以验证试验的准确性和可行性。

第四节 棉纤维与金属线接触试验结果与分析

一、加载力对棉纤维与金属线接触摩擦性能的影响

有研究表明,影响其摩擦磨损的关键要素是纤维束接触面积,王玉等[7]在研究碳纤维束—圆辊细观接触行为发现,纤维取向度是影响接触面积的主要原因之一,故本章中摩擦磨损试验装置采用同向连续摩擦的方法进行试验。不同加载力、不同股数的棉纱线与金属表面的摩擦系数如图 5-4 所示。可以看出,随着加载力的增大,摩擦系数的变化趋势基本一致,呈现先下降后上升至平稳的状态。加载力为 0.2N 时,摩擦系数达到最大值。相同加载力下,股数越多,摩擦系数越小,4 股比 3 股棉纱线摩擦系数减小 80%,3 股比 2 股棉纱线摩擦系

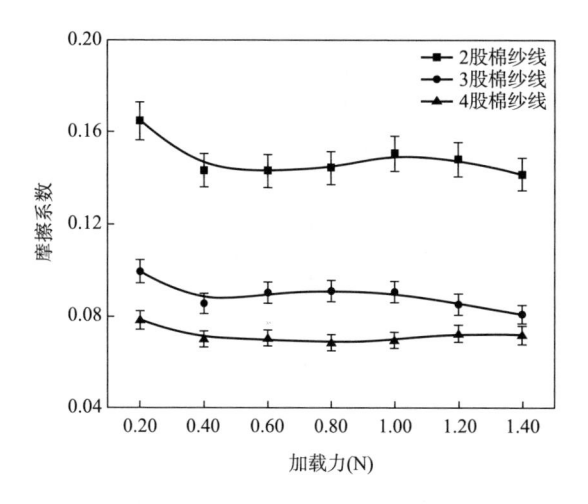

图 5-4　加载力对摩擦系数的影响

数减小60%。这是因为棉纱线(股线)是由棉单纱经捻线而成,棉单纱及棉纱线(股线)都具有一定的捻度,与棉纤维束(单根棉纤维有序排列)结构上存在差异。棉纱线(股线)结构中,单纱中单根棉纤维及棉纤维束在捻度的作用下存在一定的扭曲,单纱与单纱在捻度的作用下形成一定结构上的扭曲,捻度的存在使棉纤维不在同一平面内。当施加加载力时,棉纱线(股线)与金属接触会形成一定角度的包角,棉纤维与金属面接触呈现多点连续成面的形式。纱线股数越少,接触点数越少,接触面积越小,摩擦系数越大。对于同一股数的棉纱线,加载力较小时,接触面积较小,摩擦系数较大;加载力较大时,接触的点趋于连续成面的面积增大,摩擦系数减小。

二、预加张力对棉纤维与金属线接触摩擦性能的影响

在相同条件下,2股、3股和4股的棉纱线在不同预加张力下加载力对摩擦系数的影响如图5-5所示。随着加载力的增加,摩擦系数逐渐减小,且变化范围逐步缩小。2股棉纱线的摩擦系数在0.12~0.14,3股棉纱线的摩擦系数在0.045~0.05,4股棉纱线的摩擦系数在0.06~0.0625。2股、3股和4股棉纱线的摩擦系数范围值分别为0.02、0.005和0.0025。这一结果表明,随着加载力

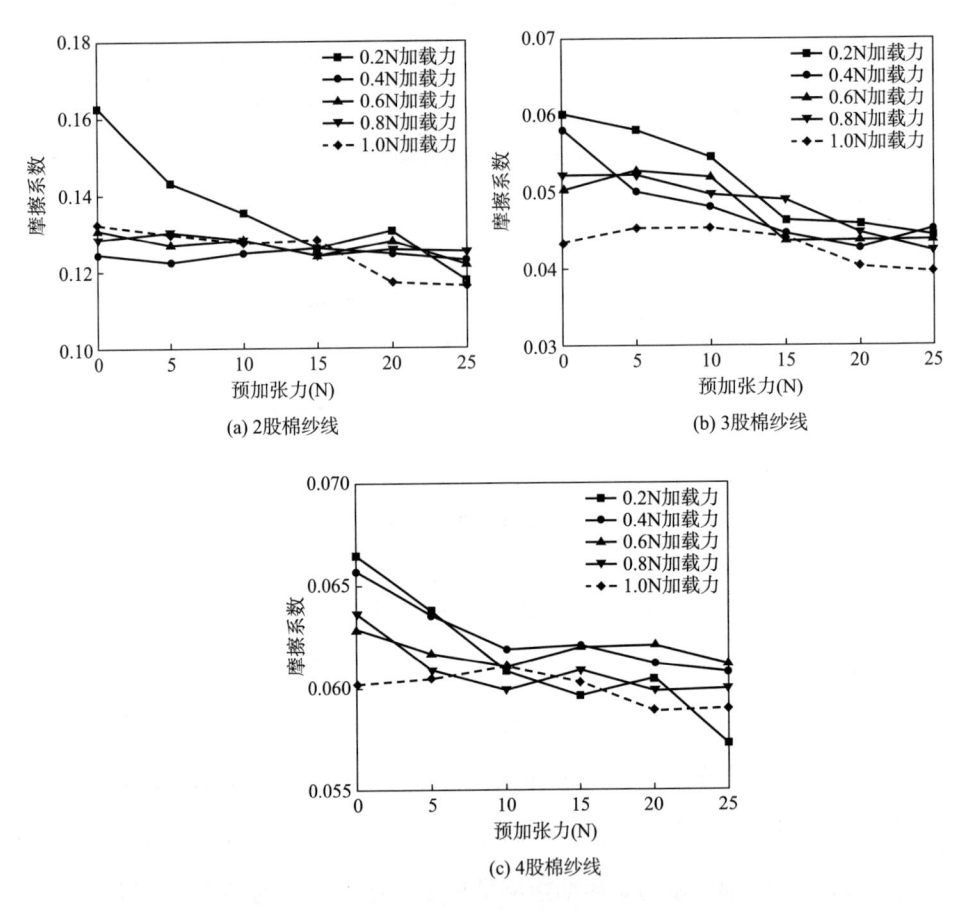

图 5-5　不同预加张力下加载力对摩擦系数的影响

的增加,摩擦系数与接触面积呈负相关关系。

上述工况不变的情况下,加载力分别为 0.2N、0.4N、0.6N、0.8N 和 1.0N 时,对 2 股、3 股和 4 股棉纱线的摩擦系数进行统计分析。结果表明,不同加载力下,三种棉纱线的摩擦系数变化趋势相似且变化不明显。因此,仅选取了加载力为 0.2N、0.6N、1.0N 三组进行分析,如图 5-6 所示。可以看出,不同股数的棉纱线摩擦系数变化浮动范围较小。在加载力为 0.2N 时,2 股棉纱线摩擦系数波动较大,主要原因是摩擦磨损试验设备的加载力较小,导致设备振动,从而影响了数据的稳定性。总体而言,4 股棉纱线相较于 2 股和 3 股棉纱线数据更稳定,在此工况下,预加张力对不同股数棉纱线摩擦系数的影响远远小于加载力。

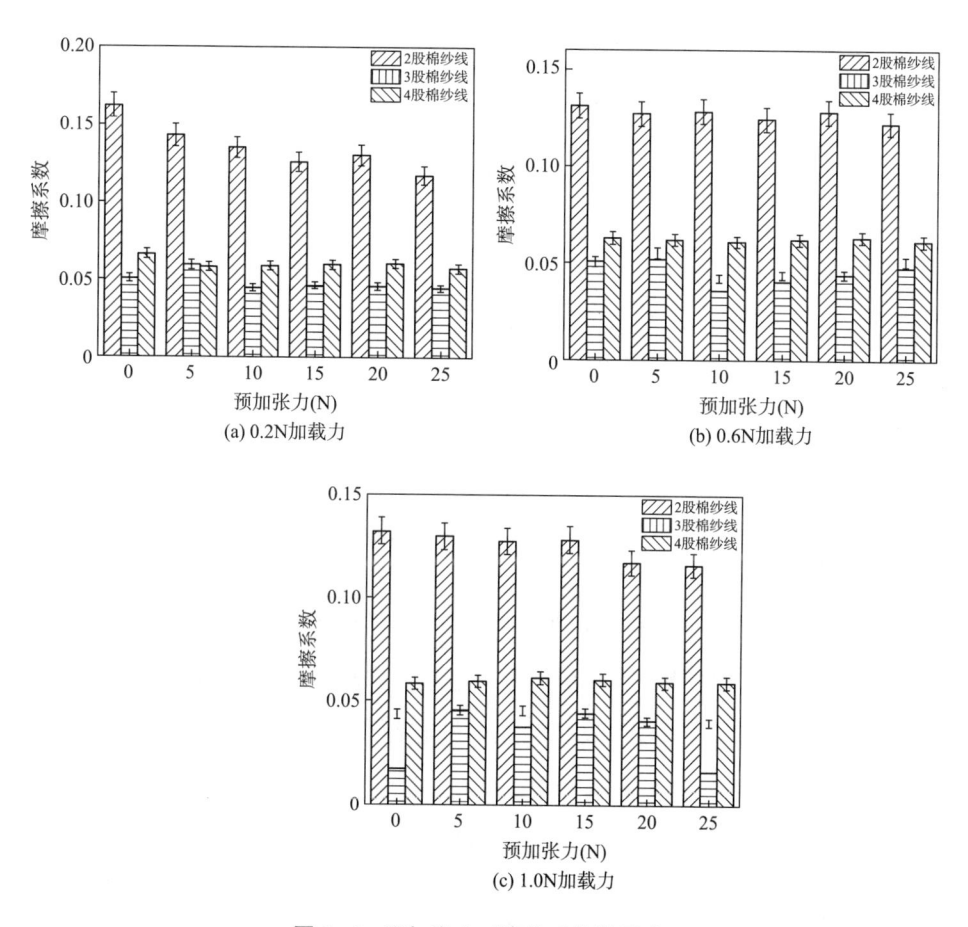

图 5-6 预加张力对摩擦系数的影响

三、速度对棉纤维与金属线接触摩擦性能的影响

随着速度的增大,摩擦系数先增大后减小,最终趋于稳定,如图5-7所示。最低的摩擦系数出现在速度2.4~3.6mm/s之间。

有研究表明,接触点的数量对纤维摩擦性能有显著影响。赫尔曼等[8]在接触点和条件的基础上讨论了速度对织物摩擦系数的影响。向忠等[9]研究表明,接触点的数量影响玻璃纤维机织织物的摩擦系数。因此,摩擦系数随速度的变化可以归结为接触点数量的变化。随着速度的增加,摩擦接触由线接触转化为点接触,接触点数量逐渐减少,摩擦系数随之降低。

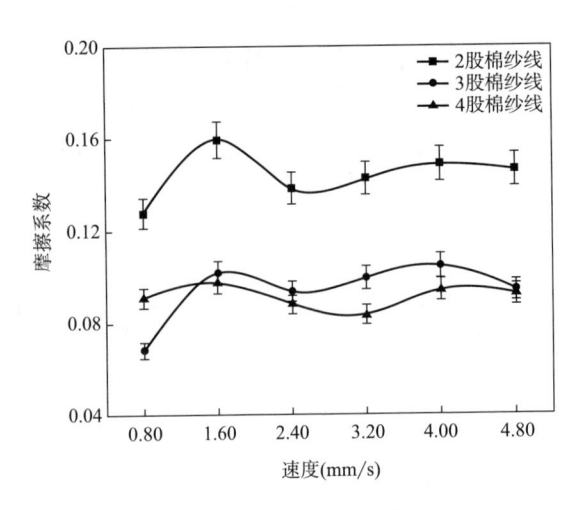

图 5-7　速度对摩擦系数的影响

但在速度从 0.8mm/s 增加到 1.6mm/s 时,摩擦系数相对较高。这是因为棉纱线与金属之间接触处于流动状态,在没有接触的区域,弹性变形只有部分恢复,接触并没有完全分离,故接触点的数量近似增加,导致相对摩擦系数增大。在无加载力和预加张力的情况下,由于股线加捻工艺、生产方式等因素影响,不同股数棉纱线的速度对摩擦系数的影响并不显著。赫尔曼等[8]通过使用聚甲基丙烯酸甲酯(PMMA)表面的雪橇拉织物样品确定摩擦系数,同样认为滑动速度对摩擦系数没有显著影响。

四、摩擦辊半径对棉纤维与金属线接触摩擦性能的影响

随着金属半径的增大,2 股和 3 股棉纱线的摩擦系数呈现出先减小、后增大、再减小的趋势,4 股棉纱线的摩擦系数则呈现持续增大的趋势,如图 5-8 所示。这一现象的原因在于金属半径增大后,棉纱线与金属之间的接触弧度随之增加,导致金属受力增大。根据摩擦磨损试验装置的工作原理,所受的正压力越大,摩擦力越大,摩擦系数相应增大。引起 2 股和 3 股棉纱线不同的原因可能是振动造成摩擦副之间接触点的数量变化范围较大,导致摩擦系数的波动。结果表明 4 股棉纱线对于后续摩擦磨损试验更具代表性。

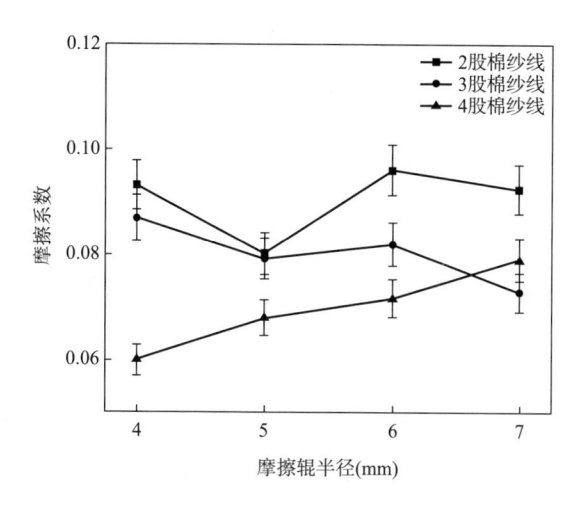

图 5-8　摩擦辊半径对摩擦系数的影响

五、摩擦辊粗糙度对棉纤维与金属线接触摩擦性能的影响

随着粗金属糙度的增加，不同股数棉纱线的摩擦系数呈明显下降的趋势，如图 5-9 所示。对于 2 股棉纱线，相较于前者粗糙度，摩擦系数减小 7.2%、4.5% 和 3.9%；对于 3 股棉纱线，相较于前者粗糙度，摩擦系数分别减小 3.1%、4.4% 和 4.1%；对于 4 股棉纱线，分别相较于前者粗糙度，摩擦系数减小 7.9%、

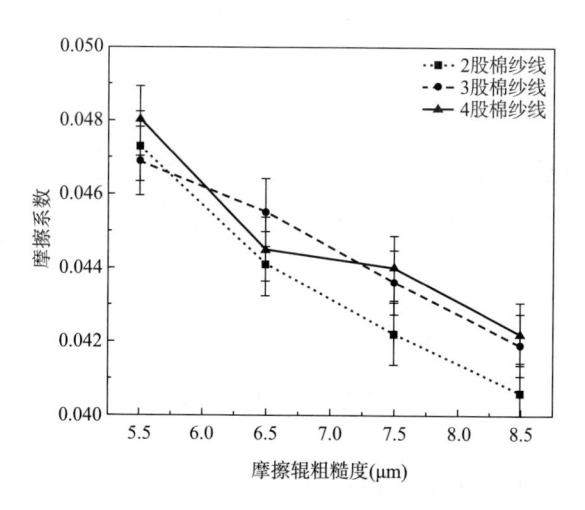

图 5-9　摩擦辊粗糙度对摩擦系数的影响

1.1%和4.3%。金属粗糙度的变化引起棉纱线表面毛羽量的变化,造成摩擦系数的差异。根据数据分析,4股棉纱线在金属粗糙度为6.5~7.5μm之间时,对摩擦系数的影响最小,对摩擦力的影响也会相对较小。因此,该试验结果为磨损试验金属粗糙度的选择提供了理论依据。

六、纺织工艺方式和经纬方向对棉纤维与金属线接触摩擦性能的影响

普梳纺纱过程至少需要七个加工工艺过程,精梳纺纱过程至少需要增加五个加工工艺过程,成股的棉纱线所需的加工工艺过程介于两者之间。不同的加工工艺过程会影响洁净度、强度、均匀度以及延伸性等,从而直接影响面料的质量。根据纺纱的实际情况,结合试验室现有条件确定工况,频率设置为1Hz,分别探究试验力为5N、6N、7N、8N、9N的摩擦力变化情况;当试验力为5N时,分别探究频率为1Hz、2Hz、3Hz、4Hz、5Hz的摩擦力变化情况。借助摩擦试验机进行1min往复摩擦试验,上试样为钢球,将普梳棉线、精梳棉线和棉纱线分别依次紧密排列固定在下试样板上。再经过多次试验测得数据可知,纺织工艺方式对摩擦力影响并不大,并且对频率的影响也不明显,如图5-10所示。

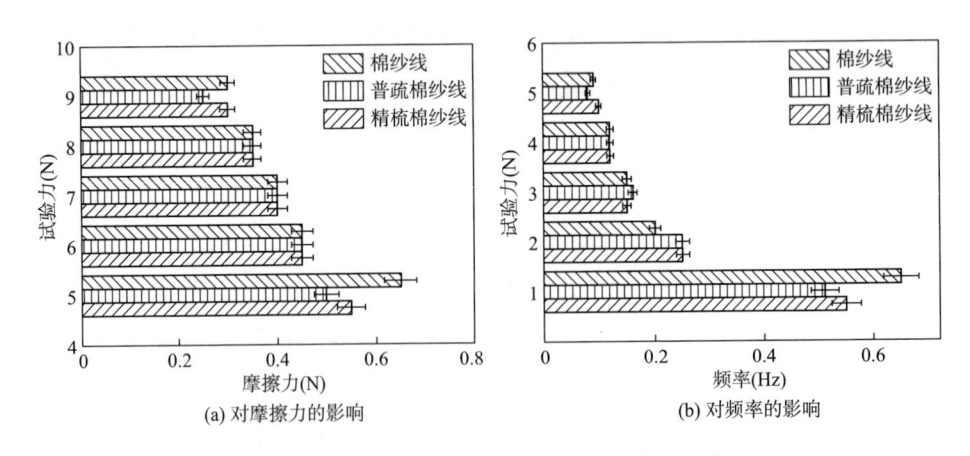

图5-10 纺织工艺方式对摩擦力和频率的影响

一般纺织加工的运动过程作用力在10N左右,速度达到60r/min,时间长短的设定是由具体生产量决定。考虑试验设备和环境影响因素,将试验力设定为

5N，频率调整为25Hz，摩擦时间为30s进行摩擦测试。在正式测试前，取棉织物为一种平纹布进行试验作为对照，由纬纱和经纱组成，即水平线和垂直线。将平纹布样品均等分为九个区域固定在下试样板上，只改变其位置方向，水平与垂直方向为一组，分别试验三组。观察摩擦后状态发现，集中在纬纱上的沿水平方向的接触面积小，集中在经纱上的沿垂直方向的接触面积大。陈等[10]在研究中表示，玻璃透镜与棉织物表面的相对运动方向垂直于经纱，从而使经纱起束，增大了其相对接触面积。相反，相对运动方向平行于纬纱，导致纬纱松动，减少其接触面积。随后，将不同加工工艺的精梳棉、棉纱线和股线分别制样进行试验。结果发现，在同等试验条件下，精梳棉径向（沿垂直方向）摩擦力为0.15N，纬向（沿水平方向）摩擦力为0.08N；棉纱线径纬向摩擦力均为0.1N；股线径向（沿垂直方向）摩擦力为0.17N，纬向（沿水平方向）摩擦力为0.09N，并且在径向0.15N摩擦力情况下，精梳棉表面被破坏，其他表面全部保持不变。这一现象表明，加工工艺虽然不会对摩擦力与频率产生明显影响，但会影响成品的品质。所以，加工工艺在实际应用中占据重要地位和作用。

第五节　棉纤维与金属线接触力学分析

一、接触力学模型

棉纱线与金属的接触问题，就是摩擦副粗糙表面之间的相互接触。从理论上分析，摩擦副之间的真实接触主要发生在相对离散的微凸体上，而表面粗糙度对摩擦副的接触状态起着重要作用。在摩擦副首次接触时，接触仅发生在少数粗糙微凸体上，此时法向载荷主要集中在这些直接接触的微凸体上。随着载荷的增大，更多的微凸体逐渐参与接触，接触面积随之增大。与此同时，在两个摩擦副的接触区域内发生的变形会产生相应的应力，其主要作用是抵抗外加载荷。当变形程度达到一定范围后，接触面内的应力与外加载荷趋于平衡，并保持稳定。

由于棉纤维与金属表面之间不规则性相差较大，故假设棉纤维为光滑圆柱体。格林伍德和威廉姆森等[11]提出了经典的统计模型(C—W模型),该模型针对分别为粗糙表面与光滑表面时的两个摩擦副之间接触的问题展开讨论。假设摩擦副表面分布大量的顶端为球体的微凸体,半径相同,高度不同,粗糙峰高分布服从高斯分布,如图5-11所示。

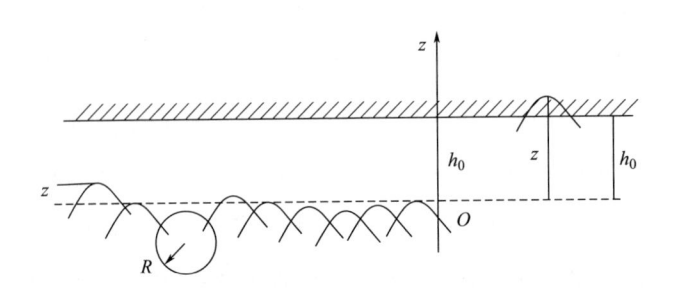

图5-11 格林伍德和威廉姆森随机表面模型

格林伍德和特里普[12]对摩擦副粗糙表面之间的直接接触问题进行了分析。由于摩擦副表面粗糙峰高服从高斯分布,其排列、形状以及位置等对于摩擦副之间的直接接触影响并不显著。为简化后续的数值分析,基于G—W模型对其进行假设,具体如下:粗糙表面各向同性;粗糙峰顶端看似球体,半径相同,高度服从高斯分布;粗糙峰之间不会相互影响;接触过程中不发生变形。

通过以上假设,棉纱线与金属表面之间的接触相当于圆柱体与多个球体相接触。由于金属与棉纱线两者之间的硬度相差较大,故认为两摩擦副之间的接触始终为弹性,如图5-12所示。

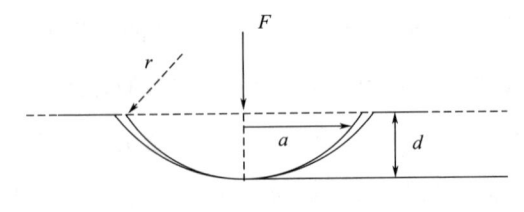

图5-12 单个点接触示意图

接触区域面积类似一个椭圆,根据赫兹接触理论,对弹性光滑表面与粗糙峰球体的接触,其接触面积A,接触载荷P及最大接触压力P_m分别满足:

第五章　棉纤维与金属线接触的摩擦磨损规律

$$A = \pi Rd \tag{5-4}$$

$$P = \frac{4E\sqrt{Rd^{1.5}}}{3} \tag{5-5}$$

$$P_m = \frac{3F}{2A} \tag{5-6}$$

式中，E 为当量弹性模量。随着载荷的不断增加，变形所产生的应力增大，接触面积随之增加，直到载荷与外加载荷平衡。

二、理论接触分析

芬奇在摩擦学领域最早提出摩擦力与接触面积无关，阿蒙顿认为摩擦系数不会影响接触面积的改变。随着库仑摩擦定律的提出，库仑认为两个摩擦副在滑动摩擦过程中，摩擦力只与正压力有关。

$$F_f = \mu F_N^n \tag{5-7}$$

式中，μ 为摩擦系数；F_N 为正压力。一般情况下，摩擦系数为定值，只与本身性质相关。但库仑摩擦定律对于较软的材质比如纤维、橡胶以及其他复合材料的摩擦并没有显著变化。豪威尔等[13]在纤维研究过程中得出下式：

$$F_f = \Omega F_N^n \tag{5-8}$$

式中，Ω 为比例系数，为定值；n 为拟合参数，根据范围取值为 2/3。罗泽尔曼和塔博尔等[14-15]在多项研究中表示摩擦力与相互接触的材料界面剪切强度和接触面积有关。

$$F_f = S\tau + Q \tag{5-9}$$

式中，S 为棉纱线与金属表面的实际接触面积；τ 为界面剪切强度；Q 为犁沟力。由于在实际应用中犁沟力分量在考虑的系统里发挥的作用较小，故忽略不计。在预试验中，使用棉纱线与金属进行多次测量发现：

$$A_{asp} = \pi a_1 b \tag{5-10}$$

式中，a_1 为纤维与圆柱椭圆形接触面积的纵向直径；b 为横向直径。

$$a_1 = \sqrt{r_1 h} \tag{5-11}$$

$$b = \sqrt{r_2 h} \tag{5-12}$$

式中，r_1 为棉纱线半径；r_2 单个粗糙峰半径；h 为棉纤维下压距离。

$$h = \left(\frac{3F_{\text{asp}}}{4E^* r_n^{1/2}}\right)^{2/3} \tag{5-13}$$

式中，F_{asp} 为单个粗糙峰的法向载荷；E^* 为等效杨氏模量；r_n 为平均有效曲率半径。

$$r_n = \left(\frac{1}{r_{x_1}} + \frac{1}{r_{y_1}} + \frac{1}{r_{x_2}} + \frac{1}{r_{y_2}}\right) \tag{5-14}$$

式中，r_{x1} 为棉纱线径向曲率半径，$r_{x1} = r_1$；r_{y1} 为棉纱线轴向曲率半径，假设棉纱线为圆柱体，故 $r_{y1} = \infty$；r_{x2}，r_{y2} 为接触表面曲率半径，假设金属接触表面光滑，取其曲率半径。

$$r_{x_2} = r_{y_2} = r_2 \tag{5-15}$$

$$E^* = \left(\frac{1-B_1^2}{E_1} + \frac{1-B_2^2}{E_2}\right)^{-1} \tag{5-16}$$

式中，E_1 为棉纤维杨氏模量；E_2 为圆柱辊接触表面杨氏模量；B_1 为棉纤维泊松比；B_2 为圆柱辊接触表面泊松比。

$$F_{\text{asp}} = \frac{F_{\text{fil}}}{n_{\text{asp}}} \tag{5-17}$$

式中，F_{fil} 为单丝法向负载；n_{asp} 为粗糙峰与单丝接触点数。

$$F_{\text{fil}} = \frac{F_{\text{tow}}}{n_{\text{fil}}} \tag{5-18}$$

式中，F_{tow} 为丝束与金属法向负载；n_{fil} 为丝束与金属接触根数。

$$F_{\text{tow}} = \frac{T_{\text{tow}}}{R} H \tag{5-19}$$

式中，T_{tow} 为棉纤维束与圆柱辊接触表面包络角度 θ 的牵引负载；R 为圆柱辊半径；H 为棉纤维束与圆柱辊接触表面长度。

$$T_{\text{tow}} = F_b \exp(\mu^* \theta) \tag{5-20}$$

式中，F_b 为牵引端 b 的力；μ^* 为表观摩擦系数固定值；θ 为棉纤维束与圆柱辊接触表面包络角度,$\theta \approx 180°$。

$$\mu^* = \ln\left(\frac{F_a}{F_b}\right)\frac{1}{\theta} \quad (5-21)$$

式中,F_a 为牵引端 a 的力;

$$A_{\text{fil}} = A_{\text{asp}} n_{\text{asp}} \quad (5-22)$$

$$A = A_{\text{fil}} n_{\text{fil}} \quad (5-23)$$

式中,A_{fil} 为单根棉纤维与粗糙峰的理论接触面积,A 为棉纤维束与粗糙峰的理论接触面积。棉纤维参数与金属试样表面形貌参数见表 5-3 和表 5-4。

表 5-3 棉纤维参数

参数	密度 (kg/m³)	细丝直径 (μm)	弹性模量 (GPa)	泊松比	分子间距 A	表面能 (mJ/m²)
纤维材料	1580	20	7.5	0.850	1.0	100

表 5-4 金属表面形貌参数

参数	小粗糙峰密度 (10^{10}/m²)	小粗糙峰半径 (μm)	粗糙峰高度偏差 (μm)	大粗糙峰密度 (10^{10}/m²)	大粗糙峰半径 (μm)
金属表面	150	2.25	0.016	0.05	40

三、理论与试验结果对比分析

在基础模型建立之后,第二步要确定纤维材料和圆柱辊表面形貌的参数,见表 5-3 和表 5-4。为确保模型的实际适用性,应参考已有文献中的理想化状态参数[15]。在进行模型计算时,分为名义接触面积计算与实际接触面积计算,名义接触面积计算更接近完全理想化条件,同时也分为光滑金属表面和粗糙金属表面两种情况。由于实际选取的金属表面形貌不完全光滑,故只对实际接触面积进行预测。关于纤维与金属接触过程中黏附摩擦的研究,存在较大的争议。一些学者认为在没有密切接触的情况下,黏附力在摩擦过程中是没有影响的,另一些学者在经过理论与试验数据结合发现,黏附力对理论接触面积是有影响的,并且会随着载荷的变化而变化。因此,本文考虑黏附摩擦得到的结果以及对试验和模型产生的影响只具备参考意义。王玉等[7]在基础赫兹(Hertz)接触理论模型前提下,根据纤维取向度进行改进,模型发现,与试验结果基本一致。因此,通过不同的接触条件对接触面积进行改进计算,具有真实性和代表性。利用软件 MATLAB 对接触力学模型进行模拟计算,同时采用 M—D 计算方法对黏附效应的实际接触面积进行计算,如图 5-13 所示。此外,通过最小二乘法拟合得到拟合参数,见表 5-5,得到的拟合数据显示,随着负载的增大,摩擦力增大,但考虑界面剪切强度 τ 作为摩擦力的重要参数却没有精测测量的相关研究报告,黏着力的影响并不能作为重要依据。

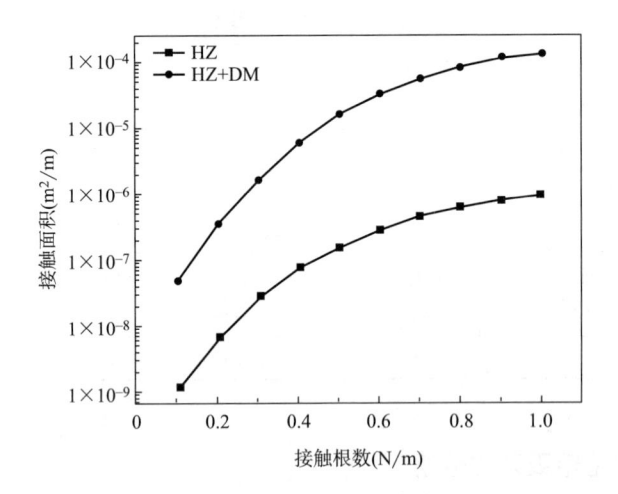

图 5-13 棉纤维与金属理论接触面积

表 5-5 拟合参数 n、k

纤维材料	界面剪切强度 τ	计算方法	粗糙金属表面	
			n	k
棉纤维	100	M—D	0.91	0.16
	100	Hertz	0.86	0.18
	10	M—D	0.91	0.02
	10	Hertz	0.86	0.02

基于王玉等[7]通过制备硅胶薄膜对纤维束接触面进行提取的试验分析方法,采取对金属表面涂层,借助 SuperView W1 光学 3D 表面轮廓仪,对金属表面

提取分析的方法进行接触面积测量。为了保证试验结果的普遍性，对单纱、2股、3股和4股的棉纱线分别在0.2N、0.4N、0.6N、0.8N和1.0N的加载力下进行接触面积提取分析，数据统计结果显示，2股、3股和4股的棉纱线接触面积变化趋势相似，受其他因素影响较大，并不具备代表性。因此，选择单纱棉纱线进行多次试验，如图5-14所示。通过3D表面轮廓仪扫描得到的接触面积结果显示，随着加载力的增大，接触面积没有相应增大，反而呈减小趋势。原因是所选择的棉纱线给到金属表面的力区别于棉纤维束，且黏附力对棉纤维束的影响更加显著。4股棉纱线与金属表面实际接触面积的统计数据见表5-6，结果显示，实际接触面积的缩减趋势不明显。

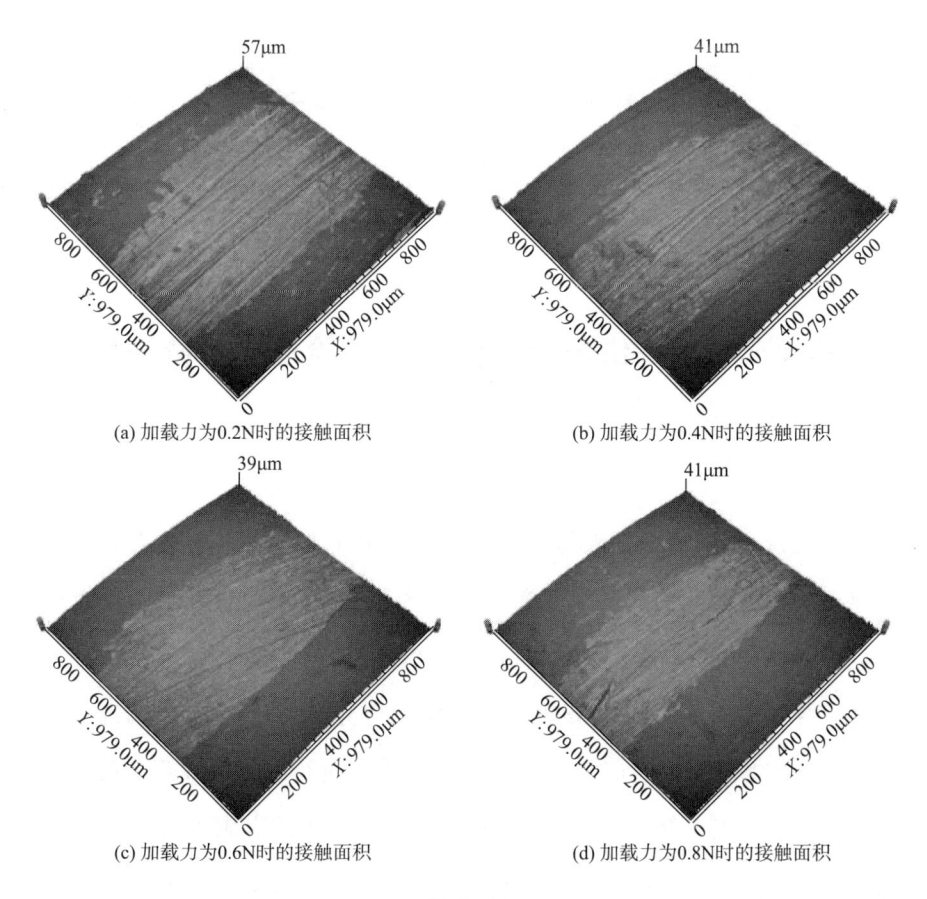

(a) 加载力为0.2N时的接触面积

(b) 加载力为0.4N时的接触面积

(c) 加载力为0.6N时的接触面积

(d) 加载力为0.8N时的接触面积

图 5-14

(e) 加载力为1.0N时的接触面积

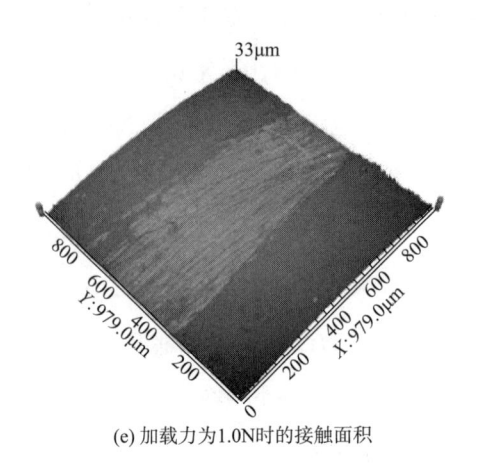

图 5-14　单纱与金属实际接触面积

表 5-6　棉纱线与金属表面实际接触面积统计数据

加载力(N)	0.2	0.4	0.6	0.8	1.0
接触面积(μm^3)	201266.632	187339.917	171569.598	159683.446	142359.369

第六节　棉纤维与金属线磨损试验及磨损量分析

一、数值计算分析

研究发现,不同磨损现象与材料本身具有的性质、摩擦副工况条件和形状等因素密切相关。常见的磨损率通常表示为包含压力、速度和材料硬度的函数,其中最常用的磨损模型为 Archard 磨损模型。罗双强等[16]基于 Archard 磨损模型推导出磨损量计算式,该方法须确定压力分布,并且在特定情况或状态下选择合适的磨损系数,同时计算滑动距离,最后进行磨损量计算分析。众多条件使该方法具有一定的局限性。郝等[17]采用常用的有限元方法计算磨损量,但由于计算量过大,存在一定困难。斯范托斯等[18]提出了边界元法来进行磨损分析,该方法没有进行接触压力的分析。本文基于 Archard 磨损模型以线接触(棉纱线与金属)为例,建立近似成弹性圆柱体与平面之间相对滑动的摩擦模型,如图 5-15 所示。

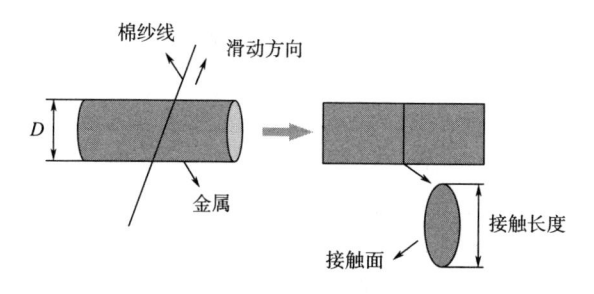

图 5-15 棉纱线与金属接触摩擦试验模型示意图

棉纱线与金属在相对运动的过程中,可以将磨损率用相对滑动速度 v、材料硬度 H 以及法向接触压力 p 的函数表达为:

$$\frac{\mathrm{d}v}{\mathrm{d}t} = k\frac{p \cdot v}{H} \tag{5-24}$$

式中,k 为磨损系数。

根据 Archard 磨损定律,含有相对滑动距离的磨损量表达为:

$$V = k\frac{W \cdot s}{H} \tag{5-25}$$

式中,W 为法向载荷;s 为相对滑动距离。

磨损深度与接触压力的关系用增量形式可以表达为:

$$\Delta h = k \cdot p \cdot \Delta s \tag{5-26}$$

式中,Δh 为磨损深度增量;Δs 为相对滑动距离增量。

棉纱线与金属在给定的法向载荷下相对运动时,摩擦过程中会受到切线方向的法向力,如图 5-16 所示。图中,$p(x)$、$q(x)$ 分别为金属的法向压力和切向力,其中 p_1、p_2 分别是压力作用范围,均为正数。根据弹性理论[19],将法向位移梯度与接触应力应用于该接触表面任意一点,其表达式为:

$$\frac{\partial \overline{u_z}}{\partial x} = \frac{2(1-v_1^2)}{\pi E_1}\int_{-p_1}^{p_2}\frac{p(s)}{x-s}\mathrm{d}s + \frac{(1-2v_1)(1+v_1)}{E_1} \tag{5-27}$$

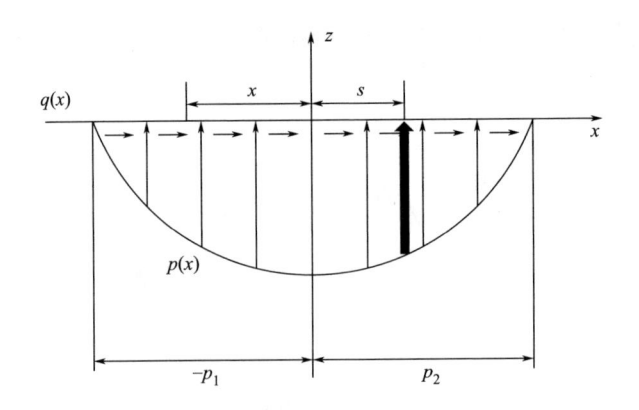

图 5-16 棉纱线与金属摩擦过程的压力分布

式中，E_1 为杨氏模量；v_1 为泊松比。

由于库仑摩擦定律 $q(x)=\mu p(x)$ 并不适用于较软的材质，比如纤维、橡胶及其他复合材料的摩擦，故豪威利等[13]在纤维研究过程中得出下式：

$$q(x)=\mu p(x)^n \tag{5-28}$$

式中，μ 为摩擦系数；n 为拟合参数，范围取值为 $1\sim 2/3$（当 $n=1$ 时纤维发生塑性变形，当 $n=2/3$ 时纤维发生弹性变形）。

除此之外，接触压力还需满足关于载荷平衡的条件

$$\int_{-p_1}^{p_2} p(x)\,\mathrm{d}x = \frac{W}{L} \tag{5-29}$$

式中，L 为接触长度。因此，如果已知表面位移梯度，结合式(5-27)和式(5-29)，可确定法向压力分布情况。

(1) 表面位移梯度。假定坐标系原点是初始接触点，棉纱线与金属表面间的刚性位移可以表示为初始间隙、磨损量与弹性变形的和(图 5-17)，其沿着 z 方向的弹性变形可以表达为：

$$\overline{u}_z(x) = \delta - \frac{x_i^2}{2R} - h(x) \tag{5-30}$$

式中，δ 为 z 方向的刚性位移；x_1 为压力作用范围；金属半径需要大于图示接触区域长度。对式(5-30)运用差分的方法进行求解为：

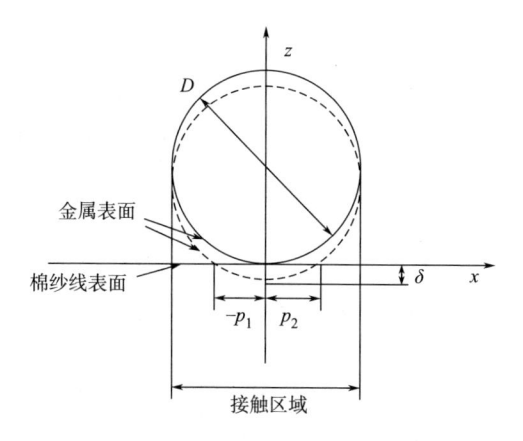

图 5-17　棉纱线与金属区域接触示意图

$$\left.\frac{\partial \bar{u}_z(x)}{\partial x}\right|_{x=x_i} = -\frac{x_i}{D} - \frac{h(x_{i+1}) - h(x_{i-1})}{x_{i+1} - x_{i-1}} \quad (5-31)$$

式(5-31)为弹性变形梯度表达式。

(2)接触压力。将弹性接触问题转化为约束二次规划问题,通过共轭梯度法得出压力分布和接触区域。建立数学模型为:

$$\begin{gathered} p_{i,j} \cdot g_{i,g} = 0 \\ p_{i,j} \geqslant 0, g_{i,g} \geqslant 0 \\ \Delta x \Delta y \sum p_{i,j} = W \\ g_{i,g} = g_{i,j}^0 + h_{i,g} + (\bar{u}_z) - \delta \end{gathered} \quad (5-32)$$

式中,g 为棉纱线与金属接触表面间隙;g^0 为初始间隙;h 为磨损深度;$\bar{u}_z$ 为弹性变形,同样也可以称为表面法向位移;δ 为棉纱线与金属表面间法向刚性位移。根据计算的应力和变形的关系,将应力(法向应力和切向应力)作用下的表面法向位移表示为:

$$\bar{u}_z(x) = \frac{2}{\pi E} \int_\Omega p(s) \cdot R(x-s) \mathrm{d}s \quad (5-33)$$

式中,$R(x)$ 为应力—位移影响系数。为了便于计算,将式(5-33)表达为离散形式。

$$(\bar{u}_z)_i = \frac{2}{\pi E} \sum_r D_i^\gamma p_\gamma \qquad (5-34)$$

式中,D 为影响系数。影响系数对计算结果的影响是由于接触形式的不同,棉纱线与金属在试验过程中采用的接触形式为线接触,故影响系数为以下两式之和:

$$(D_i^k)^p = -2[f_1(x_p) - f_1(x_m)]$$
$$\frac{G}{\pi\mu E} \cdot (D_i^k)^q = \Delta x \cdot sgn(x_i - x_k) \qquad (5-35)$$

式中,

$$f_1(x) = x(\ln|x| - 1)$$
$$x_p = x_i - x_k + 0.5\Delta x \qquad (5-36)$$
$$x_m = x_i - x_j - 0.5\Delta x$$

式中,$(D_i^k)^p$ 为法向应力—表面法向位移影响系数;$(D_i^k)^q$ 为切向应力—表面法向位移影响系数。根据以上模型和计算推导,可得接触压力分布函数为:

$$p(x) = \frac{\lambda}{\pi K R}(x + p_1)^{0.5-\eta}(p_2 - x)^{0.5+\eta} \qquad (5-37)$$

式中,

$$\lambda = 1/\sqrt{1 + \mu^2\theta^2}$$
$$K = 2(1 - v_1^2)/(\pi E_1)$$
$$p_{1,2} = (l \pm 2l\eta)/2 \qquad (5-38)$$
$$\theta = (1 - 2v_1)/[2(1 - v_1)]$$
$$\eta = \arctan(\mu\theta)/\pi$$
$$l = \sqrt{2RWK/(0.25 - \eta^2)}$$

将已知参数($R = 4mm, W = 1.4N/mm, v_1 = 0.3, E_1 = 206GPa, -1.5p \leqslant x \leqslant 1.5p$)代入计算结果,并与理论值相比较,验证正确性。

(3)磨损量计算。已知接触压力分布函数,将求解相对滑动距离增量便可以计算磨损量。因此,磨损迭代步长是计算相对滑动距离增量的前提。磨损三个阶段的压力变化不同,会直接影响计算步长的准确性。故选取步长随着相对滑动距离的变化函数进行计算,表达式为:

$$\Delta s(x) = \frac{1}{2}\Delta s_{max} \cdot \left[\tanh\left(\frac{x}{15} - 3.5\right) + 1\right] \quad (5-39)$$

式中,Δs_{max} 表示磨损阶段后期的最大计算步长,取 10mm。

已知接触压力和磨损迭代步长,选取合适的磨损系数,将磨损量在时间和空间上进行离散化处理。假设接触界面空间上离散后编号为 $i(i=1\sim N)$,时间离散后编号为 $j(j=1\sim M)$,其表达式为:

$$\begin{aligned}\Delta h_i^j &= k_i^j \cdot p(x)_i^j \cdot \Delta s_i^j \\ h_i^j &= h_i^{j+1} + \Delta h_i^j\end{aligned} \quad (5-40)$$

式中,k_i^j 为磨损系数;h_i^j 为总磨损量;Δh_i^j 为 i 空间节点和 j 时间节点的磨损增量,Δs_i^j 表示为相对滑动距离增量。

根据 Archard 模型,将参数代入计算分析,得到结果如图 5-18 所示。可以看出,随着磨损距离的增加,接触压力呈均匀分布的下降趋势,同时摩擦系数随之改变。随着摩擦系数的增大,摩擦力对接触压力区域分布的影响越大,两者

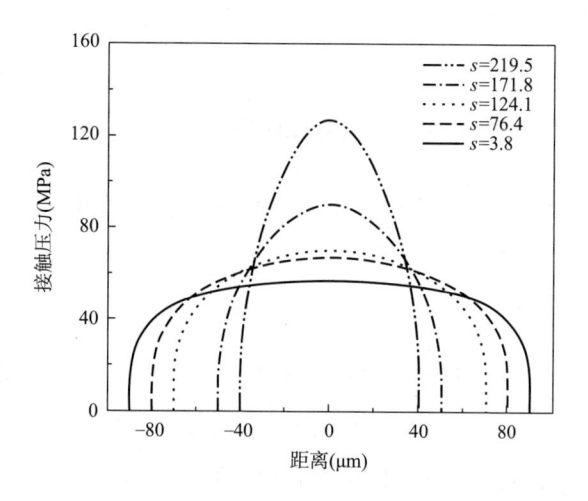

图 5-18 接触压力随距离的变化

结果相对一致。当考虑摩擦力时,接触压力区域分布出现左右偏移,导致两边不对称性较为明显。根据相对滑动距离函数得到曲线图,如图 5-19 所示。在磨损初期,步长值较小,步长随着相对滑动距离的增大而增大,最大步长保持不变。基于占旺龙等[20]的研究表示,此函数能够达到预期效果,为后续磨损预测研究奠定相关计算基础。磨痕深度随磨痕阶梯高度的变化如图 5-25 所示,初期阶段磨痕深度变化较大,近似为线性关系,这主要是线接触向面接触的接触状态改变引起的。

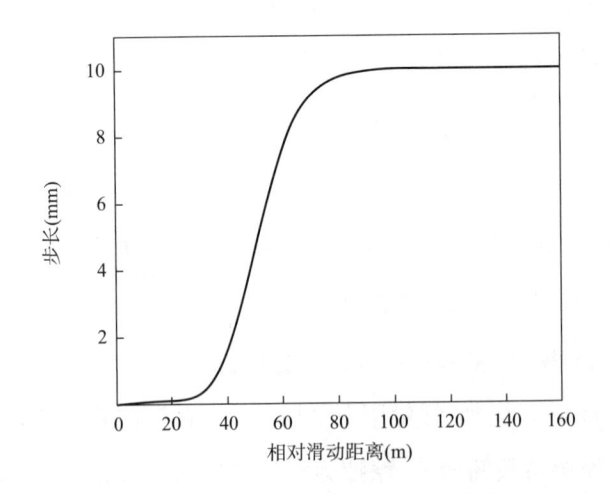

图 5-19　相对滑动距离随步长的变化

二、棉纱线与金属线磨损的一般演变过程

经过大量摩擦试验,结合现有条件,确定磨损试验材料为 4 股棉纱线与直径 4mm 的金属圆柱辊,加载力为 1N,预加张力为 25N,速度为 0.8mm/s。借助 3D 表面轮廓仪分别对磨损时间为 0h、24h、48h、72h、96h 和 120h 的金属圆柱辊表面扫描 3D 形貌,进行分析,得到结果如图 5-20 所示。随着磨损时间的增加,各阶段的金属磨损形貌出现了变化。从扫描图像和数据的结果可以得出,经过 24h 的磨损,棉纤维束对金属圆柱辊起到抛光的作用,宏观角度观察到金属圆柱辊表面变光滑,经过 SuperView W1 光学 3D 表面轮廓仪对其表面进行扫描,所

(a) 0h

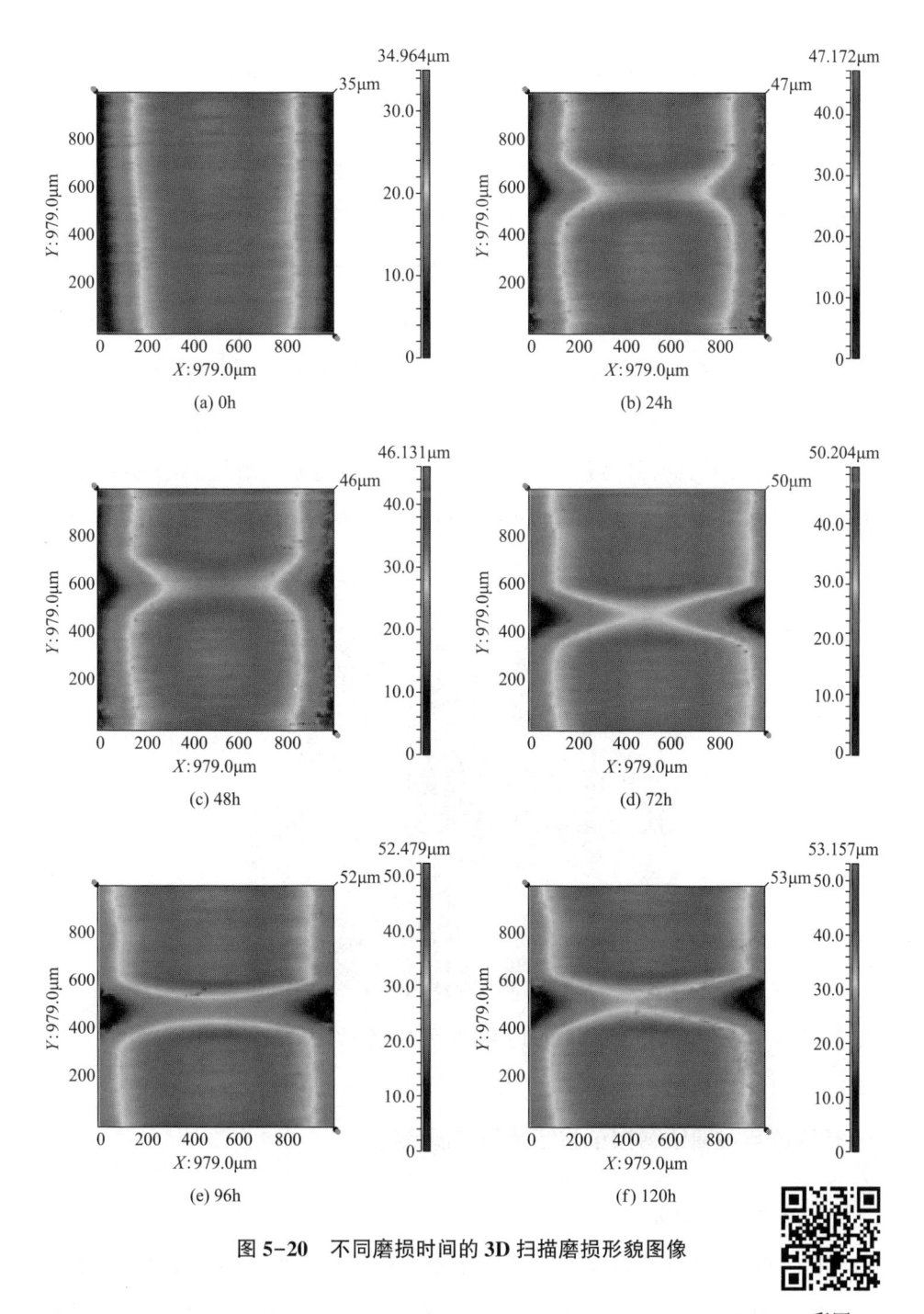

(b) 24h

(c) 48h

(d) 72h

(e) 96h

(f) 120h

图 5-20 不同磨损时间的 3D 扫描磨损形貌图像

彩图

得图像显示,磨损区域的粗糙度和磨痕粗糙度均有所下降。经过48h的磨损,棉纤维束对金属圆柱辊产生的磨损较大,宏观角度观察到清晰的磨痕,扫描图像显示,磨损区域粗糙度显著增加。

经过72h的磨损,磨痕粗糙度有所增大,是因为棉纤维束与金属圆柱辊发生相对滑动,产生试验误差,磨痕两边向内转移,导致磨痕粗糙度增大,但并没有对磨损区域粗糙度造成过多影响。金属圆柱辊表面不确定是否产生膜。经过96h的磨损,宏观观察磨痕变化不大,扫描图像显示磨痕粗糙度有所减小,磨损区域粗糙度缓慢增大。此时,磨损表面出现了不规则磨痕和微量的毛刺。经过120h的磨损,宏观角度观察到磨痕没有明显变化,但磨痕右侧出现不规则磨痕,扫描图像显示,磨损区域粗糙度缓慢增大,磨痕粗糙度增大,右侧磨痕毛刺增多,如图5-21所示。右侧磨损现象的突出表现是由于磨损受力点偏向右侧,这一现象并非偶然,不会对试验结果产生显著影响。

图 5-21 经过120h的磨损放大200倍的磨痕损伤图像

三、棉纱线与金属线磨损试验结果与数值分析

1. 磨损时长的影响

选取4股棉纱线和金属作为摩擦副进行试验,最大加载力为1.0N,预加张力为25N,速度为0.8mm/s,研究磨损时间分别为24h、48h、72h、96h、120h时的

摩擦性能。试验结果显示,随着磨损时长增大,引起金属表面磨损程度不同,导致磨痕粗糙度改变,从而引起摩擦系数改变,具体数据分析见表5-7。在连续摩擦条件下,磨损深度随磨损时间增长而增加,0~48h为初期磨损阶段,磨损深度变化明显,48~96h为稳定磨损阶段,磨损深度变化不明显,但磨痕一侧出现表面损伤现象,如图5-22所示。

表5-7 不同磨损时间的两种粗糙度变化

时间(h)	0	24	48	72	96	120
粗糙度 $Ra(\mu m)$	7.682	6.700	5.226	7.834	6.199	7.269
粗糙度 $Sa(\mu m)$	7.524	7.205	8.644	9.110	9.118	9.277

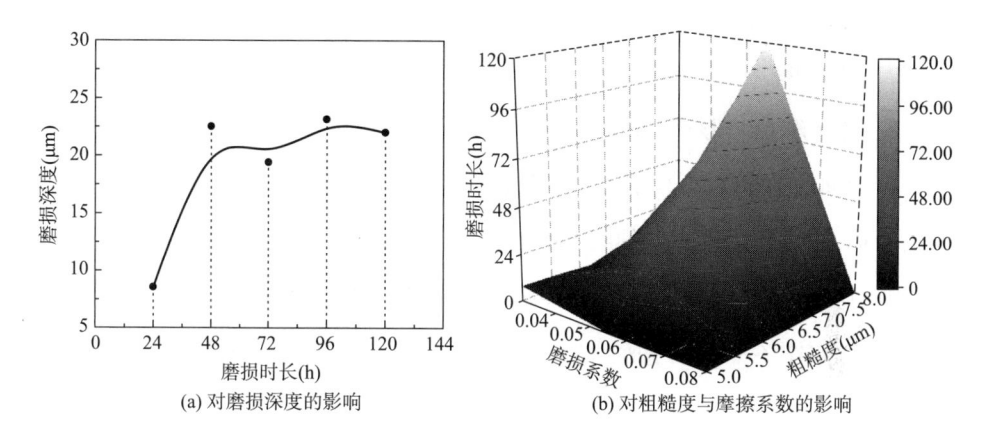

(a) 对磨损深度的影响

(b) 对粗糙度与摩擦系数的影响

图5-22 磨损时长对摩擦性能的影响

2. 磨损面积的影响

扫描金属磨损表面进行参数分析,对磨痕面积和磨损面积数据统计比较,结果如图5-23所示。磨痕面积与磨痕体积的变化趋势相似,与磨损时间呈正相关。磨损面积在磨损时间为48h时最小,在磨损时间为72h后迅速上升至最大值。结合磨痕深度可以确定,导致磨损面积出现上下波动的原因是,在磨损时间为48h时,磨痕深度增大,直径减小,磨损面积减小;在磨损时间为72h时,棉纱线与磨痕两侧的接触发生相互磨损作用,磨痕直径增大,深度减小,从而使磨损面积增大。结果表明,随着磨损时间的增大,磨痕深度增大,磨痕直径减

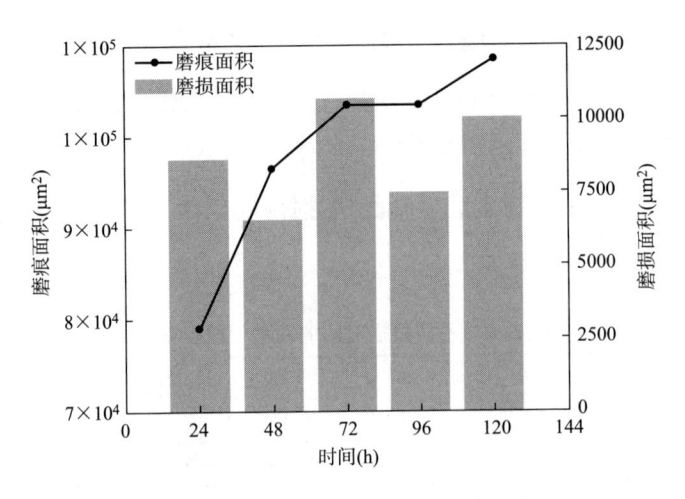

图 5-23 磨损时长对磨损面积的影响

小,磨损面积减小。

3. 磨痕深度的影响

将表面形貌的垂直和水平方向轮廓数据逐一提取,数据显示,随着磨损时间的增加,垂直和水平方向的磨痕深度变化明显,如图 5-24 所示。在磨损时间为 24h 时,金属出现轻微磨痕,棉纱线对金属表面略有抛光作用,磨痕深度为 8.548μm,如图 5-20(b)所示。在磨损时间为 48h 时,磨损后磨痕深度为 22.521μm,如图 5-20(c)所示。在磨损时间为 72h 时,磨痕深度为 19.414μm,如图 5-20(d)所示。在磨损时间为 96h 时,磨痕深度达到峰值为 23.158μm,并且在磨痕右侧发现轻微损伤痕迹,如图 5-20(e)所示。磨痕深度不增反减的原因是棉纱线与金属磨损过程中,始终处于滑动的状态,磨痕两边的最大深度在不断磨损的过程中向内发生偏转,并且逐渐圆滑平整,导致磨损深度先减小后增大到最大磨痕深度,台阶高度的变化可以证明这一点。在磨损时间为 120h 时,磨痕深度为 22.012μm,如图 5-20(f)所示,深度没有明显变化,磨痕损伤严重且在其一侧发现新的磨痕。这一现象说明,棉纱线与金属在不断磨损的情况下,会引起金属表面损伤,非直接接触区域会出现链式反应,导致损伤面积不断扩大,直至金属失效。

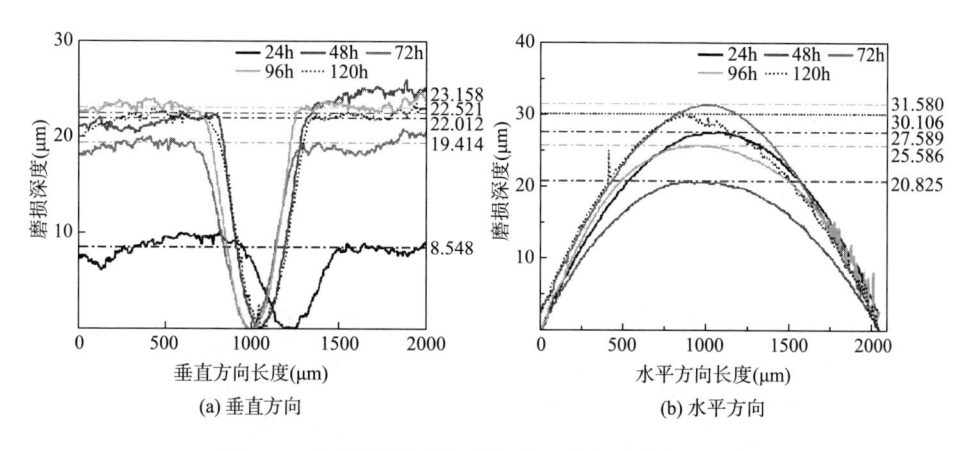

图 5-24 不同磨损时长垂直、水平方向磨痕深度轮廓

磨痕阶梯高度是指在垂直方向的上、下平面之间的距离，就是磨损表面与磨痕深度之间的距离。磨痕阶梯高度能够进一步对不同时间段磨损后的形貌变化状态进行合理解释。棉纱线与金属在不断磨损的过程中形成台阶，磨痕阶梯倾斜度随着磨损时间的增长逐渐平缓，在磨损时间为 96h 时出现峰值，且磨痕两边高度基本相同，如图 5-25 所示。由此可见，在磨损时间为 72h 时，磨痕深度的减小是棉纱线与金属不断磨损过程中相互滑动的必然结果。

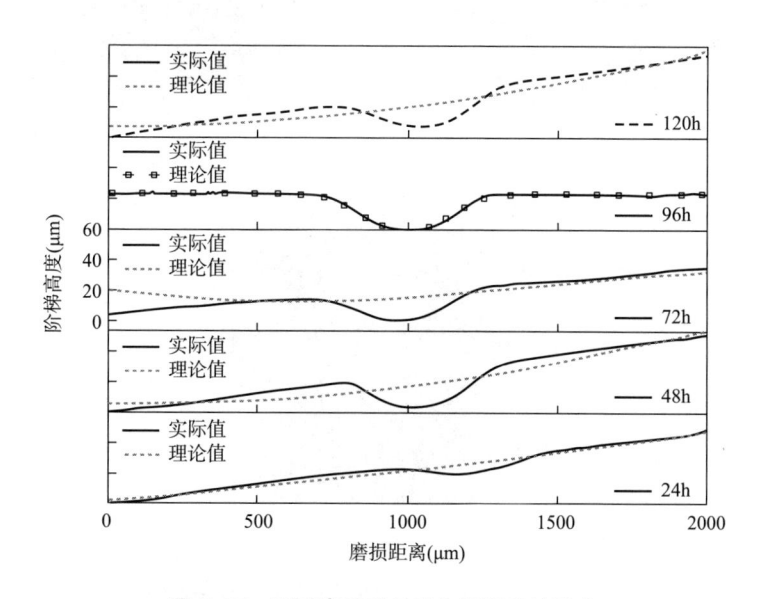

图 5-25 不同磨损时长对台阶高度的影响

4. 磨痕体积的影响

0~120h 磨损时长内的磨痕体积变化如图 5-26 所示,相应的磨痕体积数据见表 5-8。由表 5-8 可以得到,磨损时长为 0~120h 时,磨损率约为 0.02%,每 24h 磨损量变化不明显。结合细观分析显示,随着磨损时长增加,磨痕体积增大、

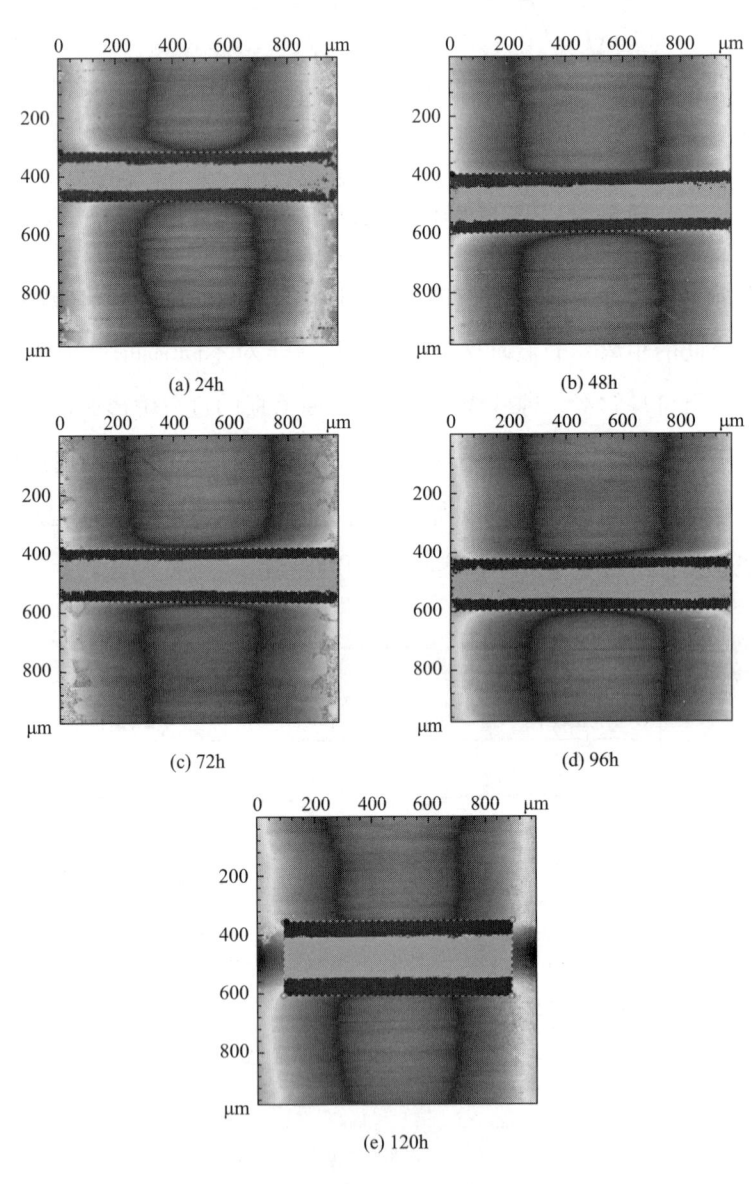

(a) 24h

(b) 48h

(c) 72h

(d) 96h

(e) 120h

图 5-26 不同磨损时长的磨痕体积变化示意图

磨损量增加,符合普遍性规律。磨损过程分为初期磨损、稳定磨损和剧烈磨损三个阶段,棉纱线与金属表面的相互作用也遵循这一规律。通过扫描金属磨损表面进行参数分析,对磨痕面积和磨损体积数据比较,发现磨痕面积与磨痕体积的变化趋势相似,与磨损时长为正相关关系。值得注意的是,磨损面积在磨损时长为48h时最小,在磨损时长为72h时,迅速上升至最大值。结合磨痕深度分析,导致磨损面积出现上下波动的原因是,在磨损时长为48h时,磨痕深度增大,直径减小,磨损面积减小;当磨损时长为72h时,棉纱线与磨痕两边界接触时存在相互磨损作用,磨痕直径增大,深度减小,磨损面积增大。结果表明,磨损时长增加,磨痕深度增大的同时磨痕直径减小,磨损面积减小(图5-27)。

表5-8 不同磨损时长下金属表面的磨痕体积变化

磨损时长(h)	24	48	72	96	120
磨痕体积(μm^3)	143998.028	495946.888	503844.547	521489.010	594913.918

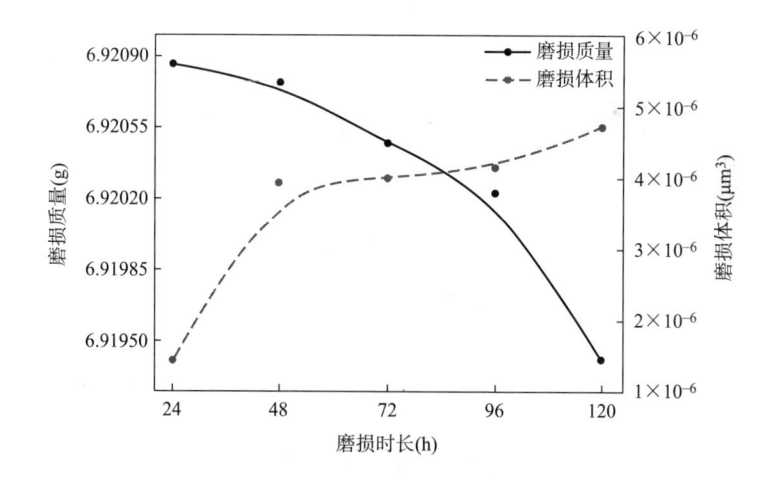

图5-27 磨损时长对磨痕体积的影响

5. 理论与实际磨损量对比分析

从细观磨痕体积数据可知,在磨损时长为48h时,磨痕体积增大71%,在磨损时长为96h时,磨痕体积增大4.9%,在磨损时长为120h时,磨痕体积增大12.3%。经过多次磨损试验和计算,将细观磨痕体积与理论计算磨损量进行数据拟合对比,结果发现,实际磨损量与理论磨损量的趋势相似,如图 5-28 所示。随着磨损时长的增加,磨损过程经历了三个阶段:磨损时长为 0~48h 时,处于初期磨损阶段;磨损时长为 48~96h 时,处于稳定磨损阶段,金属表面开始出现损伤;磨损时长为 120h 时,损伤加剧,进入剧烈磨损阶段。由于客观条件和环境因素的影响,实际磨损量与理论计算值之间存在一定偏差。此外,在棉纱线与金属的磨损试验过程中,棉纱线在不断磨损中产生大量的毛羽会对试验结果带来少许影响。因此,为了减少实际磨损量与理论值偏差,需要通过优化设备或调整试验参数进行进一步研究。

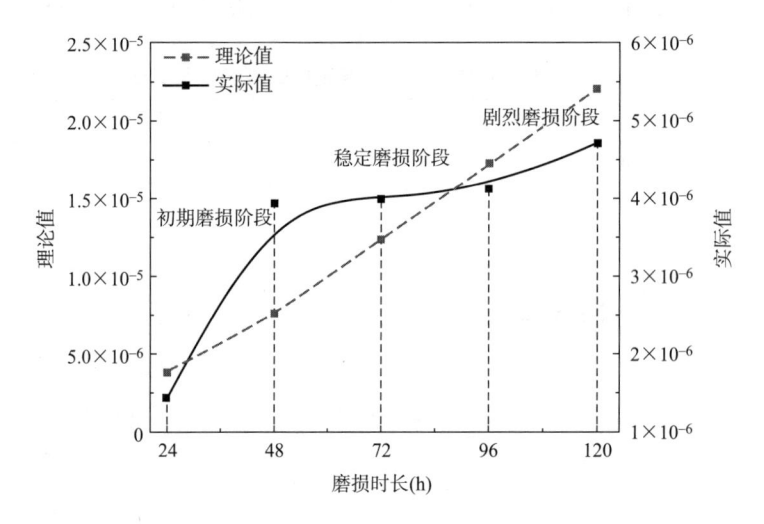

图 5-28 不同磨损时间的理论与实际磨损量

第七节 小结

棉纱线与金属之间的摩擦磨损属于纺织加工生产摩擦学范畴,该研究具有一定的实际应用意义。本章研究了棉纱线与金属之间的线接触干摩擦行为研究,主要对棉纱线与金属在线接触不断流动的状态下,重点关注金属的磨损表面。主要研究内容和发现如下。

（1）成功搭建用于研究棉纱线与金属摩擦行为的线接触摩擦磨损试验装置，并对装置的关键组成部分进行详细描述。

（2）系统地研究加载力、预加张力、速度、金属半径、金属粗糙度、棉纱线棉含量以及纺织工艺方式和经纬方向对棉纱线与金属摩擦性能的影响。

（3）建立棉纱线与金属接触的力学模型，通过理论分析，结合摩擦力分析计算接触面积，使用 SuperView W1 光学 3D 表面轮廓仪检测实际接触面积，与理论结果进行对比分析。

（4）重点考察棉纱线与金属的磨损行为，特别是金属表面磨损的演变过程，通过 Archard 磨损模型对磨损过程进行定量分析。

（5）发现加载力、预加张力、速度、金属半径和金属粗糙度等因素对摩擦系数有显著影响。纺织工艺方式和经纬方向对摩擦性能的影响较小。

（6）根据大量摩擦试验和现有条件，确定磨损试验的材料和参数，使用 3D 表面轮廓仪对磨损表面进行详细的形貌分析。

（7）通过 Archard 磨损模型对磨损量进行预测，并将理论计算结果与试验结果进行对比，验证模型的准确性。

本章为棉纱线与金属的摩擦磨损行为提供理论支持，并为相关领域的深入研究提供科学依据。通过试验和理论分析，揭示影响棉纱线与金属摩擦性能的关键因素，为纺织加工过程中摩擦磨损的控制和优化提供指导。

―――――― 参考文献 ――――――

第六章 棉织物与金属面接触的摩擦磨损规律

第一节 概述

铬涂层具有耐腐蚀性强、耐磨性好、硬度高的特点,是现代机械化生产中一种不可或缺的涂层材料。在机械零部件中镀铬,可以提高材料的硬度,有助于降低摩擦系数,改善材料的耐磨性能。镀铬过程中产生的微缺陷会使涂层表面的耐磨性和耐腐蚀性降低。这些微缺陷主要是由铬涂层表面残余应力、氢脆效应以及微裂纹的扩展所导致的。当镀铬金属零件表面裂纹与棉花等农作物接触时,不可避免地会受到张开的作用,使表面微裂纹扩展。裂纹扩展过程中,表面会产生大量的塑性行为,包括位错形核、晶间脱聚等。这些塑性行为会在一定程度上对零件的表面产生损伤,降低零件的使用寿命。因此,研究材料的裂纹扩展,对提高材料使用性能和材料选择方面具有一定的理论意义。

本章针对电镀铬涂层与棉织物干摩擦接触中的摩擦特性和表面裂纹扩展进行了深入研究。棉织物在摩擦过程中主要对涂层产生抛光作用,涂层的失效表现为涂层内的分层失效。电镀铬涂层裂纹扩展主要是由于棉织物的摩擦,网状裂纹结构的主裂纹难以传播,而在主裂纹上延伸的短裂纹存在扩展行为。短裂纹沿摩擦方向垂直传播,最终发展为主裂纹的宽度。摩擦产生的切向应力作用于裂纹尖端,这是裂纹扩展的主要原因。在裂纹尖端产生的塑性区影响了裂纹扩展。为了更深入地分析电镀铬涂层表面的Ⅰ型裂纹扩展机理,本章采用了分子动力学的手段,对多晶铬在不同晶粒尺寸、不同应变速率以及不同裂纹长度下进行了拉伸模拟。分析了多晶铬在裂纹扩展状态下的微观变形机制(如位错、孔洞和滑移带)和应力分布特征,以及裂纹扩展引起的原子结构变化。研究分析主要针对多晶铬的主裂纹在受到拉伸作用时的扩展机制。

第二节　棉织物与金属面接触装置

为了更好地模拟棉织物与金属面接触摩擦,设计了一种新型试验装置以完成面接触行为的摩擦实验,如图 6-1 所示。面接触摩擦试验装置包括工作台、旋转组件、平移组件、放置组件和检测单元,旋转组件安装在工作台上且相对于所述工作台可移动。旋转组件包括电机、输出轴和摩擦部件,所述输出轴的一端与所述电机相连,所述输出轴的另一端与摩擦部件相连。平移组件安装在工作台上,放置组件用于放置布料,放置组件位于旋转组件远离平移组件的一端。平移组件用于推动旋转组件移动以使摩擦件与布料接触。检测单元包括压力检测件、转矩检测件和显示器。显示器与压力检测件和转矩检测件相连以显示检测单元工作时的检测值。

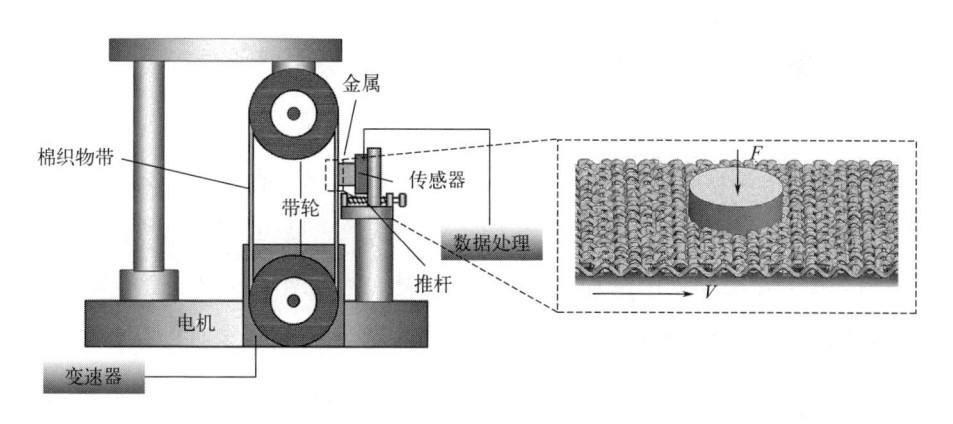

图 6-1　面接触摩擦试验装置示意图

试验过程中,以棉织物表征棉纤维面,由于长期的摩擦,棉织物会受到损伤和变形,从而影响其性能。为了保证摩擦效果的一致性和稳定性,测试 12h 后需要更换棉织物。基于实际工况对试验参数进行评估,确定具有可对比性试验参数的面接触摩擦试验。

第三节 棉织物摩擦作用下电镀铬涂层表面裂纹扩展研究

棉纤维从原材料到成品的加工过程中,涉及机械化收割、纺纱、编织、成型加工等过程。在这些过程中,棉纤维不可避免地会与机械的金属部件发生摩擦[1-4]。棉纤维的不断滑动和更换会导致与之接触的关键金属部件逐渐磨损,从而影响生产效率[5-6]。因此,提高这些关键金属部件的耐磨性是棉纤维机械化采收和纺织加工的关键问题[7-9]。电镀铬涂层由于其硬度高、耐腐蚀性好、处理成本低、适用性高被广泛应用于机械部件的表面处理和改性[10,11]。在棉纺行业中,电镀铬涂层广泛应用于由碳钢、合金钢、不锈钢制成的金属部件上,其厚度一般为 $10\sim50\mu m$[12]。电镀铬涂层的使用显著延长了金属部件的寿命,但一旦涂层磨损,修复或更换涂层价格昂贵且都较难实现。

电镀铬涂层的表面存在大量微裂纹,这是电镀铬涂层表面的主要特征[13,14]。表面裂纹的形貌和分布影响着涂层的性能,许多学者对其进行了研究。阿卜杜拉 阿尔莫泰里等[15-16]对 416 不锈钢棒制备了不同厚度的电镀铬涂层,通过纳米压痕系统、X 射线衍射仪和图像分析技术,研究了涂层的力学性能、残余应力和裂纹密度。研究结果表明,涂层裂纹密度与涂层残余应力有关,残余应力随着涂层厚度的增加而增加,导致裂纹密度增加。费尔南多等[17]研究了不同裂纹分布的硬铬涂层,发现裂纹较短、密度较低的涂层具有更好的应力分布,且其 j 积分值和应力强度系数较低。波德戈尔尼克等[18]研究了裂纹密度和涂层抛光后,对硬铬涂层摩擦磨损性能的影响。结果表明,裂纹的尺寸和密度主要通过改变接触点来改变涂层的接触状态,从而影响了涂层的摩擦力和磨损性能。这些研究主要集中在电镀铬涂层裂纹的形态、分布及其对涂层性能的影响方面。然而,关于摩擦过程中裂纹扩展的研究相对较少。深入研究裂纹在摩擦过程中的扩展行为,有助于更好地理解涂层的磨损机制及其在实际应用中的表现。

对于裂纹扩展,早在1902年就有报道提出[19],一个纯铁试样在反复加载和卸载的过程中,材料表面会出现滑移台阶,并发展成裂纹,最终导致纯铁试样的断裂。格里菲斯[20]从能量角度出发,对玻璃板的脆性断裂现象提出了裂纹失稳扩展的必要条件,被称为格里菲斯准则:裂纹扩展释放的弹性应变能大于能够克服材料阻力所做的功。欧文对格里菲斯准则进行了改进,提出能量释放率的概念,或称为裂纹扩展驱动力,用 G 表示,将裂纹扩展驱动力等于裂纹扩展阻力作为裂纹初始扩展的一个判断依据。欧文还通过对含中心裂纹的板进行弹性力学分析,提出了应力强度因子的概念,将裂纹尺寸的平方根与应力的乘积定义为 K。欧文的理论广泛应用于裂纹扩展研究中,用以描述裂纹尖端应力场的强弱。

本章节旨在研究在干摩擦条件下电镀铬涂层表面的裂纹扩展。通过试验,对电镀铬涂层与棉织物长时间摩擦下的摩擦特性进行了表征,探讨了电镀铬涂层表面裂纹扩展行为的特性。为了进一步分析裂纹扩展的机理,应用力学分析的方法解释了裂纹扩展的过程。

一、试验方法

试验选用纯棉平纹织物进行。纯棉平纹织物耐磨性高,不易变形,是棉纺织工业中应用广泛的织物类型。棉织物购自新疆新越丝绸之路有限公司,由两股棉纱织成。棉织物的宏观和微观结构如图6-2所示,具体参数详见表6-1。为了满足试验的要求,将棉织物制成长45cm、宽5cm的布带。采用低碳钢20CrMnTi作为基体材料,标称化学成分的质量百分数为:碳(C)含0.19%、硅(Si)含0.25%、锰(Mn)含1%、铬(Cr)含1.1%,其余为铁(Fe)。20CrMnTi是一种常见的低碳钢材料,具有良好的可加工性和抗疲劳性。在实际生产过程中经常用于制造各种机械零件。在棉纺织工业中,采棉机主轴常采用20CrMnTi作为基材,通过电镀在其表面镀上铬涂层。为满足试验要求,选用直径为20mm,

高度为 10mm 的 20CrMnTi 圆柱试样。试样经过淬火和回火预处理。淬火温度为 840℃，保温时间为 10min，淬火介质为 10% NaCl 溶液，回火温度为 180℃。

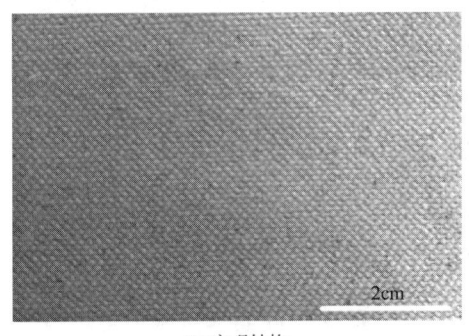

(a) 宏观结构　　(b) 微观结构

图 6-2　棉织物的宏观和微观结构

表 6-1　棉织物参数

样品	织物面密度（g/m^2）	纱线宽度(mm)		纱线线密度(tex)		纱线密度(根数/10cm)	
		经纱	纬纱	经纱	纬纱	经纱	纬纱
棉织物	426	0.7	0.5	14.5×2	14.5×2	240	180

在试验测试中，由伺服电机驱动皮带轮转动，使棉织物带转动。将电镀铬涂层试样附着在连接轴上，通过转动推杆建立涂层试样与棉织物的接触。试验温度为(20±2)℃，相对湿度为(57±3)%。预试验时，接触载荷设置在 10～50N 之间。研究发现，当接触载荷超过 30N 时，摩擦系数波动明显，这可能是由于棉织物带在接触载荷下变形过大，影响了棉织物带旋转运动的稳定性。因此，接触载荷应保持在 30N，以确保稳定的测量。在转速方面，对于不同的织物结构，一般为 1～5 次/s。根据织物尺寸的不同，织造速度在 100～400m/min。本试验使用的棉织物带长 45cm，由纺纱速度换算的转速取值范围为 200～900r/min。经过一系列的预试验，发现 480r/min 足以满足试验的要求，且可保证试验的稳定性和连续性，因此最终选择 480r/min 作为试验转速。由于长期的摩擦，棉织物材料会受到损伤和变形，从而影响其性能。为了保证摩擦效果的一致性和稳定性，测试 12h 后需要更换棉织物。

二、基体与涂层表征

对热处理后的 20CrMnTi 试样表面进行抛光处理，使表面粗糙度 Ra 小于 0.05μm。基体试样的观察分析如图 6-3 所示。使用浓度为 4% 的酒精硝酸溶液对试样进行蚀刻，蚀刻时间为 10s，并通过扫描电子显微镜分析试样表面的微观组织，如图 6-3(a) 所示，基体组织主要由马氏体组成，这与热处理工艺有关。电镀铬涂层试样的表面形貌及截面如图 6-3(c)、(d) 所示。电镀铬涂层表面分布着大量裂纹，且这些裂纹相互连接形成网状结构。为了更清晰地展示裂纹的形态，裂纹以图 6-3(c) 的尺度表示，其他裂纹也均匀分布在涂层表面，如图 6-3(c) 所示。电镀铬涂层厚度约为 30μm，如图 6-3(d) 所示。图 6-3(b) 为

(a) 基材微观结构

(b) 电镀铬涂层的XRD分析

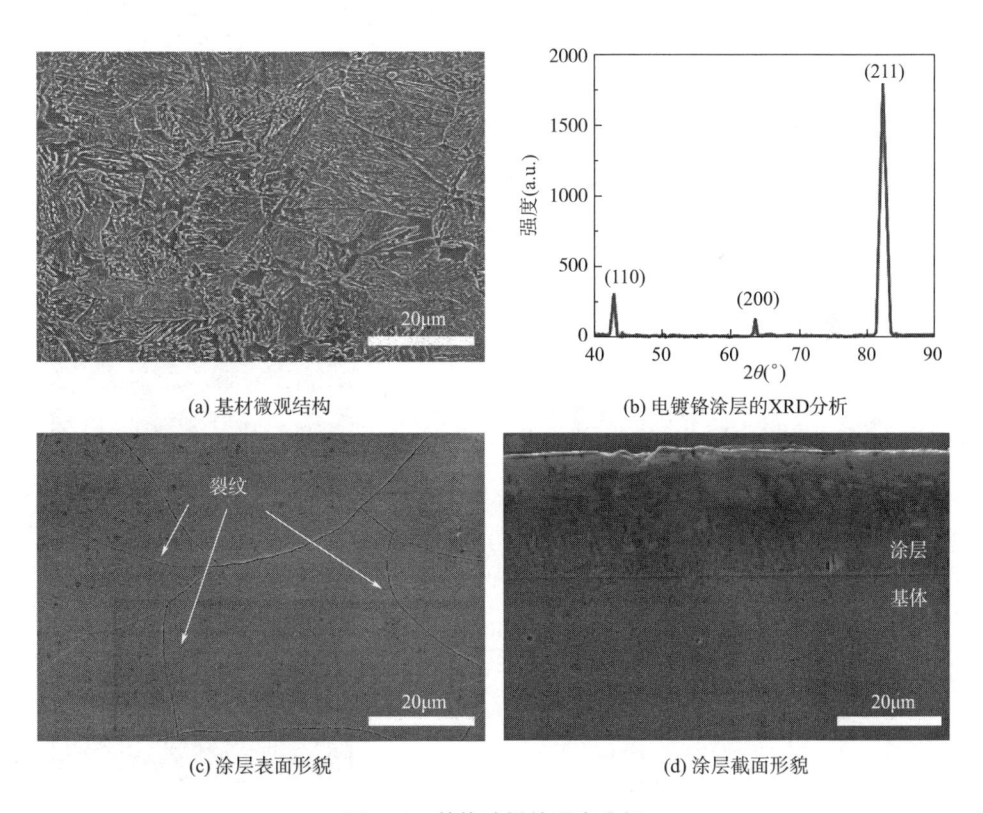

(c) 涂层表面形貌

(d) 涂层截面形貌

图 6-3　基体试样的观察分析

电镀铬涂层的 XRD 分析光谱,通过与标准的粉末衍射文件(PDF)卡相比较,确定了涂层的相结构。从图 6-3(b)中可以看出,涂层在 2θ 为 44.37°、64.55°和 81.69°附近有较宽的扩散峰,分别对应 Cr(110)、Cr(200)和 Cr(211)的特征 XRD 峰。三个主峰顶部锐化、底部变宽,表明涂层是结晶和非结晶混合的结构。所有表面均为体心立方,晶体表面优先向 Cr(211)方向生长。

电镀铬涂层试样截面 EDS 元素分析图如图 6-4 所示。图 6-4(a)是从涂层到基材方向的线扫描。扫描数据显示,电镀铬涂层的主要元素是铬(Cr),其含量为 98.65%;基体的主要元素是铁(Fe),占 97.3%。此外,试样中还含有少量的碳(C)、锰(Mn)和钛(Ti),这些元素的分布符合基材和涂层的要求。在扫描过程中,观察到涂层与基体结合处元素含量发生变化的区域。在这一区域,涂层的主要元素 Cr 的含量逐渐减少,而基体的主要元素 Fe 的含量逐渐增加。这个区域被称为元素渗透带,它表明涂层与基体结合良好。图 6-4(b)、(c)为扫描面积为 $1mm^2$ 的表面扫描结果。如图所示,Cr 元素主要集中在涂层中,而 Fe 元素主要集中在基体中,在涂层和基体之间有明显的元素渗透。

彩图

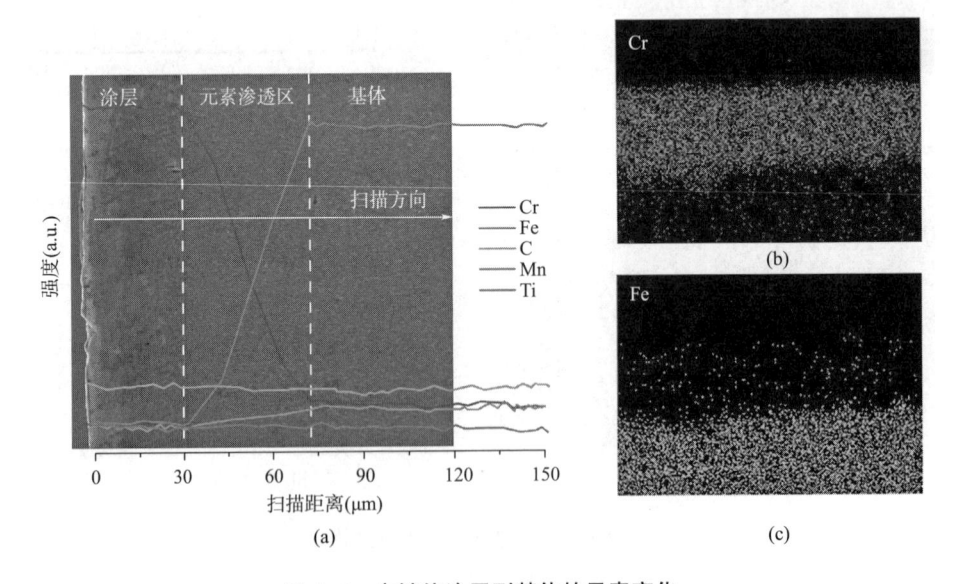

图 6-4 电镀铬涂层到基体的元素变化

从涂层到基体方向硬度的变化如图6-5所示。硬度试验沿直线方向进行，每个位置试验载荷为100g，加载时间为15s，重复3次。然后取三次试验的平均值作为试样的显微硬度值。从涂层顶部开始，共测试了10个位置，每个位置的间隔距离为10μm。从图6-5可以看出，涂层到基体的硬度曲线明显减小，涂层的硬度大于基体的硬度。涂层硬度约为基材硬度的1.8倍，所以能有效保护基材。涂层和基体的硬度均保持稳定，不随位置发生明显变化。

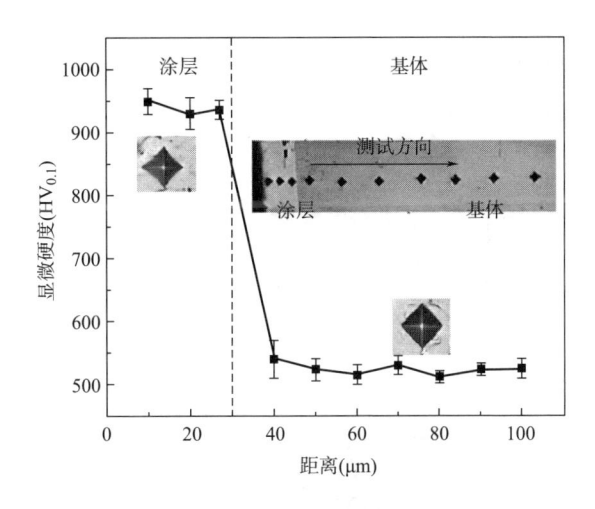

图6-5 从涂层到基体方向硬度的变化

三、摩擦学性能

电镀铬涂层与棉织物摩擦系数的变化如图6-6所示。从图中可以看出，摩擦系数在摩擦试验初期急剧上升，然后缓慢下降，在运行磨损期（0~30h）后，振荡开始变小，并逐渐稳定在一个稳态值（约0.11）。由于初始阶段棉织物与电镀铬涂层之间的相对摩擦不稳定，摩擦系数在初期波动较大，摩擦对之间会发生一定的碰撞和碎裂。随着摩擦的持续，电镀铬涂层与棉织物的接触面积增大，单位压力降低，从而导致摩擦系数的减小。与整体寿命相比，初始运行磨损期相对较短，稳定磨损期显著，表现出良好的负荷运行特性。

电镀铬涂层与金属材料的摩擦系数一般稳定在0.15~0.35[21]。与金属材料相比,棉织物的摩擦系数相对较低。这是因为棉织物是一种柔性材料,在与涂层摩擦接触的过程中,棉织物会产生一定的变形以适应接触面的形状。许多研究表明,纤维材料的表面接触状态对其摩擦性能有很大影响[22]。棉织物的变形导致接触应力在接触面上的分布更加均匀,而金属材料在压力和压力梯度作用下的变形较小,表面较大,导致摩擦系数增大。此外,在许多纤维材料的摩擦研究中,棉纤维引起的沟效应非常小,因此通常被忽略[23-24]。在本试验中,电镀铬涂层表面没有出现明显的沟纹。与具有明显沟槽效应的金属材料相比,电镀铬涂层与棉织物之间的摩擦作用更弱。这种较弱的摩擦作用减少了两者之间的摩擦,从而降低了摩擦系数。

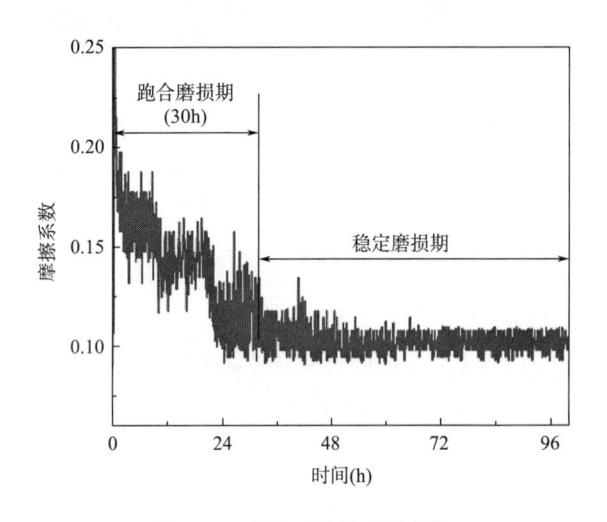

图 6-6　摩擦系数随时间变化

不同磨损时间下通过表面轮廓仪观察到的电镀铬涂层三维形貌如图 6-7 所示。图中的颜色变化代表了涂层表面的相对高度变化。在图 6-7(a)中,电镀铬涂层原始表面的三维形貌表现出明显的粗糙度特征,其相对高度为 17.08μm。随着摩擦时间的增加,涂层表面的三维形貌发生了显著变化,其相对高度逐渐降低,表明涂层表面在摩擦作用下发生磨损。同时,涂层表面逐渐变得光滑,这可能是由于涂层表面的粗糙峰在摩擦过程中逐渐被磨平。

为了进一步研究磨损的具体情况,提取扫描区 AB 处粗糙度峰的二维截面

(a) 0h

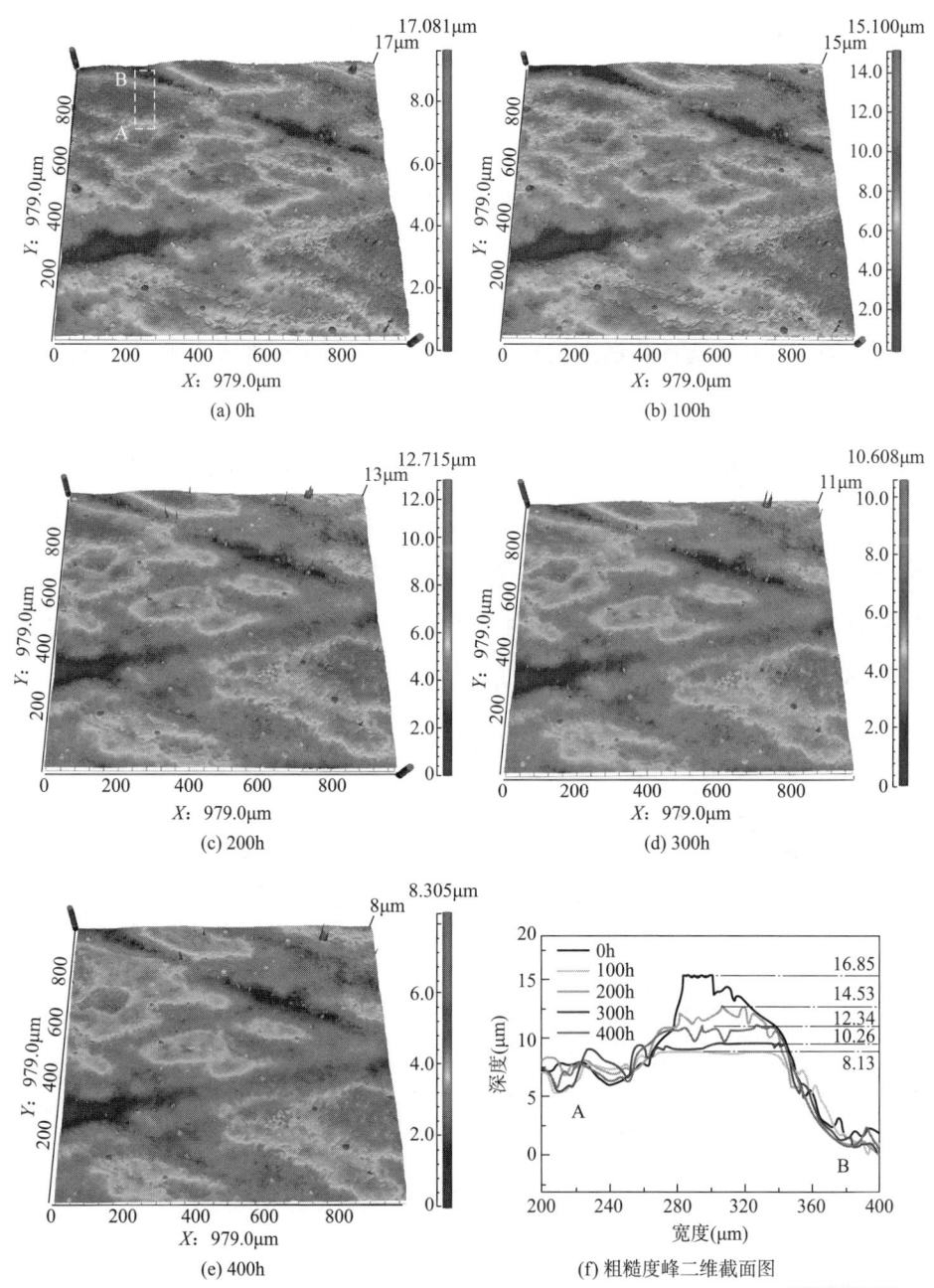

(b) 100h

(c) 200h

(d) 300h

(e) 400h

(f) 粗糙度峰二维截面图

图 6-7 不同磨损时间下电镀铬涂层表面三维形貌

彩图

图,其变化如图 6-7(f)所示,平均下降高度为 0.022μm/h。随着磨损的持续,粗糙的峰顶逐渐被磨损,接触面积变得光滑,接触面积逐渐增大。上述现象符合软质材料磨损硬质材料的一般规律,在其他研究中也有提及[25]。在棉织物与电镀铬涂层的摩擦过程中,涂层表面的粗糙峰并没有发生断裂,而是在不断的摩擦作用下逐渐被磨平。随着摩擦的继续,涂层表面逐渐变得光滑,棉织物对涂层表现出抛光作用。

电镀铬涂层的表面粗糙度和磨损量随时间的变化如图 6-8 所示。涂层表面粗糙度的变化如图 6-8(a)所示。随着摩擦时间的增加,表面粗糙度逐渐降低,这与之前的观察结果一致,进一步验证了棉织物对涂层的抛光作用。电镀铬涂层的磨损量变化如图 6-8(b)所示。基于表面轮廓仪软件对三维形貌的体积变化进行估算,得到磨损量。磨损量的变化非常稳定,平均磨损率为 0.00385mm³/h。稳定的磨损率意味着涂层在此时处于良好的工作状态,磨损阶段处于稳定的磨损期。电镀铬涂层的稳定磨损期越长,表明其性能越好,可靠性越高。

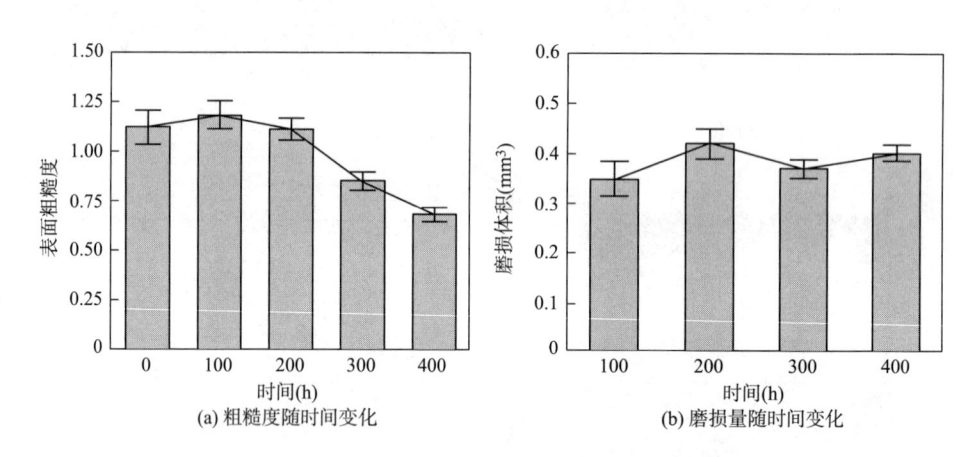

(a) 粗糙度随时间变化

(b) 磨损量随时间变化

图 6-8 电镀铬涂层的表面粗糙度和磨损量随时间变化

四、涂层表面裂纹扩展

使用扫描电镜观察电镀铬涂层表面的大量裂纹。通过统计分析确定裂纹的分布形式,主裂缝相互连接形成网状结构。对 SEM 图片中的裂缝进行测量,得到主裂缝的平均宽度为0.2um。电镀铬涂层具有独特的网状裂纹结构的主要原因是镀铬过程中氢的析出[26]。铬在常温下是脆性材料,在电镀试验初期会形成具有六边形或面心立方晶格的氢化铬。这种亚稳晶体结构不稳定,只存在于小晶粒尺寸中。当晶粒尺寸达到一定值时,它将转变为更稳定的体心立方晶格。从六方晶格到体心立方晶格的相变导致涂层体积减小(约15%),而不稳定的氢化铬分解成金属铬和氢。对氢敏感的铁和镍会吸收沉积铬过程中析出的氢,并渗透到基体金属中,造成基体的氢脆。在基材氢脆和铬层体积变化的共同作用下,铬层的内应力会很大,并且随着铬层厚度的增加而增大。当内应力超过铬层的强度极限时,铬层会发生开裂,裂开的铬层会覆盖在原有裂纹上,新的铬层在超过其强度极限时也会开裂,最终形成一层又一层具有网状裂纹结构的电镀铬涂层。

从电镀铬涂层表面裂纹形成机理可以发现,网状裂纹的形成是应力释放的结果。涂层制备过程中的应力消除使涂层的结构和性能更加稳定[27],材料内部的应力分布达到平衡状态,这种平衡状态使网状裂纹结构保持一定的稳定性。网格裂纹没有裂纹尖端,其均匀连接结构能较好地平衡外界应力,减少应力集中,因此更不易引起网格裂纹的扩展[28]。但部分主裂纹路径上存在短小裂纹,如图6-9所示。这些短裂缝的尖端相对较小,不相互连接,结构不稳定,并且会在实验过程中发生二次扩展,影响涂层性能。因此,选取这些短裂纹进行扩展行为的研究,并通过激光标记技术对每个裂纹进行精确标记,以确保每次评估都针对相同的裂纹。

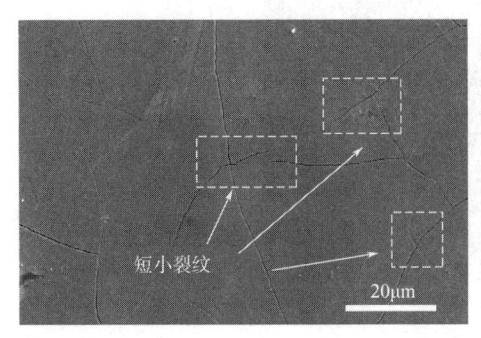

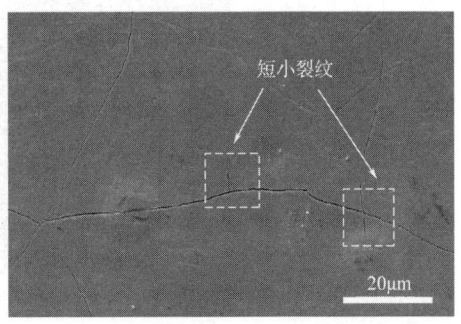

图6-9 电镀铬涂层表面短小裂纹

对选取的裂纹进行扫描电镜监测,裂纹扩展如图 6-10 所示。由图 6-10(a)可以看出,所选短裂纹由主裂纹向外延伸,主裂纹的摩擦方向与短裂纹垂直。不同磨损时间电镀铬涂层裂纹如图 6-10(a)~(e)所示,图像显示,涂层与棉织物长时间摩擦后,表面短裂纹扩展,形成长裂纹。为了有效表征裂纹的扩展,使用软件 Image J2.0 对选定的裂纹进行分析,得到裂纹扩展示意图,如

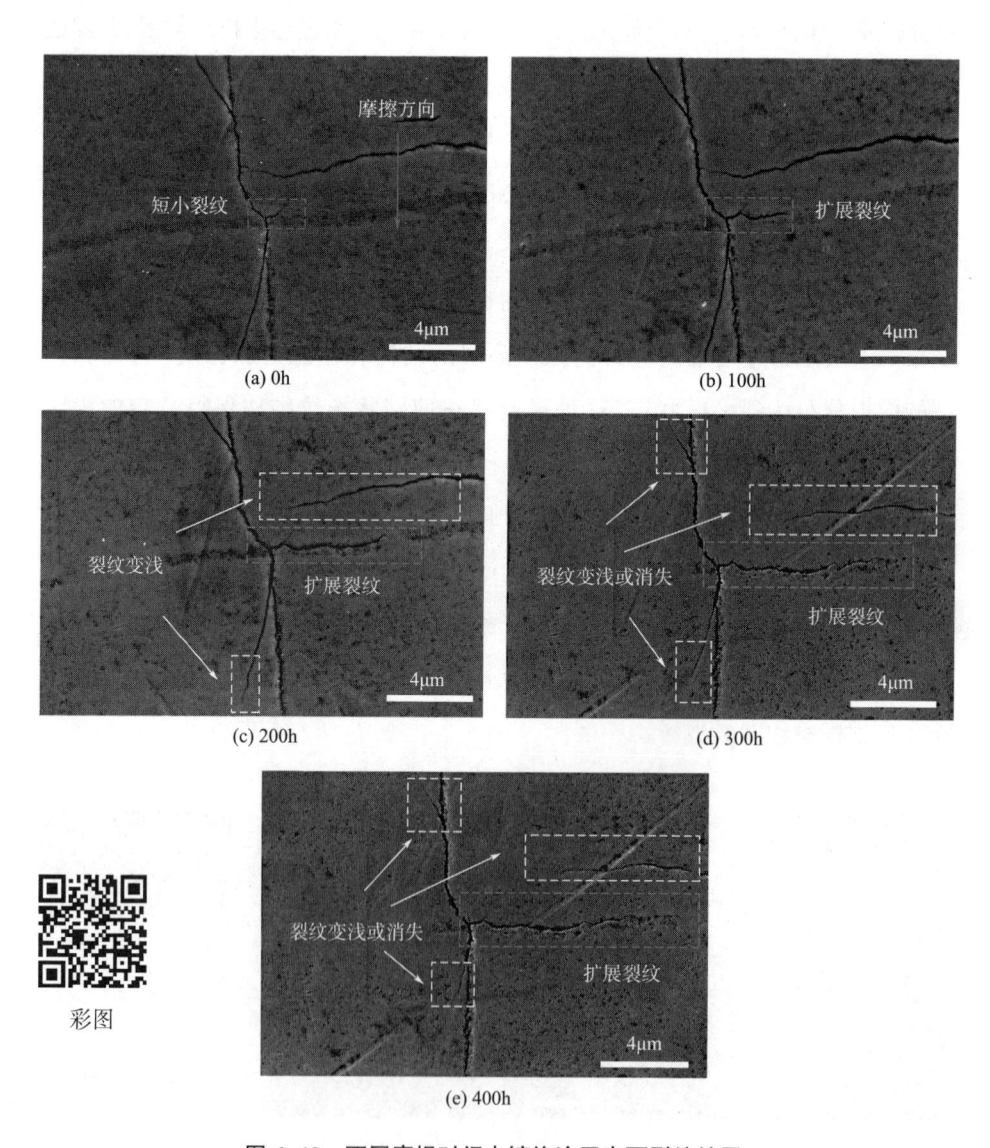

(a) 0h

(b) 100h

(c) 200h

(d) 300h

(e) 400h

图 6-10 不同磨损时间电镀铬涂层表面裂纹扩展

图6-11所示。裂纹长度的平均扩展速率为0.02um/h。进入300h后，300～400h之间仅扩展0.4um，这表明裂纹扩展速度开始减慢，可能与裂纹尖端的应力分布有关。同时，裂纹的宽度逐渐增大，并趋近于主裂纹的平均宽度，传播方向与摩擦方向垂直。综上所述，电镀铬涂层表面裂纹扩展主要以短裂纹扩展为特征。短裂纹垂直于摩擦方向扩展，逐渐扩展到主裂缝的宽度。短裂纹在初期扩展速度较慢，随着时间的增加，扩展速度减慢。

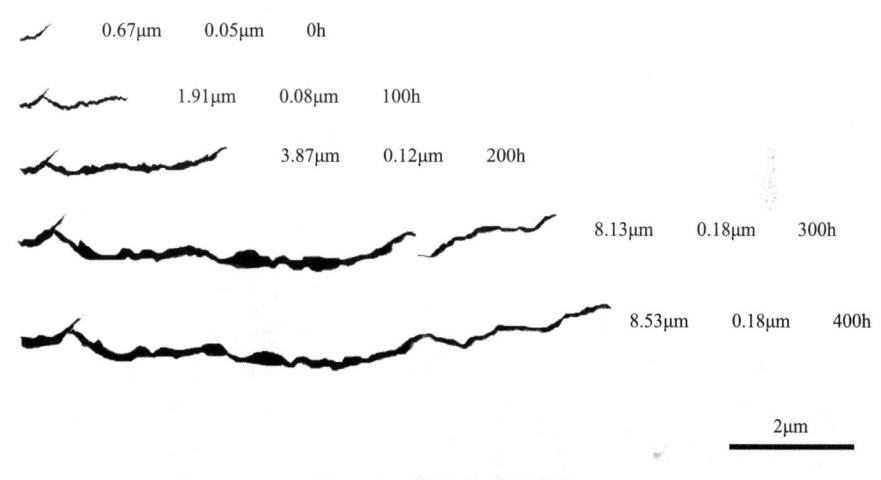

图6-11　裂纹扩展示意图

如图6-10(c)~(e)所示，部分原表面裂纹在与棉织物长时间接触后开始变窄甚至消失。这是由于电镀铬涂层中的表面裂纹不只是一层，而是多层累积的结果[39]。这在上一节电镀铬涂层表面裂纹形成的机理中已做了说明。表面裂纹的消失表明涂层磨损加剧。这一过程与之前描述的磨损现象一致，表明涂层受棉织物摩擦作用，逐渐磨损并使涂层厚度减薄。观察到的磨损现象进一步表明，棉织物对电镀铬涂层的摩擦作用是有限的，涂层与基体的结合强度较高，因此涂层虽然有磨损，但并不会脱落。随着磨损程度的增加，涂层厚度逐渐减小，并伴有一定的表面损伤和原有裂纹的消失。根据Ahmed等[29]关于涂层失效形式研究，当涂层与基体的结合强度远大于外加应力时，涂层的破坏形式主要表现为涂层内部的分层破坏。

五、电镀铬涂层—棉织物接触模型

电镀铬涂层与棉织物的接触特性,如图 6-12 所示,显示了电镀铬涂层与棉织物摩擦副的宏观视图。主体 1 表示涂层试样,主体 2 表示棉织物。涂层试样受到推杆的推力,该推力相当于向下的法向力 W,如图 6-12(a)所示。棉织物由电机驱动旋转,相当于向右水平滑动,如图 6-12(b)所示。由于这种滑动,两个体之间产生切向摩擦力(F_f),作用在大小相同但方向相反的两个表面上。在电镀铬涂层中,切向摩擦力与裂纹表面平行,表明切向摩擦力是导致裂纹扩展和涂层损伤的主要外力。

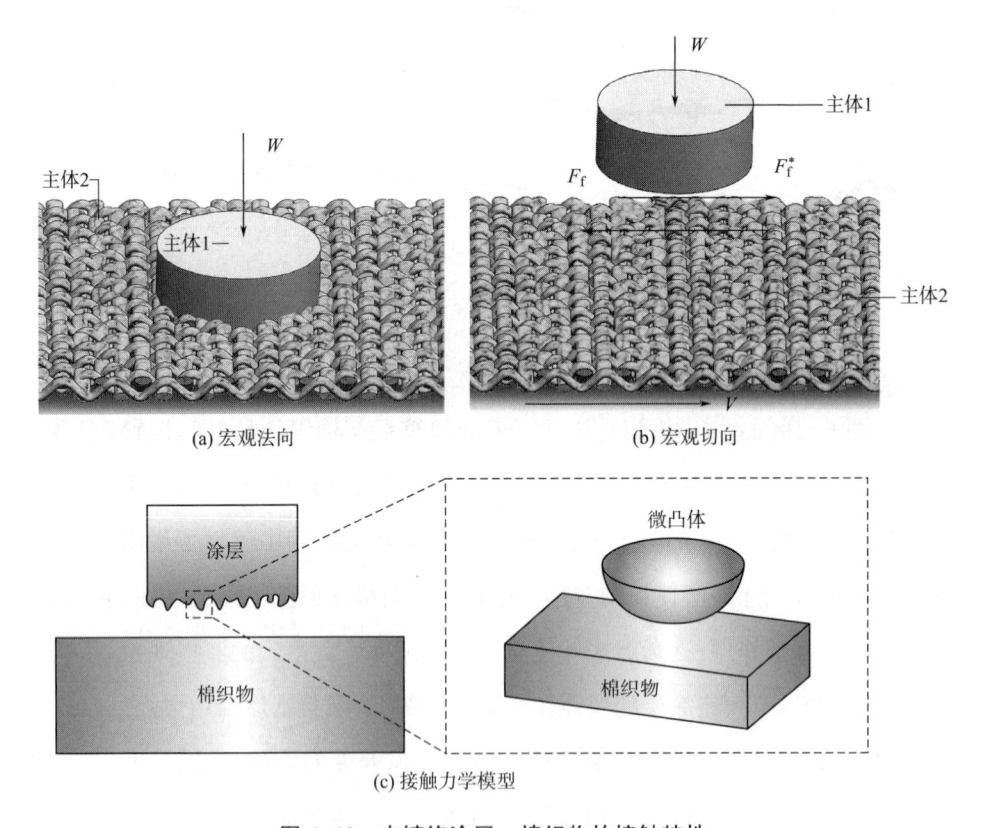

(a) 宏观法向

(b) 宏观切向

(c) 接触力学模型

图 6-12 电镀铬涂层—棉织物的接触特性

棉织物与电镀铬涂层表面的接触是两个粗糙表面的接触。两个粗糙表面之间的实际接触主要发生在一些离散的微凸体上。许多研究纤维—金属摩擦接触问题的文章[10,26-28]提出以下假设:①根据 GW 模型,金属的粗糙表面被视为具有一定高度分布的微凸体的排列。②忽略纤维的结构特征,视为光滑的圆柱体。③根据赫兹接触理论,计算相互接触产生的力。基于这些假设,结合实际试验,建立棉织物与电镀铬涂层的接触模型。试验的重点是观察电镀铬涂层的磨损情况。棉织物定期更换,所以表面的变化和损坏可以忽略不计。将涂层的粗糙表面视为具有一定高度分布的微凸体的排列。将棉织物视为与试验对象具有相同长宽高的光滑矩形。涂层与棉织物的接触视为具有一定高度分布的微凸体排列与矩形体的接触,如图 6-12(c)所示。对于单个微凸体,根据赫兹接触理论进行计算[30],为:

$$d = \left(\frac{9W^2}{16E^{*2}R}\right)^{\frac{1}{3}} \tag{6-1}$$

$$a = \left(\frac{3WR}{4E^*}\right)^{\frac{1}{3}} \tag{6-2}$$

$$F = \frac{4}{3}E^* R^{\frac{1}{2}} d^{\frac{3}{2}} \tag{6-3}$$

式中,W 为法向力;a 为接触半径;d 为下压深度;R 为粗糙峰顶尖曲率半径;E^* 为等效弹性模量,计算式如下:

$$E^* = \left(\frac{(1-v_1^2)}{E_1} + \frac{(1-v_2^2)}{E_2}\right)^{-1} \tag{6-4}$$

式中,E_1 为棉纤维的弹性模量;E_2 为铬金属的弹性模量;v_1 为棉纤维的泊松比;v_2 为铬金属的泊松比。

粗糙度峰值承受的最大接触应力为[31]:

$$P_0 = \frac{3F}{2\pi a^2} \tag{6-5}$$

对于整体而言,电镀铬涂层表面粗糙峰高度分布用最大高度 z 的函数表示为:

$$\varphi(z) = \left(\frac{1}{2\pi l^2}\right)^{\frac{1}{2}} e^{-\frac{z^2}{2l^2}} \tag{6-6}$$

式中，l 为高度分布的均方值，$l = \sqrt{(z)^2}$；可称为粗糙度；e 为自然对数。

通过对所有接触微凸体积分，可以得到总接触数目为：

$$N = \int_{h_0}^{\infty} N_0 \varphi(z) \mathrm{d}z \tag{6-7}$$

涂层承受的总接触应力为：

$$P = \int_{h_0}^{\infty} N_0 \varphi(z) \frac{3F}{2\pi a^2} \mathrm{d}z \tag{6-8}$$

应力分布通过经典的 Johnson[32] 公式计算为：

$$P(r) = P\sqrt{1 - \left(\frac{r}{a}\right)^2} \tag{6-9}$$

式中，r 为接触区内任何一点到接触中心的距离。接触区域的正应力分布如图 6-13(a)所示。

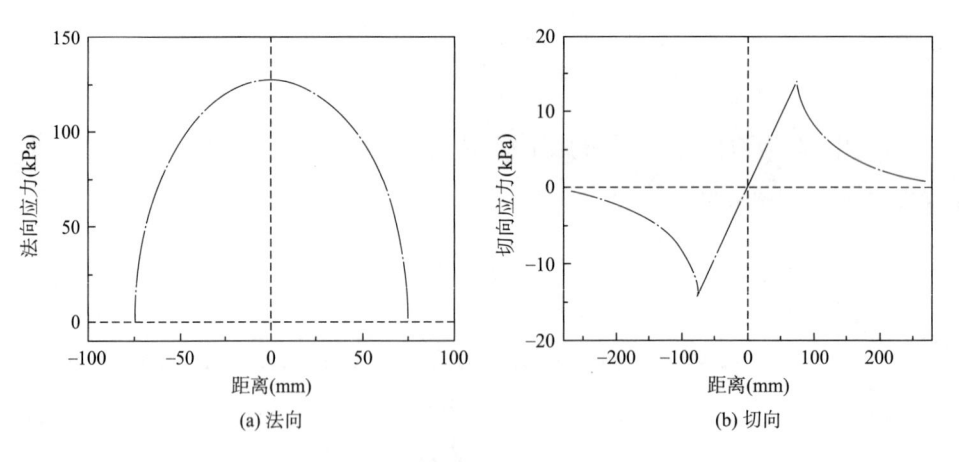

图 6-13 接触区域的切向应力分布

对于涂层，切向力是由棉织物引起的摩擦力。当接触物体处于摩擦滑动状态时，根据阿蒙顿摩擦定律，摩擦力为[33]：

$$q = \mu P \tag{6-10}$$

式中，μ 为摩擦系数。

摩擦产生的应力场可以用 Johnson[34]给出的方程表示。平行于涂层表面的切向应力可表示为：

$$\sigma_x = \frac{2}{\pi} \int_{-a}^{a} \frac{q(r)(x-r)^3 \mathrm{d}s}{[(x-r)^2 + z^2]^2} \tag{6-11}$$

式中，a 为接触半径；r 为接触区内任意点到接触中心的距离；x 为接触区内任意点的坐标。$q(r)$ 为接触面上的分布切向力为：

$$q(r) = q\sqrt{1 - \left(\frac{r}{a}\right)^2} \tag{6-12}$$

麦肯（McEwen）用 m 和 n 表示 (x,y) 一般点处的应力，其中适用如下方程[35]：

$$m^2 = \frac{1}{2}\{[(a^2 - x^2 + y^2)^2 + 4x^4 y^2]^{\frac{1}{2}} + (a^2 - x^2 + y^2)\} \tag{6-13}$$

$$n^2 = \frac{1}{2}\{[(a^2 - x^2 + y^2)^2 + 4x^2 y^2]^{\frac{1}{2}} - (a^2 - x^2 + y^2)\} \tag{6-14}$$

切向应力可表示为：

$$\sigma_x = \frac{q}{a}\left[n\left(2 - \frac{z^2 - m^2}{m^2 + n^2}\right) - 2x\right] \tag{6-15}$$

在表面 $z=0$ 处，表达式可简化为：

$$\sigma_x = \begin{cases} -2q_0 \dfrac{x}{a} & |x| \leq a \\ -2q_0 \left[\dfrac{x}{a} \pm \left(\dfrac{x^2}{a^2} - 1\right)^{\frac{1}{2}}\right] & |x| > a \end{cases} \tag{6-16}$$

接触区域的切向应力分布如图 6-13(b) 所示。

六、涂层裂纹扩展机理

裂纹扩展分析如图 6-14 所示。根据力学性能，裂纹可分为开口型（Ⅰ型）、滑动型（Ⅱ型）和撕裂型（Ⅲ型）[36]。在实际生产过程中，由于应力的复杂性和多向性,裂纹扩展往往不是单一类型,而是多种类型的复合。试验观察发现,随着磨损,电镀铬涂层上的裂纹逐渐缩小或消失。这表明涂层裂纹的深度相对较浅,在深度方向上的扩展最小,可以忽略。因此,试验中的裂纹扩展可以看作是Ⅰ型裂纹和Ⅱ型裂纹的复合。此外,由于观察到的扩展只发生在短裂纹中,因此可以作为特殊情况单独处理。以裂纹表面的边界条件为应力边界,外加表面力为零,裂纹扩展模型如图6-14(a)所示。

(a) 裂纹扩展模型

(b) 裂纹尖端塑性区形状变化

(c) 裂纹尖端应力场

(d) 改进裂纹尖端应力场

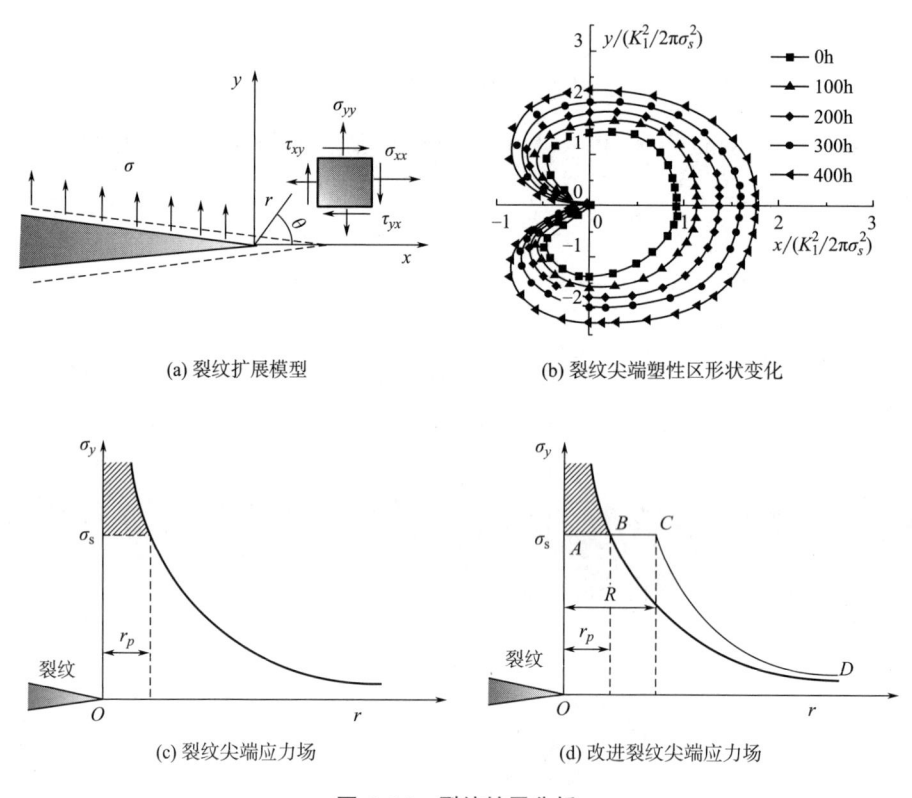

图6-14 裂纹扩展分析

根据前述分析,摩擦力在电镀铬涂层的裂纹表面产生切向应力,这种应力是导致表面裂纹扩展的主要外力。切向应力作用于裂纹尖端,是裂纹扩展的关键因素。此外,在长时间的外力作用下,裂纹尖端出现高应力集中,在裂纹尖端形成局部塑性区。该塑性区的出现影响裂纹尖端应力场的分布,从而影响裂纹的扩展。基于上述理论,对裂纹尖端应力场进行求解,考虑塑性区的影响,对弹性条件下裂纹尖端的裂纹长度和应力强度因子进行修正,并对涂层表面裂纹扩展进行分析。

假设不考虑裂纹尖端塑性区的影响,可采用弹性理论求解裂纹尖端扩展的应力场[37]为:

$$\sigma_y = \frac{K}{\sqrt{2\pi r}} \quad (\theta = 0) \tag{6-17}$$

式中,r 为裂纹沿延伸线至裂纹尖端的距离;K 为裂纹扩展的应力强度因子;K 的一般表达式为:

$$K_\mathrm{I} = \sigma \sin\theta \sqrt{\pi a} \tag{6-18}$$

$$K_\mathrm{II} = \sigma \cos\theta \sqrt{\pi a} \tag{6-19}$$

$$K = \sqrt{K_\mathrm{I}^2 + K_\mathrm{II}^2} \tag{6-20}$$

式中,σ 为外拉应力,为切向应力,在接触模型中求解得到,为方便计算取接触面积的平均值;a 为裂缝半长。

根据式(6-17),以裂纹尖端为原点,绘制裂纹尖端延伸线上的应力分布如图6-14(c)所示。可以看出,当 $r = r_\mathrm{p}$,$\sigma_y = \sigma_\mathrm{s}$($\sigma_\mathrm{s}$ 为材料的屈服极限),裂纹尖端塑性区范围可近似为

$$r_\mathrm{p} = \frac{1}{2\pi} \cdot \frac{K^2}{\sigma_\mathrm{s}^2} \tag{6-21}$$

将应力强度因子 K_I 代入上式为:

$$r_\mathrm{p} = \frac{1}{2\pi} \cdot \frac{\sigma^2 \pi a}{\sigma_\mathrm{s}^2} \tag{6-22}$$

根据材料力学理论[38],裂纹尖端附近区域任意点 $[P(r,\theta)]$ 的主应力为:

$$\begin{cases} \sigma_1 = \dfrac{\sigma_{xx} + \sigma_{yy}}{2} + \sqrt{\dfrac{(\sigma_{xx} + \sigma_{yy})}{2} + \tau_{xy}} \\ \sigma_2 = \dfrac{\sigma_{xx} + \sigma_{yy}}{2} - \sqrt{\dfrac{(\sigma_{xx} + \sigma_{yy})^2}{2} + \tau_{xy}} \\ \sigma_3 = 0 \end{cases} \tag{6-23}$$

式中，σ_{xx}、σ_{yy}、τ_{xy} 为尖端应力分量，可应用线弹性断裂力学理论确定为：

$$\begin{cases} \sigma_{xx} = \dfrac{K}{\sqrt{2\pi r}}\cos\dfrac{\theta}{2}\left(1 - \sin\dfrac{\theta}{2}\cos\dfrac{3\theta}{2}\right) \\ \sigma_{yy} = \dfrac{K}{\sqrt{2\pi r}}\cos\dfrac{\theta}{2}\left(1 + \sin\dfrac{\theta}{2}\cos\dfrac{3\theta}{2}\right) \\ \tau_{xy} = \dfrac{K}{\sqrt{2\pi r}}\sin\dfrac{\theta}{2}\cos\dfrac{\theta}{2}\cos\dfrac{3\theta}{2} \end{cases} \quad (6-24)$$

式中，r 和 θ 分别为裂纹尖端的极径和极角；K 为裂纹的应力强度因子。

将式(6-22)代入式(6-21)可得到主应力的表达式为：

$$\begin{cases} \sigma_1 = \dfrac{K}{\sqrt{2\pi r}}\cos\dfrac{\theta}{2}\left(1 + \sin\dfrac{\theta}{2}\right) \\ \sigma_2 = \dfrac{K}{\sqrt{2\pi r}}\cos\dfrac{\theta}{2}\left(1 - \sin\dfrac{\theta}{2}\right) \\ \sigma_3 = 0 \end{cases} \quad (6-25)$$

根据冯·米塞斯(Von Mises)准则[39]：

$$(\sigma_1 - \sigma_2)^2 + (\sigma_2 - \sigma_3)^2 + (\sigma_3 - \sigma_1)^2 = 2\sigma_y^2 \quad (6-26)$$

将主应力表达式代入 Von Mises 准则方程求解，得到裂纹尖端塑性区外边界的极坐标表达式(以裂纹尖端为坐标原点)为：

$$r_p(\theta) = \dfrac{K^2}{4\pi\sigma_s^2}\left(1 + \dfrac{3}{2}\sin^2\theta + \cos\theta\right) \quad (6-27)$$

当 $\theta = 0$ 时，得到与裂纹尖端扩展相关的裂纹面塑性区长度为：

$$r_p(0) = \dfrac{1}{2\pi}\left(\dfrac{K}{\sigma_s}\right)^2 \quad (6-28)$$

式中，σ_s 为材料的屈服极限。

利用式(6-25)和式(6-26)计算裂纹尖端塑性区形状的变化，如图 6-14(b)所示。随着摩擦时间的增加，裂纹尖端的塑性区随之增大。塑性区面积的增大导致集中在裂纹尖端的应力得到松弛[40-41]。应力松弛是指在相同应力条件下，应力作用面积增大，单位面积应力减小。应力松弛导致应力不再集中在裂纹的尖端，而是作用于更大的区域，这可能减慢裂纹扩展速度。

塑性区的存在首先改变了裂纹尖端应力场的分布。由图6-14(c)可以看出，如果裂纹尖端延伸线上的塑性区长度为p_r，则弹性理论计算的阴影部分能量不能平衡。在欧文(Irwin)提出的简化模型基础上，利用阴影部分的能量贡献来增大裂纹塑性区的尺寸。因此，根据图6-14(c)，裂纹尖端应力场将进一步向前延伸一定距离，将裂纹尖端新塑性区大小记为R，如图6-14(d)所示，$ABCD$表示新形成的应力场。

根据能量平衡原理，R_{σ_s}计算为：

$$R\sigma_s = \int_0^{r_p} \sigma_y \mathrm{d}r \tag{6-29}$$

将$\sigma_y = \dfrac{K_I}{\sqrt{2\pi r}}$代入式(6-29)中，经计算得到：

$$R = 2r_p \tag{6-30}$$

考虑到裂纹尖端塑性变形后的能量平衡，裂纹尖端塑性区尺寸增大一倍。在外部载荷作用下，裂纹尖端产生较大的应力集中和塑性变形，从而增加结构的柔性并降低其承载能力。裂纹尖端塑性变形的特征反映了裂纹的前向扩展，可以用等效模型来评价裂纹尖端塑性变形对裂纹扩展的影响。应力强度因子是表征裂纹尖端区域应力场强度的重要参数。塑性变形发生在裂纹尖端，引起裂纹长度的标称变化，进而导致应力强度因子的变化。

将裂纹尖端塑性变形与裂纹扩展及裂纹长度等同，表示为：

$$\bar{a} = a + r_p^* \tag{6-31}$$

式中，r_p^*为塑性区增加的裂纹长度。

等效后的裂纹尖端应力场按线弹性分布，在$r = R - r_p^*$处，等效应力$\overline{\sigma_y} = \sigma_s$，根据弹性理论，等效应力为：

$$\overline{\sigma_y} = \dfrac{\overline{K}}{\sqrt{2\pi r}} \tag{6-32}$$

$$\sigma_s = \frac{\overline{K}}{\sqrt{2\pi(R - r_p^*)}} \tag{6-33}$$

式中,$\overline{K_1}$ 为等效应力强度因子。简化式(6-31)为:

$$r_p^* = R - \frac{\overline{K}^2}{2\pi\sigma_s^2} \tag{6-34}$$

式中,R 可由弹性理论计算为:

$$R = \frac{1}{\pi}\left(\frac{\overline{K}}{\sigma_s}\right)^2 \tag{6-35}$$

式(6-32)可计算为:

$$r_p^* = \frac{1}{2\pi}\left(\frac{\overline{K}}{\sigma_s}\right)^2 \tag{6-36}$$

得到 r_p^* 后,可求解等效裂纹长度的等效应力强度因子。将 a 代入 K 的公式为:

$$\overline{K} = \frac{\sigma\sqrt{\pi a}}{\sqrt{1 - \frac{1}{2}\left(\frac{\sigma}{\sigma_s}\right)^2}} \tag{6-37}$$

原始应力强度因子与等效应力强度因子的对比如图 6-15(a) 所示。原始裂纹长度与等效裂纹长度如图 6-15(b) 所示。等效应力强度因子和等效裂纹长度均较原值增大。这表明在等效模型中显示,裂纹尖端塑性区被认为是增大

(a) 应力强度因子与等效应力强度因子

(b) 裂纹长度与等效裂纹长度

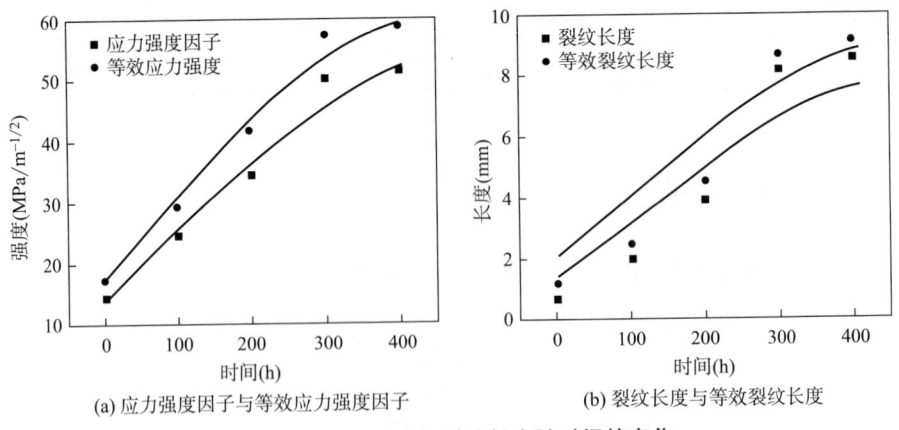

图 6-15 应力强度与裂纹长度随时间的变化

裂纹长度、放大裂纹尖端应力强度因子、诱导裂纹扩展的效应。

第四节 基于分子动力学的单轴拉伸变形下多晶铬裂纹演变的分析

一、材料和方法

(一)模型和模拟方法

多晶铬模型及加载方法如图 6-16 所示。本文构建了多晶铬的裂纹模型,通过软件 Atomsk[42]生成纳米多晶体铬。首先创建铬的原始的晶胞,然后根据采用泰森多边形(Voronoi)算法构建具有随机晶体取向多晶铬模型[43]。模型的尺寸为 $L_x \times L_y \times L_z = 450 \text{Å} \times 300 \text{Å} \times 50 \text{Å}$(45nm×30nm×5nm),包含 50 多万个原子。铬的晶格常数为 2.88Å,原子的晶体结构为体心立方(BCC)结构,如图 6-16(a)所示。

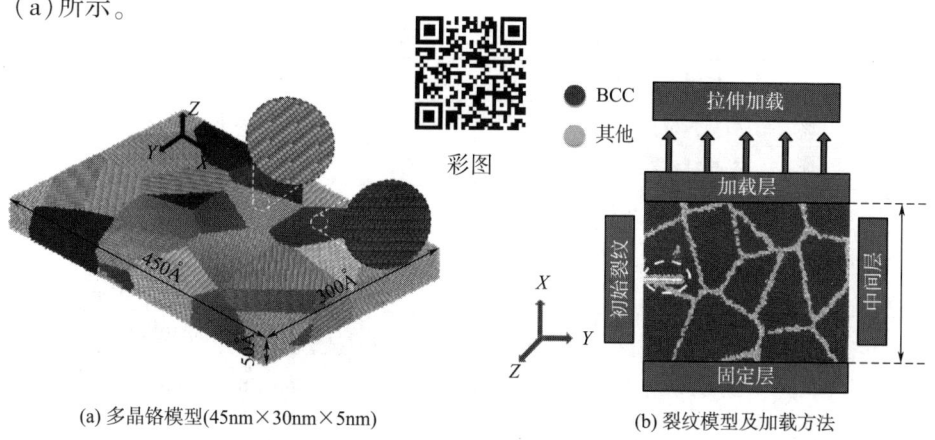

(a) 多晶铬模型(45nm×30nm×5nm)　　(b) 裂纹模型及加载方法

图 6-16　多晶铬模型及加载方法

采用软件 Lammps 进行模拟,模拟分为平衡阶段和拉伸阶段。在对模型施加拉伸载荷之前,需要将模型稳定在平衡状态。为了消除非周期边界条件的影响,在能量最小化和松弛阶段,在 X、Y、Z 方向采用周期性边界条件,在拉伸过程中将 X 方向改为收缩性边界条件。初始裂纹为边缘裂纹,通过删除部分原子来生成。由于在构建初始模型时会产生较大的内应力，因此采用共轭梯度法将能量最小化，然后在恒温恒压系综（npt）下将模型放松30ps，使模型达到稳定状态。

本文采用单轴拉伸方式对模型进行加载，首先将模型划分为固定层、中间层和加载层，如图6-16（b）所示。固定层和加载层在X轴方向的厚度为10Å，其余为中间层。然后利用热浴法（Nosé-Hoover）[44-46]控制器将模型温度控制到目标温度300K。将模型在正则系综（canonical ensemble，NVT）下拉伸，温度设定为300K。将固定层原子的速度设置为零，对加载层施加沿X轴正向的速度，时间步长为0.001ps。接着对不同平均晶粒尺寸、不同应变速率和不同裂纹长度的多晶铬进行拉伸，模拟裂纹扩展过程。利用可视化软件Ovito[42]中的共邻分析（CNA）和位错分析（DXA）对裂纹扩展行为进行三维动态分析。探讨不同晶粒尺寸、不同应变速率、不同裂纹位置对裂纹扩展的影响，进一步揭示多晶铬的裂纹扩展机理。模拟过程中的相关参数和影响因素见表6-2。

表6-2 模拟过程中的相关参数和影响因素

因素	模型参数
材料类型	多晶铬
晶格结构	体心立方结构
模型体积（$L_x \times L_y \times L_z$）	45nm×300nm×5nm
温度	300K
平均晶粒尺寸	5.44nm、7.56nm、9.27nm、13.11nm
应变速率	$5 \times 10^8 s^{-1}$、$10^9 s^{-1}$、$5 \times 10^9 s^{-1}$
裂纹长度（$L_x \times L_y \times L_z$）	5.76Å×28.8Å×50Å 5.76Å×57.6Å×50Å 5.76Å×86.4Å×50Å

（二）势函数的选取

嵌入原子法（EAM）是描述金属间相互作用的一种有效方法。本文采用斯图科夫斯基等[47]开发的嵌入原子方法，能准确地描述金属原子间的相互作用力，并有效展示裂纹扩展过程中原子结构的变化。因此该方法能够很好地模拟多晶铬在裂纹扩展过程中的行为。此外,嵌入原子法还适用于研究不同变形条件下纳米晶体的塑性变形和位错滑移[46,48]。EAM势函数[49-52]的基本公式为

$$E = \sum_i F_i(\rho_i) + \frac{1}{2}\sum_{j\neq i} \Phi_{ij}(r_{ij}) \tag{6-38}$$

式中,E 为总能量;F_i 为原子电子云密度 ρ_i 的嵌入能量函数;Φ_{ij} 为原子 i 和原子 j 之间的势相互作用函数;r_{ij} 为原子 i 和原子 j 之间的距离。

$$\rho_i = \sum_{j\neq i}\rho_j(r_{ij}) \tag{6-39}$$

式中,ρ_i 为除原子 i 以外其他原子的核外电子在原子 i 处产生的电子云密度之和;$\rho_j(r_{ij})$ 为原子 j 的核外电子在原子 i 处提供的电荷密度。

二、晶粒尺寸效应

本节对不同晶粒尺寸下的裂纹扩展行为进行研究。模型体积保持不变,通过改变晶粒个数改变平均晶粒尺寸的大小。初始裂纹尺寸相同,裂纹尺寸为 $L_x \times L_y \times L_z = 5.76\text{Å} \times 57.6\text{Å} \times 50\text{Å}$,裂纹位于晶粒内部。通过对平均晶粒尺寸为 5.44nm、7.56nm、9.27nm、13.11nm 的多晶铬裂纹模型进行拉伸试验,以观察裂纹扩展过程的变化。

为了分析晶粒尺寸对初始斜率的影响,本文定量描述了不同平均晶粒尺寸下的晶界百分比和初始斜率,见表6-3。在体积保持不变的情况下,晶界所占比例随着晶粒尺寸的减小而增大。由于晶界处的弹性模量较低,较小的晶粒具有较高的晶界比例,从而导致模型整体弹性模量下降。因此,在单轴拉伸作用下,较小平均晶粒尺寸模型的应力—应变曲线初始斜率较小。

表6-3 不同裂纹模型的晶粒数量、晶粒大小、初始斜率和晶界百分比

温度(K)	应变速率(s^{-1})	晶粒数量	平均晶粒尺寸(nm)	晶界占比(%)	初始斜率(GPa)
300	5×10^8	10	13.11	15.4	232.0
		20	9.27	18.9	230.8
		30	7.56	20.9	224.1
		80	5.44	28.0	206.3

为了分析平均晶粒尺寸对应力应变的影响,计算了不同平均晶粒下的应力变化。平均晶粒尺寸在 5.44nm、7.56nm、9.27nm、13.11nm 的应力—应变关系如图 6-17 所示。其中,图 6-17(a)~(d)的平均晶粒大小为 13.11nm;图 6-17(e)~(h)的平均晶粒大小为 7.56nm;图 6-17(i)~(l)的平均晶粒大小为 5.44nm。观察图 6-17 发现,随着晶粒尺寸的减小,材料的极限应力增大,符合材料的屈服强度与晶粒尺寸之间的关系(Hall-Petch 关系)[53]。当材料达到极限应力时,应力开始通过层错、孔洞结合等机制释放。从图 6-17 中观察到应力主要有以下两种变化。当平均晶粒尺寸为 13.11nm 时,应力先上升,保持一段时间的稳定,而后急速下降。当平均晶粒尺寸为 7.56nm 时,应力先上升,而后保持一段时间的稳定,而后缓慢下降。结果表明,极限应力会随着平均晶粒尺寸的减小而增大,导致初始裂纹的扩展需要更大的应力。应力的变化形式与不同平均晶粒尺寸内部的晶体结构变化密切相关。为了分析不同平均晶粒尺寸下的晶体结构变化对应力变化的影响,进一步研究了三种不同晶粒尺寸下的裂纹扩展形貌变化及其对 BCC 结构的影响如图 6-18 所示。

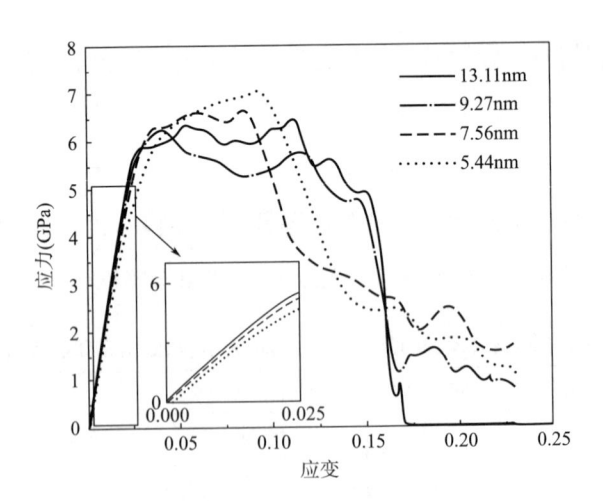

图 6-17 平均晶粒尺寸为 5.44nm、7.56nm、9.27nm 和 13.11nm 的模型的应力—应变曲线

● BCC ● HCP ● FCC ● 其他

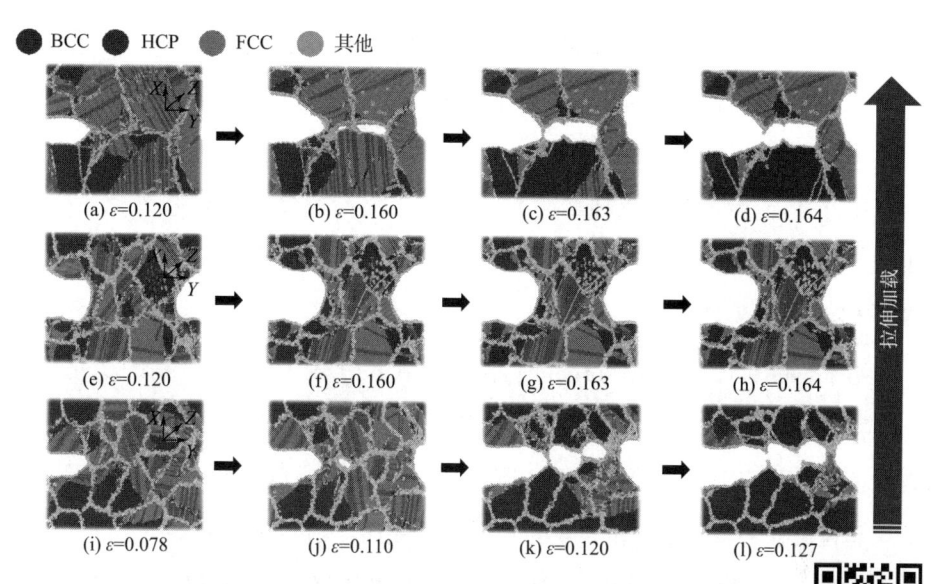

(a) ε=0.120 (b) ε=0.160 (c) ε=0.163 (d) ε=0.164
(e) ε=0.120 (f) ε=0.160 (g) ε=0.163 (h) ε=0.164
(i) ε=0.078 (j) ε=0.110 (k) ε=0.120 (l) ε=0.127

图 6-18　三种不同平均晶粒尺寸的裂纹模型的表面形态

不同平均晶粒尺寸下裂纹扩展的表面形貌和 BCC 结构变化如图 6-19 所示。从图 6-18 中显示，在应变初期，裂纹尖端前方的原子出现相变。随着应变的增加，三种不同晶粒尺寸下的 BCC 结构比例逐渐增大，晶体结构逐渐由体心立方（BCC）演变为面心立方（FCC）和密排六方（HCP）结构[54]，钝化了裂纹尖端。类似的现象也出现在单晶 BCC 铁[55] 和多晶 BCC 铬镍合金[56] 的三轴拉伸中。

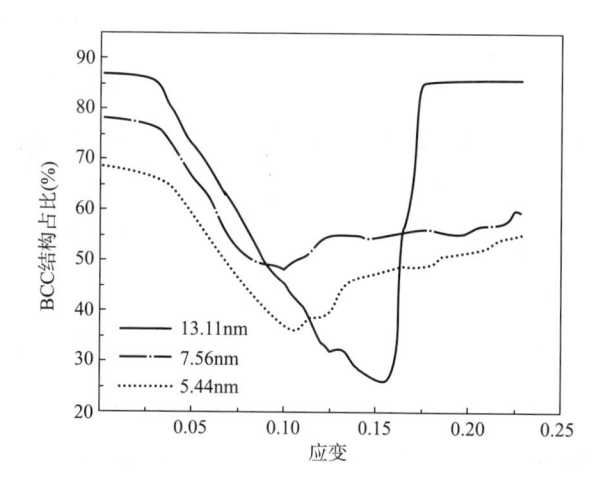

图 6-19　不同平均晶粒尺寸的裂纹模型的 BCC 结构变化

然而，随着拉伸的持续加载，模型中晶体取向的随机性会导致大量的相变和滑移带等塑性行为在晶界的三重结点处聚集。三重结点处的晶界结合力较差，从而导致孔洞和微裂纹的形成，发生晶间断裂。因此，在应变初期阶段，应力迅速上升，而后层错的出现释放了一部分应力，裂纹尖端被钝化[57-58]，应力会保持一段时间的稳定。随着塑性行为进一步发展，层错和孔洞效应加剧，应力逐渐下降，推动裂纹扩展。

当平均晶粒尺寸为13.11nm时，由于晶粒尺寸较大，BCC结构的变化更加剧烈，塑性堆积现象更为显著，孔洞出现的概率增加，孔洞与主裂纹结合，导致裂纹扩展并使应力应变曲线急剧下降，如图6-18(a)~(d)和图6-19所示。当平均晶粒尺寸为7.56nm和5.44nm时，多晶铬裂纹扩展的极限应力得到了提高。此时，BCC结构的变化较小，塑性堆积效应相对减弱，孔洞出现的较少，裂纹尖端得到了有效的钝化，减缓了应力的释放速度，如图6-18(e)~(h)和图6-18(i)~(l)所示。因此，较大的平均晶粒尺寸更容易产生塑性堆积，进而导致裂纹的快速扩展。随着平均晶粒尺寸的减小，裂纹扩展的极限应力提高，裂纹模型的塑性堆积效应相对减弱，从而减少了孔洞的出现，延缓了应力的释放，裂纹扩展速度变慢。

通过应力云图和应变云图的对比，对裂纹扩展过程中裂纹模型内部的塑性堆积和孔洞效应进行更直观的分析，如图6-20所示。在初始拉伸阶段，变形主要集中在裂纹尖端和前缘区域。结合图6-18中裂纹表面形貌的演变可以发现，随着连续加载，BCC结构逐渐向FCC结构和HCP结构转变，导致塑性区应力显著增加，裂纹尖端前缘塑性区的应力逐渐集中在晶界的三重结点处，产生塑性堆积现象如图6-20(b)和图6-20(g)所示。随着应变的增加，孔洞出现并扩展形成短裂纹，短裂纹与主裂纹连接，释放体系内部的应力集中。最后，裂纹沿晶界迅速扩展，应力开始急剧减小，加速了裂纹扩展。这一过程表明，塑性堆积现象主要发生在晶界区域，产生了局部应力集中，从而使孔洞更容易在晶界处出现。应力通过孔洞得以释放，进一步推动了裂纹的扩展。

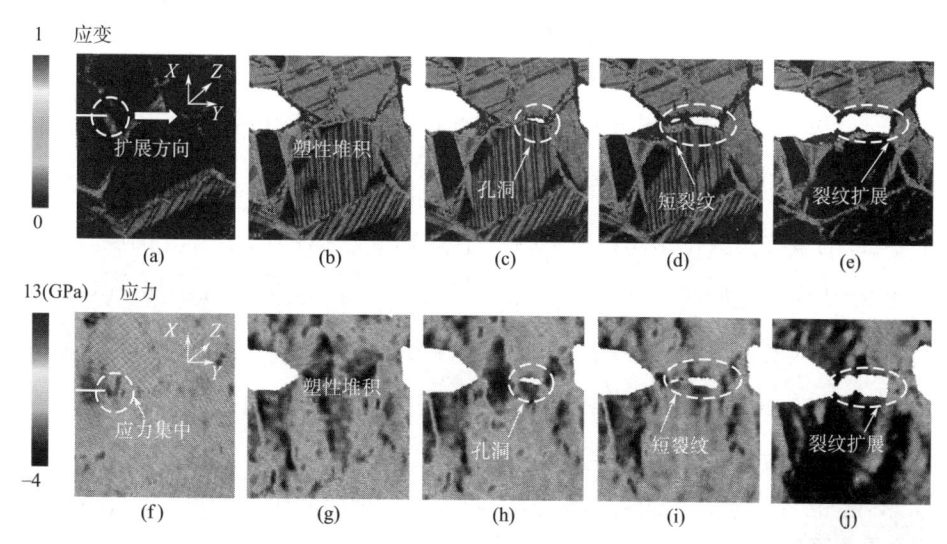

图 6-20 孔洞与主裂纹结合的过程（平均晶粒尺寸为 13.11nm）

彩图

三、应变速率对微观组织及扩展机制的影响

在本节中，选择平均晶粒尺寸为 9.27nm 的样品。试验中，试样的初始裂纹尺寸为 $L_x \times L_y \times L_z = 5.76Å \times 57.6Å \times 50Å$，温度为 300K，采用了三种不同的应变速率为 $5 \times 10^8 s^{-1}$、$10^9 s^{-1}$ 和 $5 \times 10^9 s^{-1}$。通过此试验，研究了应变速率对多晶铬原子晶体结构变化及裂纹扩展机制的具体影响。

不同应变速率下多晶铬的极限应力、BCC 结构的变化及临界应力强度因子（K_{IC}）值见表 6-4。临界应力强度因子与初始裂纹长度和阈值应力的关系为[57,59]：

表 6-4 不同应变速率下裂纹模型的 BCC 结构变化、阈值应力和临界应力强度因子

温度 （K）	平均晶粒尺寸 （nm）	应变速率 （S^{-1}）	BCC 结构改变量 （%）	阈值应力 （GPa）	K_{IC} （$MPa \cdot m^{1/2}$）
300	9.27	5×10⁸	32.5（Δ1）	6.14	0.83
		10⁹	39.9（Δ2）	6.45	0.87
		5×10⁹	45.8（Δ3）	7.36	0.99

$$K_{IC} = \sigma\sqrt{\pi a} \qquad (6-40)$$

式中，σ 为阈值应力；a 为初始裂纹长度。

为了分析不同应变速率下的应力变化和 BCC 结构变化的关系，对三种不同应变速率下的应力和 BCC 结构变化，进行了定量的描述。平均晶粒尺寸为 9.27nm 的裂纹模型在 $5\times10^8 s^{-1}$、$10^9 s^{-1}$ 和 $5\times10^9 s^{-1}$ 三种应变速率下的应力变化和 BCC 结构变化如图 6-21 所示。观察图 6-21(a) 的应力—应变曲线可以看出，在不同应变速率下，裂纹模型的极限应力和应力释放速率存在显著差异。结合图 6-21(b) 中 BCC 结构的变化发现，随着应变速率增加，BCC 结构的变化更加剧烈，裂纹模型的极限应力增大[图 6-21(a) 中 a、b、c 三个极限应力点]，故裂纹扩展的临界应力强度因子增大，阻碍裂纹扩展的能力增强。图 6-21(a) 中，Ⅰ、Ⅱ、Ⅲ 分别表示应变为 0.164、0.189、0.209 时的应力变化，可见，应变速率越高时，裂纹模型的极限应力更高，应力释放的时间也会被推迟。

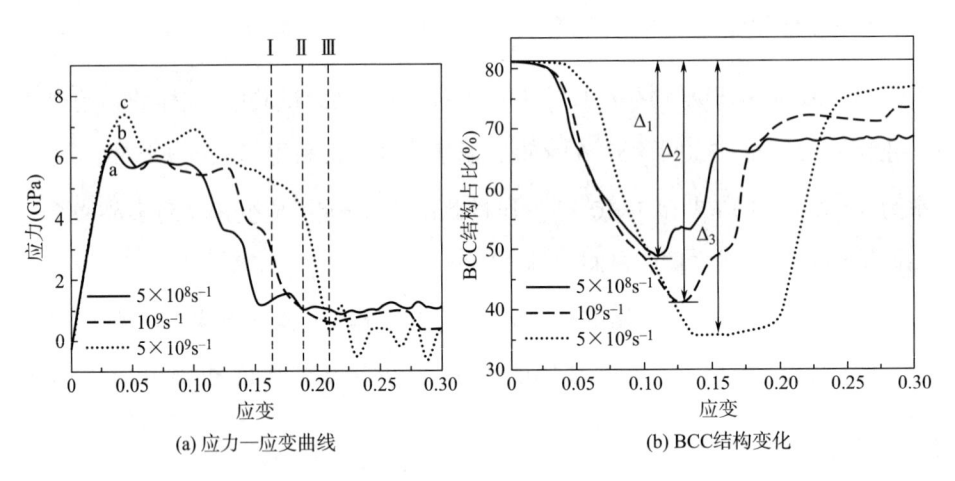

图 6-21 不同应变速率下裂纹模型的应力—应变曲线和 BCC 结构变化

通过对不同应变速率下的裂纹扩展形貌进行分析，探讨了应变速率对裂纹扩展路径的影响，如图 6-22 所示。研究发现，应变速率会改变孔洞出现的位置，从而间接影响裂纹的扩展方向，并且在纳米多晶镍中也发现了同样的现象[51]。图 6-22 可以观察到，应变速率越高，主裂纹与孔洞结合的扩展速度越慢,延缓了应力的释放时间。然而,高应变速率下材料的晶体结构变化更为显著,如图 6-21(b)所示,持续的拉伸激活了更多的层错并改变了缺陷的位置,进而影响了孔洞的分布。由于孔洞与裂纹扩展方向密切相关,导致了裂纹扩展方向的改变。因此,孔洞是改变裂纹扩展路径的主要因素,而较高的应变速率,会导致孔洞出现的位置发生改变,进而使裂纹扩展路径发生变化。

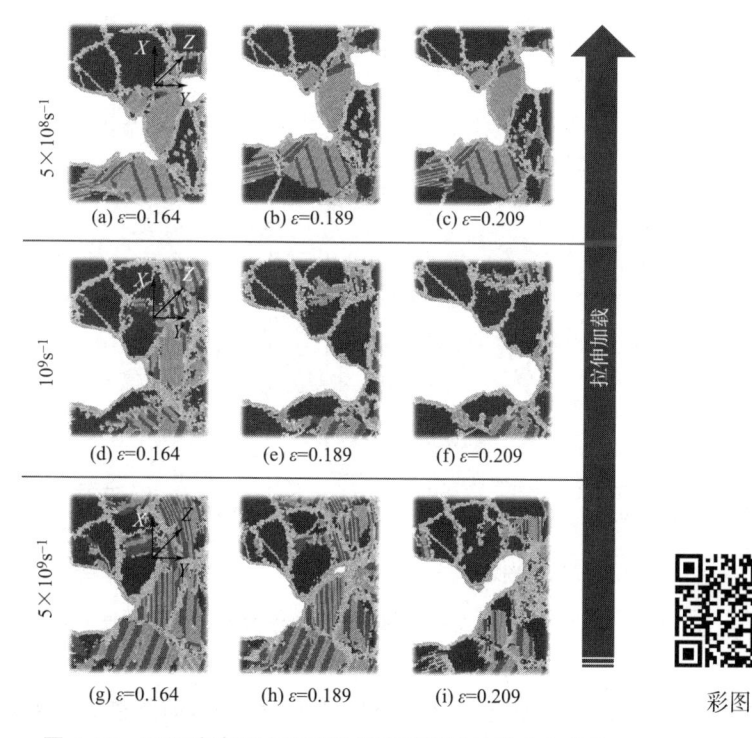

图 6-22 不同应变速率下裂纹模型的裂纹扩展方向变化

位错会对裂纹扩展的行为造成一定程度的影响。对位错密度和位错形貌进行分析,如图 6-23 和图 6-24 所示。图 6-23 为不同应变速率下的应变—位错密度曲线,定量分析了位错密度的变化。图 6-23 显示,位错密度呈现出先下降后上升的趋势。由于多晶模型晶界处具有大量的位错结构,因此位错密度并不是从零开始的。位错分析(DXA)如图 6-24 所示,可以清晰地观察到位错形貌的变化,初始的裂纹模型的位错线主要分布在晶界区域。由于初始阶段裂纹

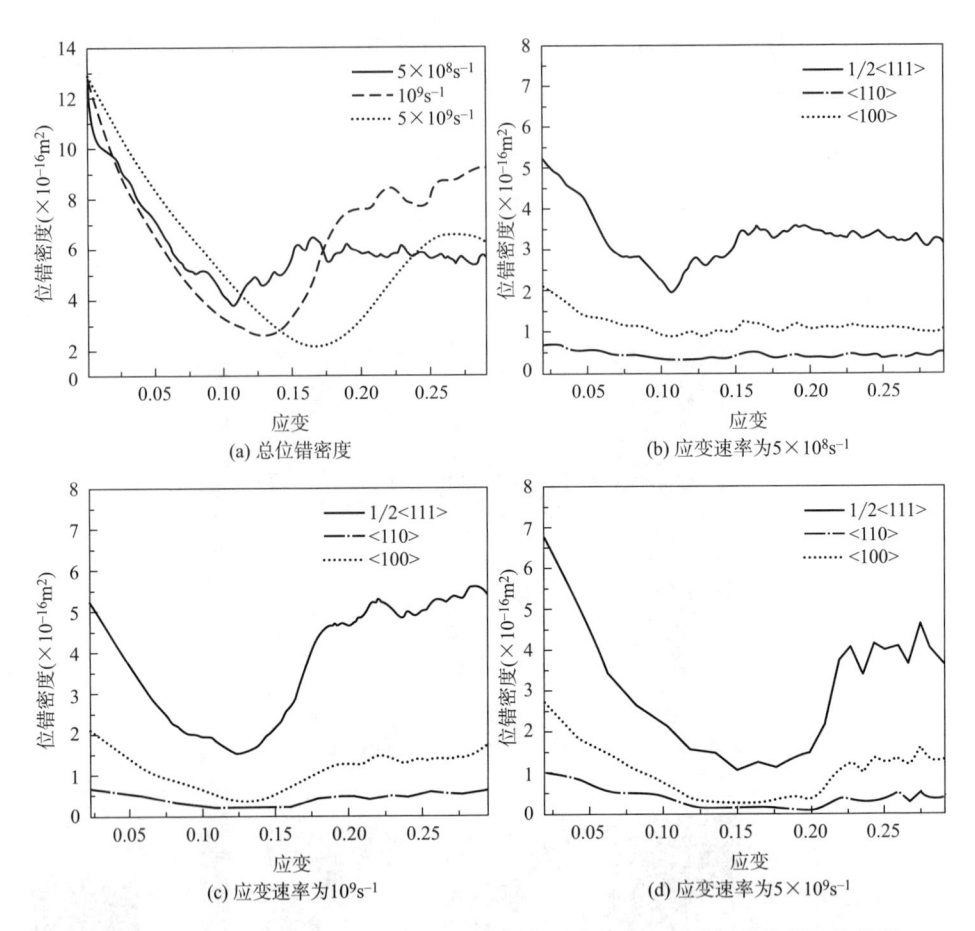

图 6-23 不同应变速率下裂纹模型的总位错密度曲线和不同类型的位错密度曲线

尖端前方的晶界几乎没有位错的出现,因此裂纹迅速扩展。随着应变的增加,裂纹继续产生扩展,而连续拉伸使晶界位错消除,导致位错密度降低,在多晶铝中也观察到同样的趋势[60]。

当裂纹尖端与晶界的三重结点接触时,位错会在局部范围内产生一定的位错堆积现象,导致位错密度的上升,如图 6-24 所示。此时应变为 0.209,位错在裂纹尖端附近产生缠结,对裂纹尖端产生一定的钝化作用,从而阻碍了裂纹的扩展。通过图 6-23 的位错密度曲线可以发现,应变速率越高,位错密度的变化越明显,应力的变化越显著。因此,位错密度会在一定程度上钝化裂纹的尖端,产生一定的阻碍作用,并且随着应变速率的提高,应力的释放也会更加显著。

图 6-24　不同应变速率下裂纹模型的 DXA 位错形貌

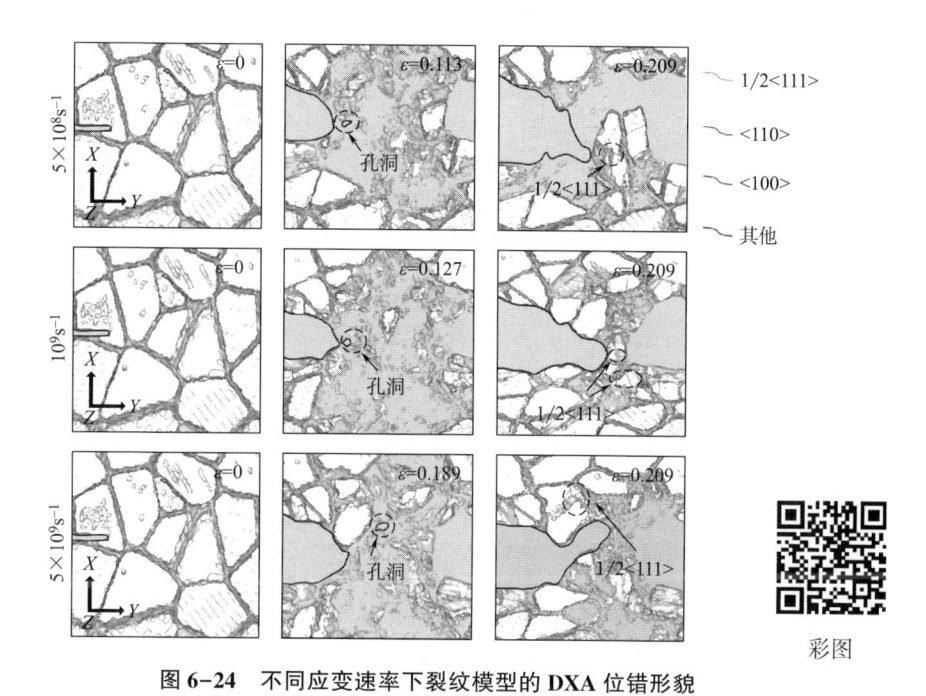

四、不同裂纹位置对裂纹尖端钝化程度的影响

本节通过改变裂纹的长度,实现裂纹尖端位置的改变,裂纹尺寸越长距离晶界越近,裂纹尺寸越短距离晶界越远。选取晶粒尺寸为 9.27nm 的裂纹模型,拉伸的温度设置为 300K,应变速率为 $5\times10^8\text{s}^{-1}$,裂纹长度 $L_x\times L_y\times L_z$ 为 5.76Å×28.8Å×50Å、5.76Å×57.6Å×50Å、5.76Å×86.4Å×50Å,分别定义为 $10a$、$20a$、$30a$,晶格常数为 2.88Å,不同裂纹位置图如图 6-25 所示。

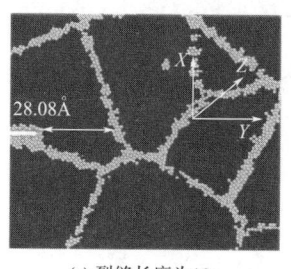

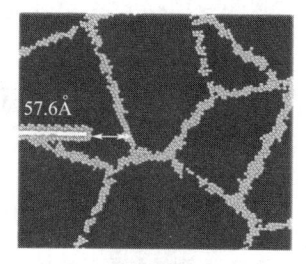

(a) 裂缝长度为 $10a$　　(b) 裂缝长度为 $20a$　　(c) 裂缝长度为 $30a$

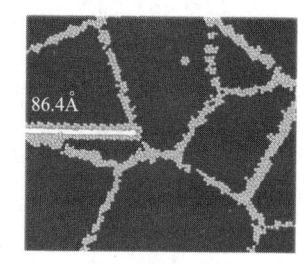

图 6-25　不同裂纹位置图

三种不同裂纹位置下的应力变化,表面积变化,裂纹扩展长度变化如图 6-26 所示。当裂纹位置不同时,应力会发生变化。裂纹模型越短,极限应力越大,应力释放越快,裂纹扩展速度也越快,如图 6-26(a)所示[61]。裂纹模型越长越接近晶界,晶界对裂纹尖端有钝化作用。因此,拉伸时裂纹模型的表面积的增加较为缓慢,如图 6-26(b)。莫拉迪等[57]发现晶界对裂纹扩展有阻碍作用。因此,当裂纹靠近晶界时,应力释放速度相对较慢,裂纹的扩展速度也较慢,如图 6-26(c)所示。

(a) 应力—应变曲线

(b) 模型表面积变化

(c) 裂纹扩展长度的变化

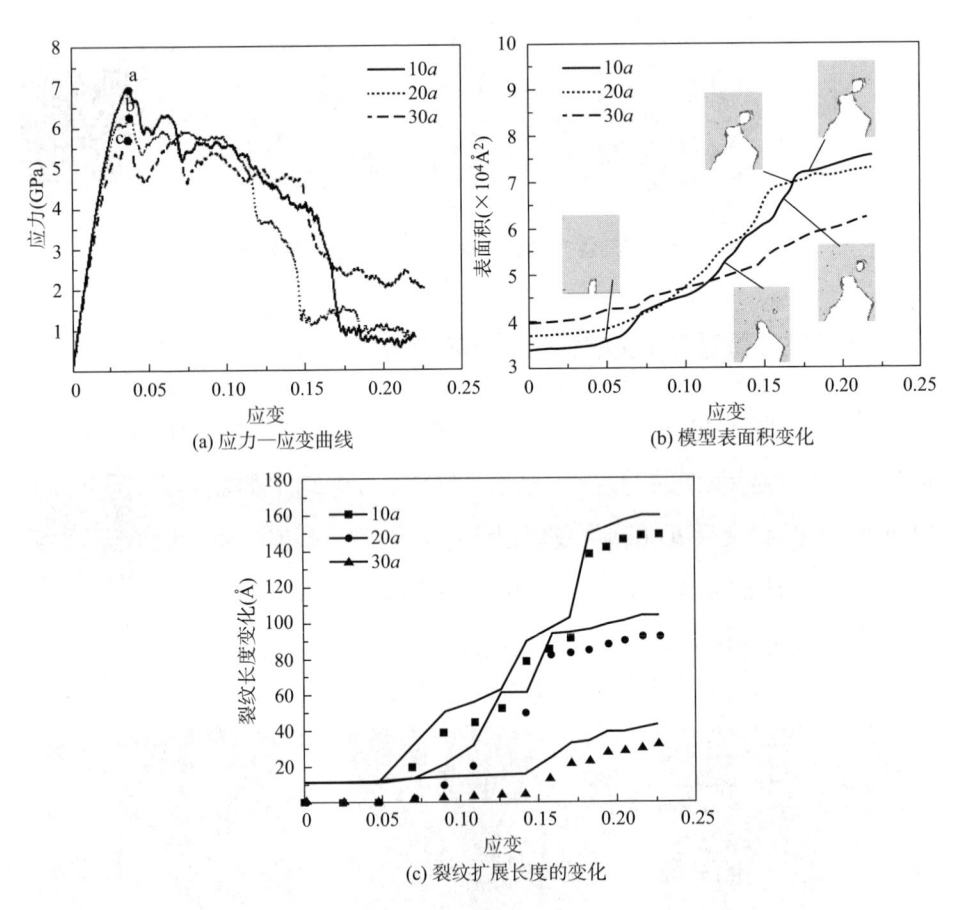

图 6-26 不同裂纹位置下裂纹模型的应力—应变曲线、表面积变化、裂纹扩展长度的变化

为了研究不同位置下裂纹的塑性变形行为,对三种长度下的裂纹进行了应变的分析(应变为 0.051~0.173),裂纹模型的应变云图如图 6-27 所示。图中可以观察到,当裂纹模型受到拉伸作用时,变形较大的区域出现在裂纹前缘和晶界区域。在拉伸的初始阶段,层错首先在裂纹前缘和晶界三重结点处产生,导致滑移带的形成。滑移带会钝化裂纹尖端,导致应力迅速上升并维持稳定一段时间。当初始裂纹较短距离晶界较远时,裂纹前缘会在拉伸作用下发生滑移现象。值得注意的是,裂纹前沿和晶界处产生的滑移带会导致塑性变形的积累,形成塑性堆积。这些塑性堆积区会引发孔洞的形成,如图 6-26(b)所示。孔洞的形成会促进主裂纹的扩展,从而使应力下降。初始裂纹距离晶界距离越近,裂纹尖端越容易被钝化,延缓了应力的释放。因此,距离晶界越近,裂纹扩展的速度就越快,裂纹尖端能够得到更有效的钝化,从而阻碍裂纹的扩展。

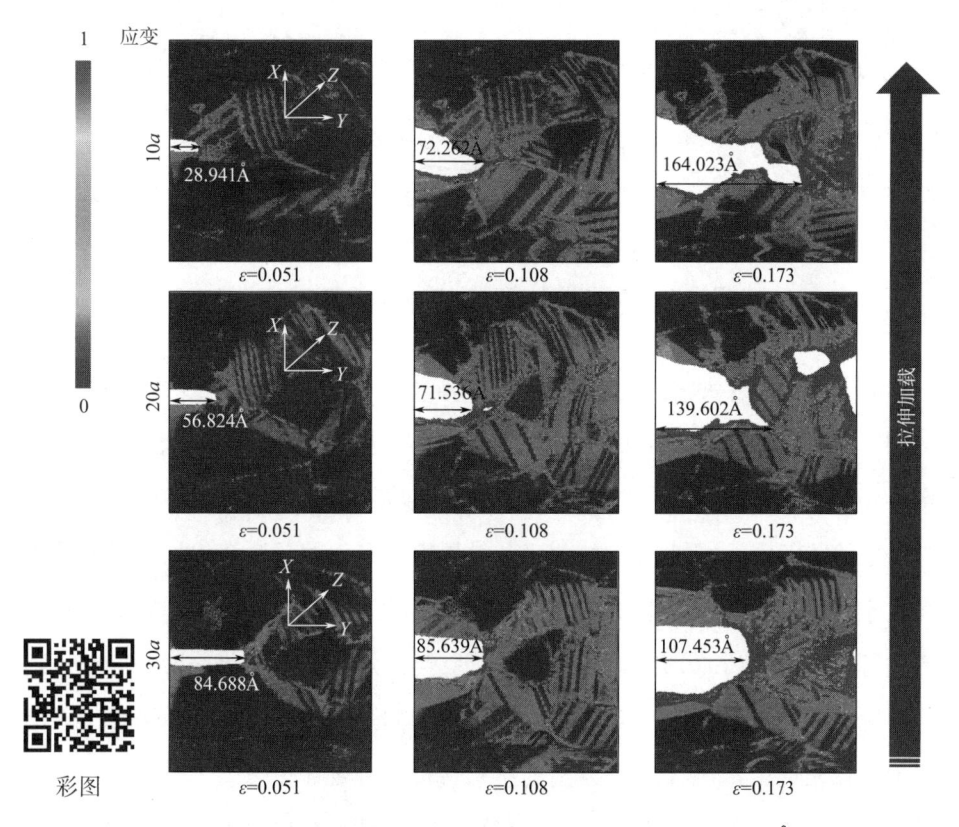

图 6-27 不同裂纹位置的裂纹模型的应变云图($a = 2.88$Å)

由于裂纹扩展过程中,裂纹表面轮廓呈现出不规则的形状,难以计算裂纹尖端的张开位移(COD),因此杨等[62]将裂纹尖端区域的裂纹表面轮廓近似为一个抛物线进行拟合,如图6-28(a)所示,根据抛物线可以得到裂纹尖端的张开位移(COD)的计算公式为

$$COD = \frac{2}{|n|} \tag{6-41}$$

式中,n为裂纹尖端区域近似抛物线的二次项系数。

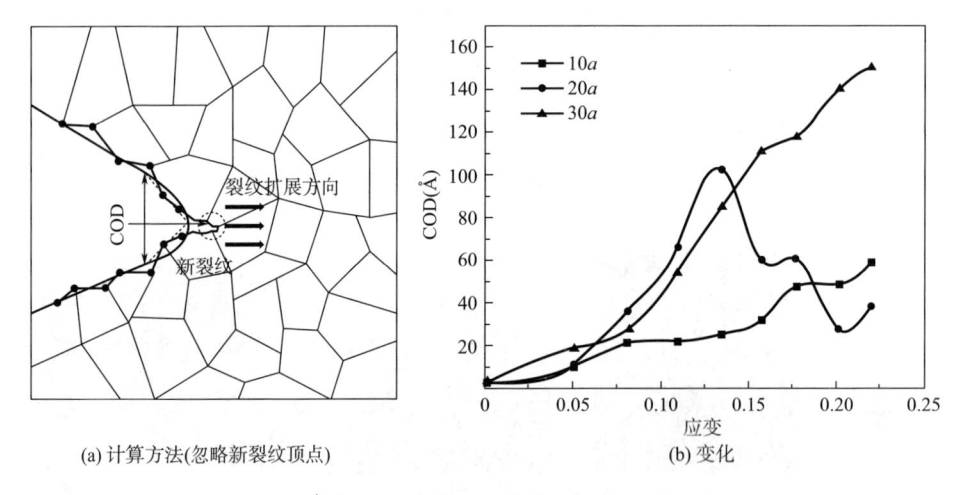

(a) 计算方法(忽略新裂纹顶点)　　　(b) 变化

图 6-28　裂纹张口位移(COD)的计算方法和变化

为了研究裂纹尖端的钝化程度,对三种不同位置下的裂纹进行了COD值的计算。图6-28(b)是在不同位置下的裂纹尖端张开位移(COD)形成的曲线,定量分析了裂纹扩展过程中裂纹尖端钝化程度的变化。当裂纹长度为$10a$时,与晶界的距离较远,因此在裂纹前缘和晶界方向产生的塑性变化加剧了塑性累积效应,导致孔洞的出现。在晶界区域出现的孔洞与主裂纹结合,裂纹沿着晶界进行扩展,导致COD值的变化程度较低,钝化效果较差,如图6-28(b)所示。当裂纹长度为$20(a)$时,裂纹张开位移随着应变的增加先上升后下降,这是由于裂纹在靠近晶界时,晶界处发射的滑移带可以有效钝化裂纹尖端。但是由于持续的拉伸依旧会导致孔洞出现,孔洞与主裂纹结合会导致COD值降低,从而

导致钝化程度降低,使 COD 曲线呈现先上升后下降的趋势。当裂纹长度为 $30a$ 时,预设裂纹位于晶界处,裂纹尖端的钝化程度更高[49],晶界区域发射的滑移带,对裂纹尖端产生了有效的钝化,此时 COD 值出现稳步上升的现象,裂纹的钝化程度提高。因此,裂纹位置距离晶界越近,裂纹尖端的钝化效果就越好,裂纹扩展速度就越慢。

第五节　小结

本章深入研究了棉纤维与金属表面接触的摩擦磨损规律,特别关注了镀铬层在干摩擦条件下与棉织物相互作用的摩擦特性和裂纹扩展行为。通过实验和理论分析,本章取得了以下主要研究成果。

(1)电镀铬镀层与棉织物在干摩擦条件下展现出良好的摩擦学性能,整体磨损过程连续稳定。实验结果显示,摩擦系数最终稳定在 0.11,平均磨损率为 0.0038 mm^3/h。

(2)在磨损过程中,棉织物主要对镀层产生磨粒作用。随着摩擦的持续进行,镀层表面粗糙峰高度逐渐降低,接触区域趋于平坦,接触面积逐渐增大,原有裂纹变窄甚至消失,且未出现镀层剥落现象。这表明棉织物的摩擦作用相对有限。镀层与基体结合良好,虽存在一定磨损但未发生脱离或脱落。电镀铬镀层在棉织物摩擦作用下的失效形式主要表现为镀层内部的分层剥离。

(3)电镀铬镀层表面的主裂纹相互连接,形成平均宽度为 0.2μm 的网状裂纹结构。裂纹扩展行为表现为:主裂纹不发生扩展,而沿主裂纹路径延伸的短裂纹呈现扩展行为。短裂纹垂直于摩擦方向扩展,并逐渐延伸至主裂纹水平。短裂纹在早期扩展速率较慢,且随时间推移扩展速率进一步减缓。

(4)通过分子动力学模拟,研究了不同晶粒尺寸下多晶体铬的拉伸行为。结果表明,随着晶粒尺寸减小,多晶体铬的极限应力提高,符合 Hall-Petch 关系。较小的晶粒尺寸通过层错发射和晶界滑动等方式释放体系内部的应变,阻碍裂纹扩展。而晶粒尺寸较大时，BCC 结构向 FCC 和 HCP 结构的演化导致晶界处形成塑性堆积，从而形成微孔洞，加速裂纹扩展，形成沿晶扩展。较小的晶粒尺寸会引发晶界脱聚，进而导致裂纹产生沿晶脆性断裂。

(5)高应变速率下，裂纹扩展的极限应力增大，BCC 结构的演化更显著，使裂纹扩展方向发生改变。高应变率可以延缓位错密度的发射，而位错密度对多晶铬的塑性变形有重要影响。当 1/2<111> 位错线随着应变增加从晶界发射时，对裂纹扩展产生一定的阻碍作用。

(6)裂纹模型的极限应力随裂纹长度的减小而增加，应力释放速度加快。裂纹长度较长时，距离晶界越近，钝化效应越显著，主裂纹在晶界处得到有效钝化。而距离晶界较远时，会出现塑性堆积现象，导致孔洞出现，进而使主裂纹沿着晶界扩展，裂纹扩展速度加快。

本章的研究为电镀铬镀层与棉织物的摩擦磨损行为提供了系统的理论支持，为相关领域的深入研究提供了科学依据，并对提高材料使用性能和材料选择具有重要的理论意义。通过实验和模拟，本章揭示了电镀铬镀层在干摩擦条件下的摩擦磨损特性，为工程应用中的材料性能优化和耐磨性提升提供了指导。

参考文献

第七章 摘锭表面耐磨强化应用

第一节 概述

电镀铬涂层是市场上常见的摘锭强化处理技术,广泛应用于农业机械中。本文为了进一步提高摘锭的耐磨性能,提出了两种创新策略:一是通过电磁强化处理电镀铬涂层,通过电磁场的作用增强涂层的硬度与抗磨损能力;二是直接采用PVD-TiN涂层作为电镀铬涂层的替代方案,利用PVD-TiN涂层卓越的耐磨特性来提升摘锭的性能。通过一系列的田间试验,评估了优化措施在实际作业环境中对摘锭性能的改善效果,为农业机械化装备的优化升级提供了数据支持与实践经验。

改善摘锭表面耐磨性的表面改性技术一直是农业机械化领域的研究重点。提升耐磨性不仅能显著减少更换频率,降低采棉机的运营成本,还能改善机采棉的品质。目前市场化摘锭表层通常采用电镀铬涂层处理,一方面,电镀铬涂层硬度较高,能够显著提高表面耐磨性,防止摘锭基体材料的化学腐蚀;另一方面,电镀铬涂层处理价格较低,适合农业机械的经济性要求。因此,相比较其他提高关键部件的摩擦学性能的表面改性处理技术,如物理气相沉积[1-2]、化学气相沉积[3-5]和等离子渗氮[6-8]等,电镀铬涂层在摘锭表面处理上具有独特优势。为此,本章提出在不改变电镀铬涂层摘锭结构的基础上,进一步采用电磁处理强化技术,改善和提高摘锭表面耐磨性的处理方法。

采棉机摘锭表层为电镀铬涂层,基体为低合金渗碳钢,电镀铬涂层与基体界面处的残余应力是影响其使用性能的一个关键因素。通过电磁处理实现降低界面处残余应力和力学性能,有助于延长摘锭的使用寿命。电镀铬涂层因制作成本低,工艺操作便捷,性价比高等特点,一直是采棉机摘锭表面耐磨层的首选,但电镀硬铬在生产过程中会造成严重的环境污染,影响人类健康,并且表面存在大量密集的微小裂纹,这些表面微裂纹在摩擦过程中会发生延伸扩展行为,最终造成涂层的开裂或脱落[9-10]。在全球提倡环境保护的大环境下,代铬工艺是农业机械化的科研重点并且发展愈发成熟[11]。目前,物理气相沉积技术是表面工程领域内表面改性最有效的技术之一,并且是最有可能的镀铬替代工艺之一[12-13]。达尔等[12]分别利用物理气相沉积技术和电镀技术在316不锈钢表面沉积铬涂层,结果表明,物理气相沉积技术制备的涂层可在某些摩擦学应用中取代电镀铬涂层。

本章首先简要介绍电磁处理设备,讨论迪尔、凯斯以及国产凯斯三种类型摘锭在电磁处理前后的力学性能变化。通过使用UMT-3标准摩擦试验机,对三种摘锭进行电磁处理前后的耐磨性试验对比,评估电磁处理对其性能的影响。此外,通过电子背散射衍射(EBSD)分析,研究凯斯摘锭基体材料在电磁处理前后晶体结构的变化。接下来,介绍物理气相沉积(PVD)技术中所使用的试验材料,并详细阐述了PVD-TiN涂层的制备工艺和具体参数。通过分析摘锭涂层的微观结构及其截面结合情况,评估涂层的性能表现。最后,本章通过纳米压痕测试系统,比较了电镀铬涂层与PVD-TiN涂层表面在力学性能上的差异,验证了两种涂层在耐磨性和硬度上的优劣。

第二节 摘锭电磁处理

一、摘锭电磁处理方法

电磁处理设备是摘锭电磁处理的平台,其系统示意图如图7-1所示,主要包括电源、铜线圈、磁屏蔽体、循环水冷系统和控制系统五个部分。主要工作原理是:将待处理的工件放置到铜线圈内,电源提供并输入特定波形和强度的电流,使铜线圈产生所需要参数的电磁场;为了防止电磁泄漏和干扰,整机系统外面采用纯铁加工电磁屏蔽壳体;为了保证系统长时间工作的可靠性和稳定性,采用循环水冷却系统对铜线圈进行冷却;装卡待处理的工件后,通过控制系统和人机交互面板实现温度检测、冷却系统控制、时间处理以及电磁场参数设定等。电磁处理设备整体外形如图7-2所示。

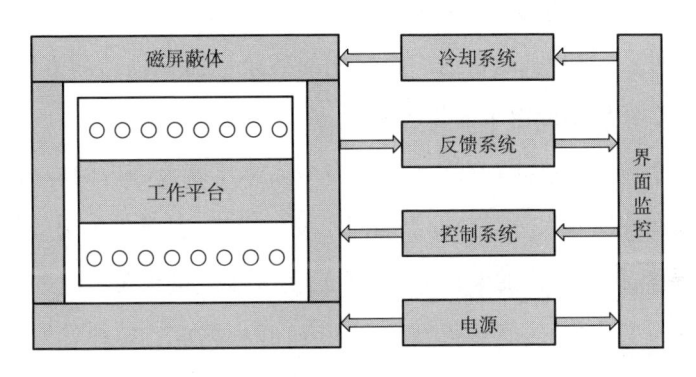

图7-1 电磁处理设备系统示意图

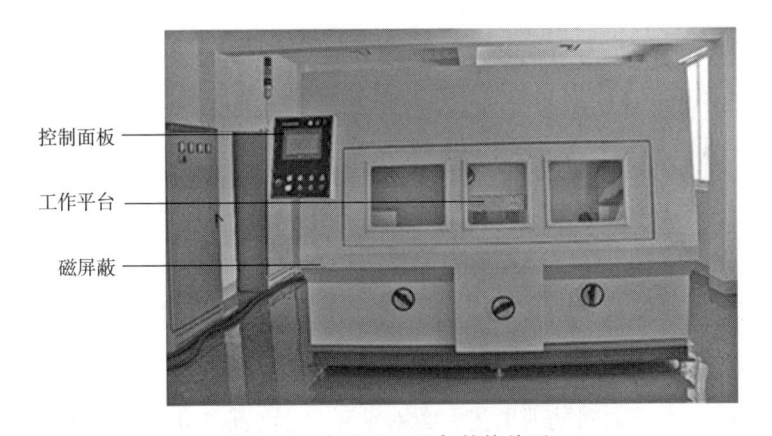

图7-2 电磁处理设备整体外形

试验样品为市场化摘锭,选择目前农业机械普遍使用的摘锭(迪尔机型、凯斯机型和国产迪尔机型)为电磁处理样品,切割成直径为12mm,长为15mm的圆柱体。圆柱体底面采用机械抛光,表面粗糙度 Ra 为 $0.2\mu m$,方便显微硬度测试。在电磁处理前,样品使用无水乙醇和丙酮进行超声清洗10min。

(一)宏观残余应力对比

摘锭的机械加工和表面涂层处理工艺过程都可能会产生残余应力,引起摘锭结构发生微小变形,特别是钩齿部位,残余应力最为集中、敏感。目前,残余应力测量方法主要有有损测试和无损测试两种方法,有损测试主要是盲孔检测法,也称应力释放法或机械方法;无损测试方法不破坏材料基体,使用X射线衍射法、磁性法、中子衍射法、超声法或压痕应变法等方式进行测试。X射线衍射法因其可靠性和实用性,是目前广泛应用的残余应力无损检测方法,在机械工程和材料科学领域中取得了显著成效。

一般残余应力是指宏观残余应力(多个晶体尺度范围内的应力)。宏观残余应力的存在使宏观尺寸晶粒的晶面间距发生变化,表现在X射线衍射谱上是衍射峰位漂移,衍射峰位的偏移量与残余应力大小直接相关。通过X射线衍射测得衍射峰位变化差异,间接得到残余应变,并根据虎克定律计算出相应的残余应力。

摘锭电磁处理前后的残余应力通过X射线衍射进行检测,测试前对摘锭电磁处理前后的样品进行抛光($5\mu m$以下),然后进行电解抛光。采用高分辨X射线衍射仪(清华大学材料科学与工程研究院中心实验室),测试参数特性谱线为Cu-Kα;X光管工作电压为30kV;X光管工作电流为$6\sim 8mA$。

扫描过程为初步在60°~120°范围内,选择一个衍射晶面(311)指数较高的衍射峰作为对象峰。按照残余应力测量要求设置不同角度(0°、15°、30°、45°),以慢速扫描方式测量不同角度下的单峰衍射谱。进而通过X射线衍射仪自带软件计算得到残余应力。

通过改变不同电磁处理工艺参数对摘锭样品(凯斯机型、迪尔机型和国产迪尔机型)进行电磁处理,共选取10组不同工艺参数组合进行处理,经过进一步对比分析选择一组能够显著改善残余应力的处理结果,摘锭电磁处理前后宏观残余应力的对比如图7-3所示。结果表明,电磁处理能够显著降低残余应力,凯斯机型和国产迪尔机型的摘锭样品的残余应力下降60%,迪尔机型的摘锭样品的残余应力下降50%左右。

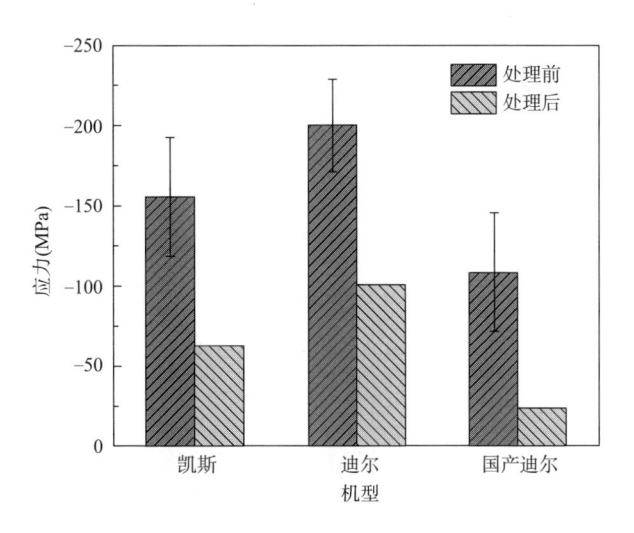

图 7-3　摘锭电磁处理前后宏观残余应力对比

(二) 硬度及弹性模量对比

摘锭是由基体材料和表面电镀铬涂层构成,分别测试其硬度,如图 7-4 所示。摘锭基体材料为低碳合金钢,含有少量的 Si、Mn 元素。对摘锭基体材料采用显微硬度计(Tukon 2500,美国威尔逊)沿径向进行显微硬度测量。图 7-4 展示了摘锭电磁处理前后基体材料沿径向的维氏硬度分布如图 7-4(b)所示,可

(a) 残余压痕　　　　　(b) 径向的维氏硬度分布

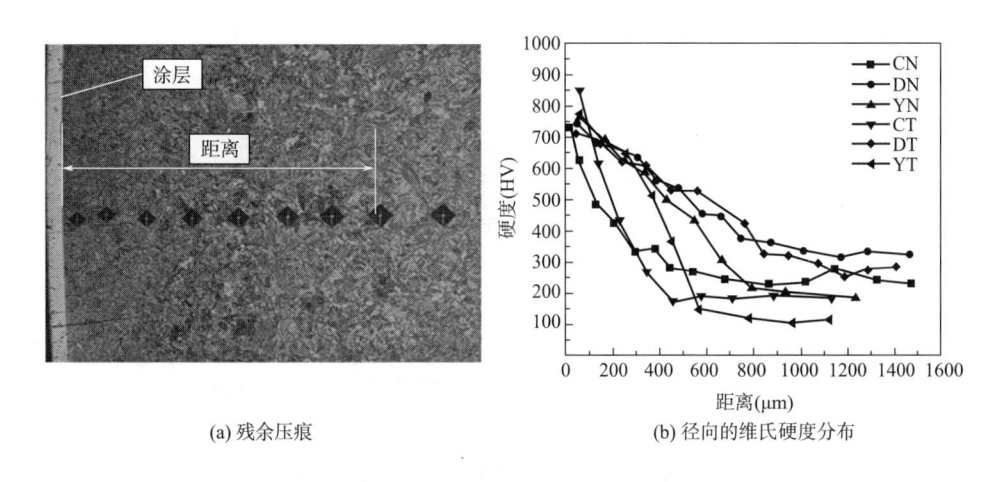

图 7-4　摘锭电磁处理前后摘锭基体材料硬度测试

以看出,以电镀铬涂层内边缘为测量起始点,摘锭基体材料的硬度沿径向逐渐下降,凯斯机型和国产迪尔机型的摘锭约在 600μm 后、迪尔机型的摘锭约在 1000μm 后,硬度趋于一致。

另外,通过对比摘锭电磁处理前后的硬度分布,电磁处理对摘锭基体材料硬度的影响从整体趋势来看不大,基本保持处理前硬度。靠近涂层区域,电磁处理后的硬度有所提高,远离涂层区域(凯斯机型和国产迪尔机型的摘锭大约 300μm,迪尔机型的摘锭约 800μm)的硬度略有下降。

摘锭表面电镀铬涂层的硬度和弹性模量采用纳米压痕仪进行表征,本试验所采用纳米压痕仪是瑞士 CSM 仪器公司生产,该纳米压痕仪载荷范围为 0.1mN~1N。

测试过程采用金刚石材料的布氏压头,载荷加载方式为线性加载,最大载荷为 50mN,加载速率为 100mN/min,卸载速率为 100mN/min,设置涂层泊松比为 0.3。凯斯机型、迪尔机型和国产迪尔机型摘锭电磁处理前后的加卸载纳米压痕曲线如图 7-5~图 7-7 所示。计算得到各机型的摘锭涂层弹性模量和纳米硬度,见表 7-1~表 7-3。从图表可以看出,相比电磁处理前的涂层,电磁处理后的涂层的硬度基本保持不变,弹性模量有所下降。

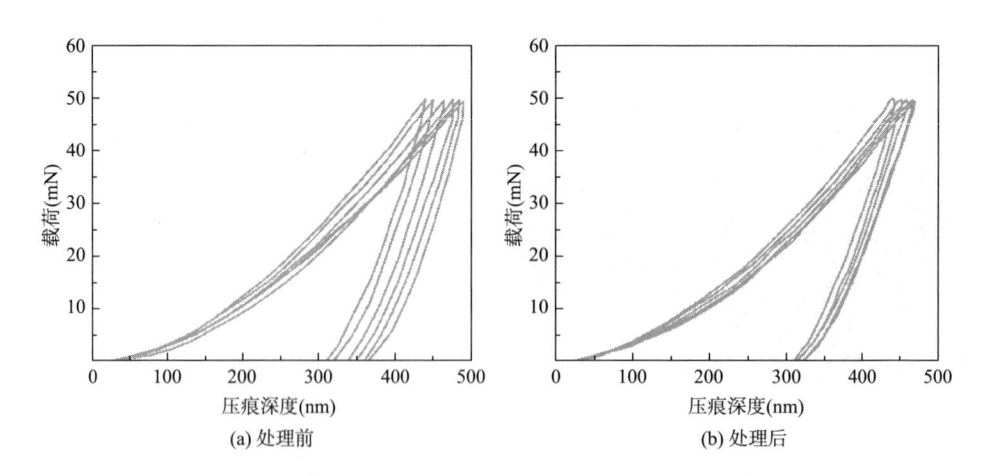

图 7-5 凯斯机型摘锭涂层电磁处理前后加卸载纳米压痕曲线

(a) 处理前

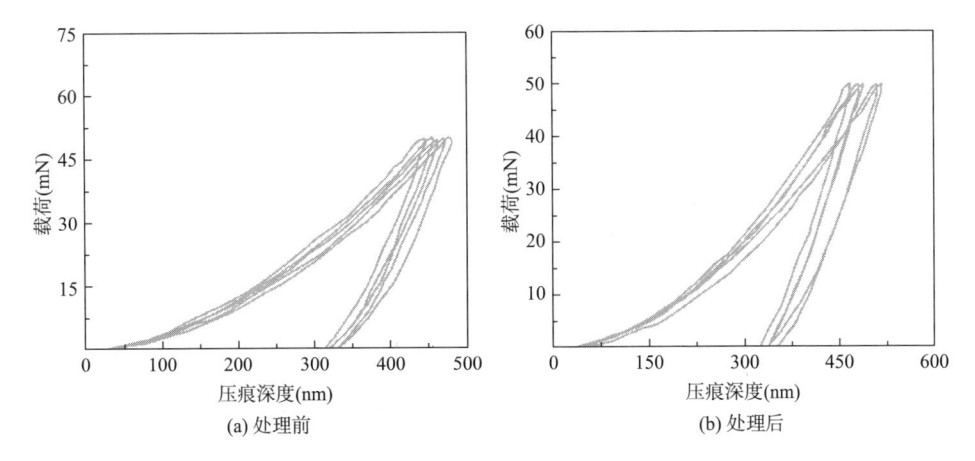

(b) 处理后

图 7-6 迪尔机型摘锭涂层电磁处理前后加卸载纳米压痕曲线

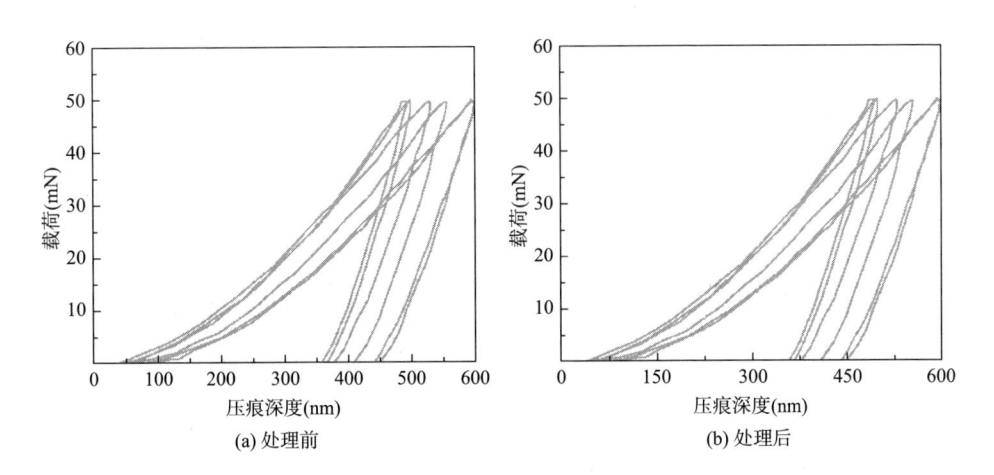

(a) 处理前

(b) 处理后

图 7-7 国产迪尔机型摘锭涂层电磁处理前后加卸载纳米压痕曲线

表 7-1 凯斯机型摘锭涂层弹性模量与硬度

项目	处理前		处理后	
	弹性模量	硬度	弹性模量	硬度
最大值（GPa）	318.08	14.94	271.89	14.75
最小值（GPa）	261.45	11.27	239.82	12.16
平均值（GPa）	293.41	13.32	253.04	13.78
标准差	18.44	1.36	13.25	0.92

表 7-2　迪尔机型摘锭涂层弹性模量与硬度

项目	处理前		处理后	
	弹性模量	硬度	弹性模量	硬度
最大值(GPa)	305.30	14.74	251.54	14.17
最小值(GPa)	272.35	12.44	195.24	11.82
平均值(GPa)	292.24	13.64	225.89	13.03
标准差	14.24	0.74	20.97	1.01

表 7-3　国产迪尔机型摘锭涂层弹性模量与硬度

项目	处理前		处理后	
	弹性模量	硬度	弹性模量	硬度
最大值(GPa)	291.14	12.18	246.46	12.34
最小值(GPa)	181.94	9.88	166.18	8.47
平均值(GPa)	242.18	11.05	203.20	10.14
标准差	38.51	0.86	32.13	1.49

(三)摩擦学性能对比

摩擦学试验中划痕试验能够反映涂层结合力及耐磨性,本划痕试验在商用标准摩擦试验机(UMT-3)上进行测试。采用金刚石压头(100μm)进行划痕测试,摘锭试样采用直径为 12mm、长为 15mm 的圆柱体,并采用环氧树脂进行冷镶嵌。经过抛光处理后,摘锭圆柱体的母线露出,作为划痕测试的表面。在划痕测试过程中,载荷在 20~100N 之间线性变化,划痕长度为 4mm,测试时间为 2min。每个摘锭试样进行 3 次划痕测试,最终取其平均值。

划痕试验的摘锭划痕深度如图 7-8 所示。划痕深度与载荷变化关系如图 7-8(a)所示,划痕深度与载荷大致呈线性比例变化关系。载荷在 20~30N 时的划痕深度局部放大如图 7-8(b)所示。可以看出,凯斯机型和迪尔机型的摘锭在同一载荷下,经过电磁处理后的划痕深度较处理前变浅,表明处理后涂层的性能有所提升。然而,国产迪尔机型的摘锭则表现为划痕深度增大。

(a) 压力—摩擦系数曲线 (b) 局部放大

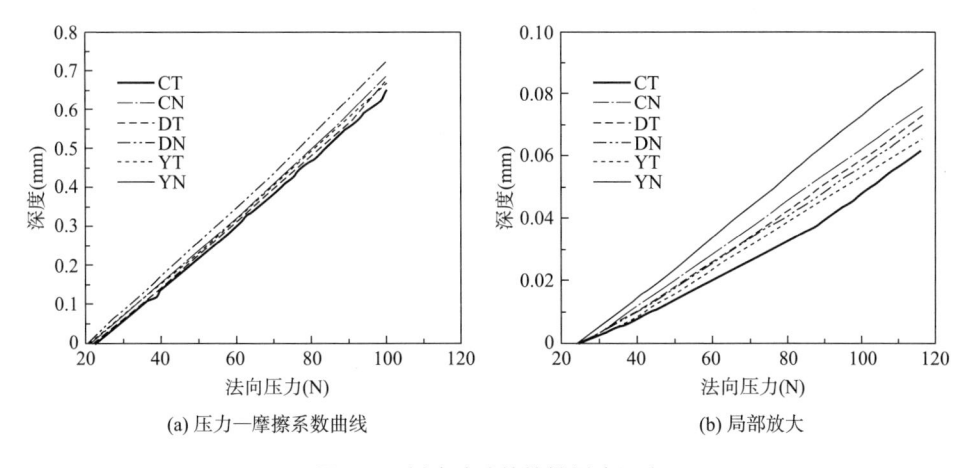

图 7-8 划痕试验的摘锭划痕深度

划痕试验的摘锭摩擦系数如图 7-9 所示。划痕过程中摩擦系数与载荷的变化关系如图 7-9(a)所示，表明摩擦系数随载荷增加不断增大，整体趋势先迅速升高后趋于平缓。载荷在 20~30N 时摩擦系数局部放大如图 7-9(b)所示，摩擦系数上升过程的转折点，是由于划痕过程中涂层被破坏，与基体材料接触所致，凯斯机型摘锭处理后摩擦系数转折点较为明显。

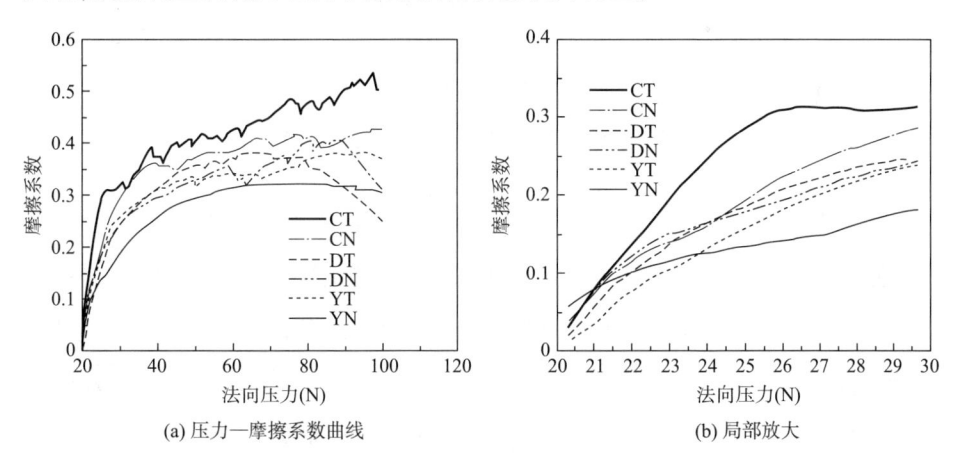

(a) 压力—摩擦系数曲线 (b) 局部放大

图 7-9 划痕试验的摘锭摩擦系数

摘锭的耐磨性严重制约采棉机运营的经济性，为了评估摘锭电磁处理前后的耐磨性，采用商用标准摩擦磨损试验机(UMT-3)进行磨损试验。磨损试验过程中，上试样为摘锭电磁处理前后样品，试样切割为直径为12mm、长为15mm的圆柱体，自制圆柱体夹具装卡后安装在UMT-3的上试样位置。下试样为砂纸(SiC,FEPA P#1200,粒径尺寸为15μm,Struers)。

磨损试验采用上试样固定、竖直方向加载、下试样旋转的线接触方式，其摩擦示意图如图7-10(a)所示。下试样的运动速度为1m/s，驱动下试样工作平台转速为300r/min。上试样长度中心位置设置在砂纸直径65mm处，如图7-10(b)中虚线位置所示。磨损时间为180s，载荷分别为10N和20N。磨损结束后，测量其摘锭样品的磨痕宽度，如图7-10(c)所示。由于测试摘锭圆柱体样品与砂纸在接触区域的线速度不一致，导致磨痕宽度并非均匀一致。本试验测量磨痕宽度为样品沿长度方向中间位置处的宽度。

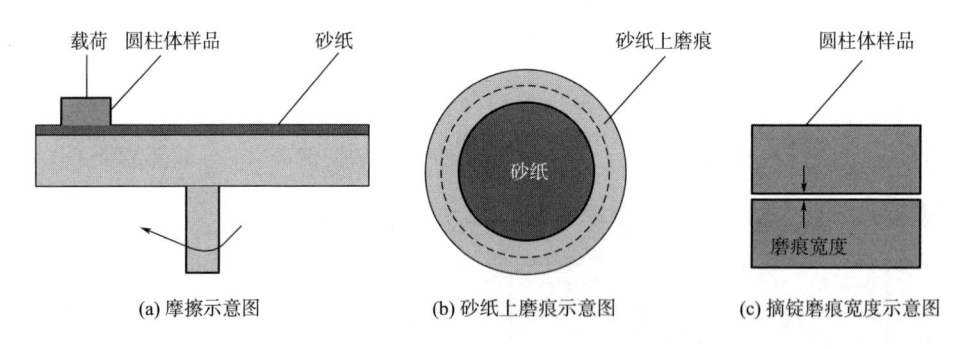

(a) 摩擦示意图　　(b) 砂纸上磨痕示意图　　(c) 摘锭磨痕宽度示意图

图7-10　摘锭电磁处理前后磨损试验

法向载荷分别为10N和20N的摩擦系数变化曲线如图7-11(a)和图7-11(b)所示。可以看出，在载荷分别为10N和20N的情况下，凯斯机型摘锭圆柱体样品电磁处理后的摩擦系数较处理前有所增大，而迪尔机型和国产迪尔机型摘锭摩擦系数处理前后变化不大，特别是在载荷为10N的情况下。这与划痕试验的摩擦系数结果较为吻合，凯斯机型摘锭处理后增加明显。相比凯斯机型摘锭而言，迪尔机型与国产迪尔机型摘锭处理前后变化并不显著。不同之处在于，载荷为20N时，摩擦系数迅速减小后逐渐增大，而载荷为10N时，摩擦系数先迅速减小后趋于稳定。另外，在载荷为10N时，摩擦系数在0.3左右，而载荷为20N时，摩擦系数都高于0.3，载荷对摩擦系数的影响较大。

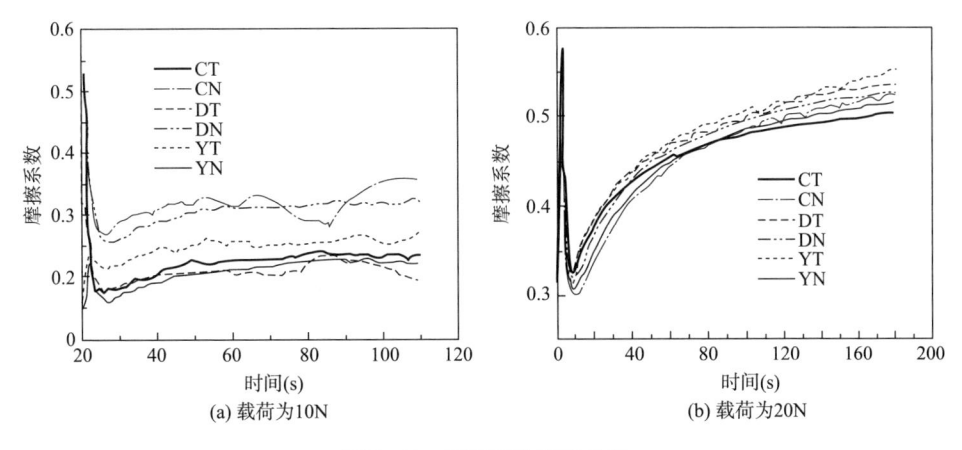

图 7-11 摩擦系数变化曲线

法向载荷分别为 10N 和 20N 情况下磨痕宽度变化如图 7-12 所示。整体趋势来看，电磁处理后的磨痕宽度减小，表明处理后的摘锭与砂纸摩擦磨损时耐磨性有所提高。相比较迪尔机型摘锭而言，凯斯机型摘锭和国产迪尔机型摘锭经电磁处理后的耐磨性提高更加显著。

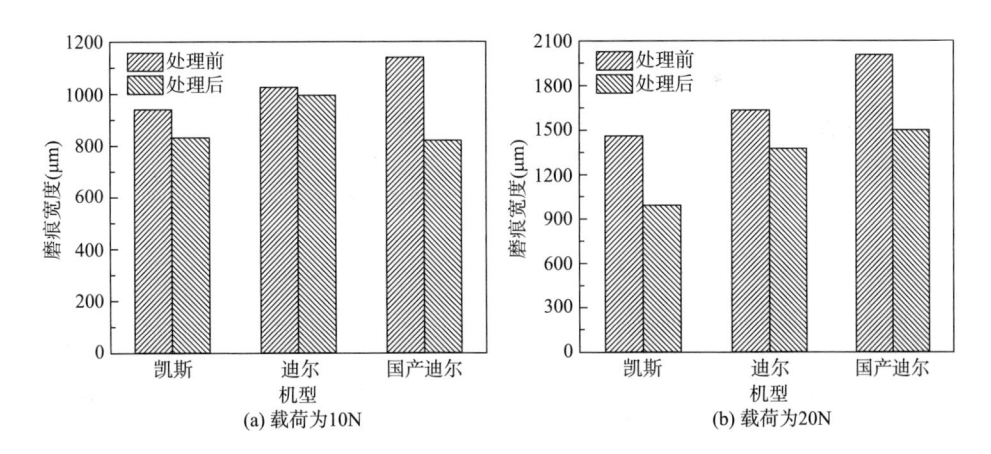

图 7-12 磨痕宽度变化对比分析

随着法向载荷的增加，摩擦系数显著增大，可能与涂层磨损后基体材料与砂纸直接接触摩擦有关。摘锭横切面结构如图 7-13 所示，r 表示摘锭横切面半径，d 表示涂层厚度，L 表示涂层磨穿时的最小磨痕宽度。摘锭在电磁处理前后在不同载荷下的实际磨痕宽度见表 7-4。$LN10$ 和 $LN20$ 分别表示载荷在 10N

和20N时未进行电磁处理摘锭的磨痕宽度，*LT*10 和 *LT*20 对应于处理后的磨痕宽度。从表7-4可以看出（表中数值加粗表示磨穿），在10N时，只有未电磁处理的国产迪尔机型摘锭涂层被磨穿，其余都未磨穿。在20N时，只有电磁处理后的凯斯机型摘锭涂层未被磨穿，其余都被磨穿。很显然，在20N情况下，涂层一经磨穿，摩擦便转变为基体材料与砂纸的直接接触。由于基体材料硬度低于涂层硬度，砂纸硬质颗粒嵌入基体材料表面，形成较深的划痕，从而导致摩擦系数显著增大。

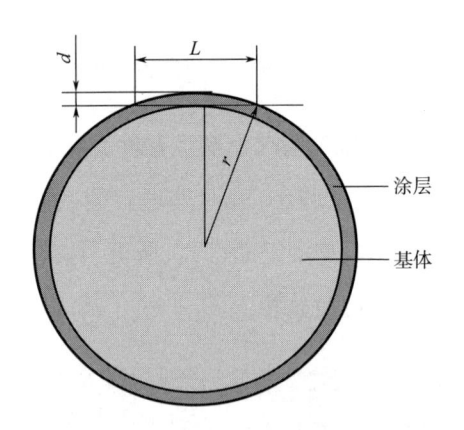

图7-13 摘锭横切面结构示意图

表7-4 摘锭电磁处理前后在不同载荷下实际磨痕宽度

样品	$d(\mu m)$	$r(\mu m)$	$L(\mu m)$	$LN10(\mu m)$	$LT10(\mu m)$	$LN20(\mu m)$	$LT20(\mu m)$
C	30	6330	1231	942	831	**1459**	992
D	37	6200	1353	1026	991	**1637**	**1376**
Y	20	6200	995	**1136**	820	**2008**	**1500**

二、摘锭电磁处理机理

目前电磁处理强化的机理和规律仍不清楚，学者为此正在积极探索。通过对比分析电磁处理前后凯斯机型、迪尔机型和国产迪尔机型的摘锭的力学性能，表明凯斯机型的摘锭很适合电磁处理工艺，且处理后力学性能改善较为明显。因此,以电磁处理前后的凯斯机型的摘锭为研究对象,借助电子背散射衍射探讨电磁处理前后凯斯机型的摘锭材料的晶体结构特征,揭示铁碳合金材料电磁处理强化的规律与机理,为凯斯机型的摘锭田间试验结果提供理论基础,也为迪尔机型和国产迪尔机型的摘锭的电磁处理工艺优化提供参考。

电子背散射衍射(electron backscattered diffraction,EBSD)技术是基于扫描电镜中电子束在倾斜样品表面激发并形成的衍射菊池带的分析,确定晶体结构、取向及相关信息的方法。目前 EBSD 技术已成熟应用于多种多晶体材料分析,如热塑性变形过程[14]、机械处理过程中与取向关系有关的性能[15]、物相鉴定[16]等。因此,本试验采用 EBSD 技术分析电磁处理前后凯斯机型的摘锭基体材料晶粒取向及物相分析。

电磁处理前后的凯斯机型的摘锭样品切割为 10mm×10mm×1mm,经机械初步抛光后(SiC,FEPA P#4000,粒径尺寸为 5μm,Struers),再进行电解抛光。采用仪器型号为 FEI NANO SEM 430(HKL Channel 5),扫描步长为 0.5μm。

通过对 EBSD 数据分析后获得的带对比度(BC)图如图 7-14 所示。CN 衬度如图 7-14(a)和(d)所示,显示了清晰的界面轮廓和明显的衬度差异。经分析,摘锭基体材料残余奥氏体晶体结构含量很少(可忽略不计),主要由马氏体晶体结构和贝氏体晶体结构(均为体心立方结构,铁素体组织)组成。马氏体晶体结构和贝氏体晶体结构非常相似,因此难以仅凭晶体结构的差异进行区分。

通过对 EBSD 数据处理后提取多相材料晶界区域的数据,获得晶界区域的 BC 图,如图 7-14(b)和(e)所示,和剩余区域(晶内区域)的 BC 图,如图 7-14(c)和(f)所示。对 BC 进行归一化处理,获得分布直方图,如图 7-15 所示。原始 BC 分布,呈现单峰分布但明显偏离左右对称的正态分布,表明原始 BC 分布已体现出多相分布的特征[17-18]。将晶界区域的数据剥离后,两个样品的晶界区域的 BC 分布近似呈现左右对称的单峰分布,其峰值分别位于 40 附近,如图 7-15(b)所示,和 30 附近,如图 7-15(e)所示。晶内区域的 BC

分布,如图7-15(c)(f)所示,晶内区域的BC分布呈现为单峰、左右不对称。对于CN样品,其峰值位于60附近;对于CT样品,其峰值位于48附近。峰值的左侧区域相对于右侧区域更为平缓,反映了该分布可由多个正态分布组合叠加而成。

彩图

(a) CN衬度　　　　(b) CN晶粒区域　　　　(c) CN晶粒区域

(d) CT衬度　　　　(e) CT晶粒区域　　　　(f) CT晶粒区域

图 7-14　BC 图

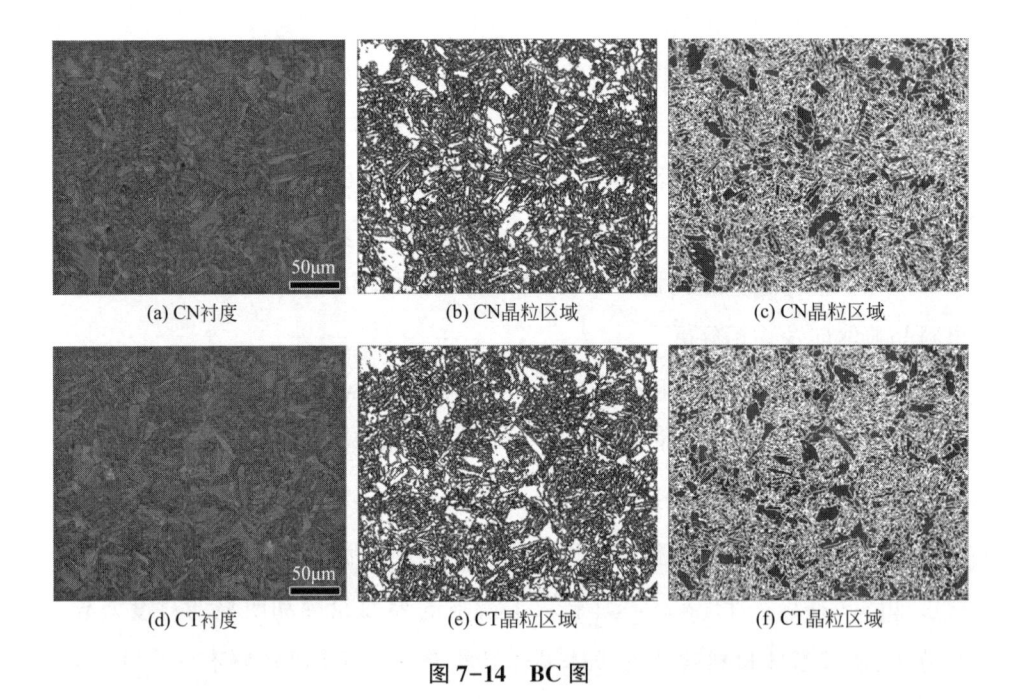

绘制图7-15(c)和(f)所对应的晶粒区域分布曲线图,如图7-16所示。可见曲线波动较为平缓,呈现左右不对称的单峰分布特征。对原始数据曲线进行拟合处理,得到图7-16中的浅灰色曲线,以此曲线作为分峰的基础。

样品晶粒区域分峰结果如图7-17所示。针对CN样品,对拟合曲线进行分峰处理,其结果如图7-17(a)所示,图中灰线为分峰结果。结果表明,拟合曲线可以分为两个正态分布,标准误差为1.7725×10^{-15}。第一个正态分布的中心为45.722,最大幅度为2.9808,积分面积为75.31989;第二个正态分布的中心为58.447,最大幅度为8.3790,积分面积为126.67444。峰的数量表示所含有相的总数,而每一峰的积分面积则近似表示对应该相的百分含量。由此可知,该区域

图 7-15 BC 直方图

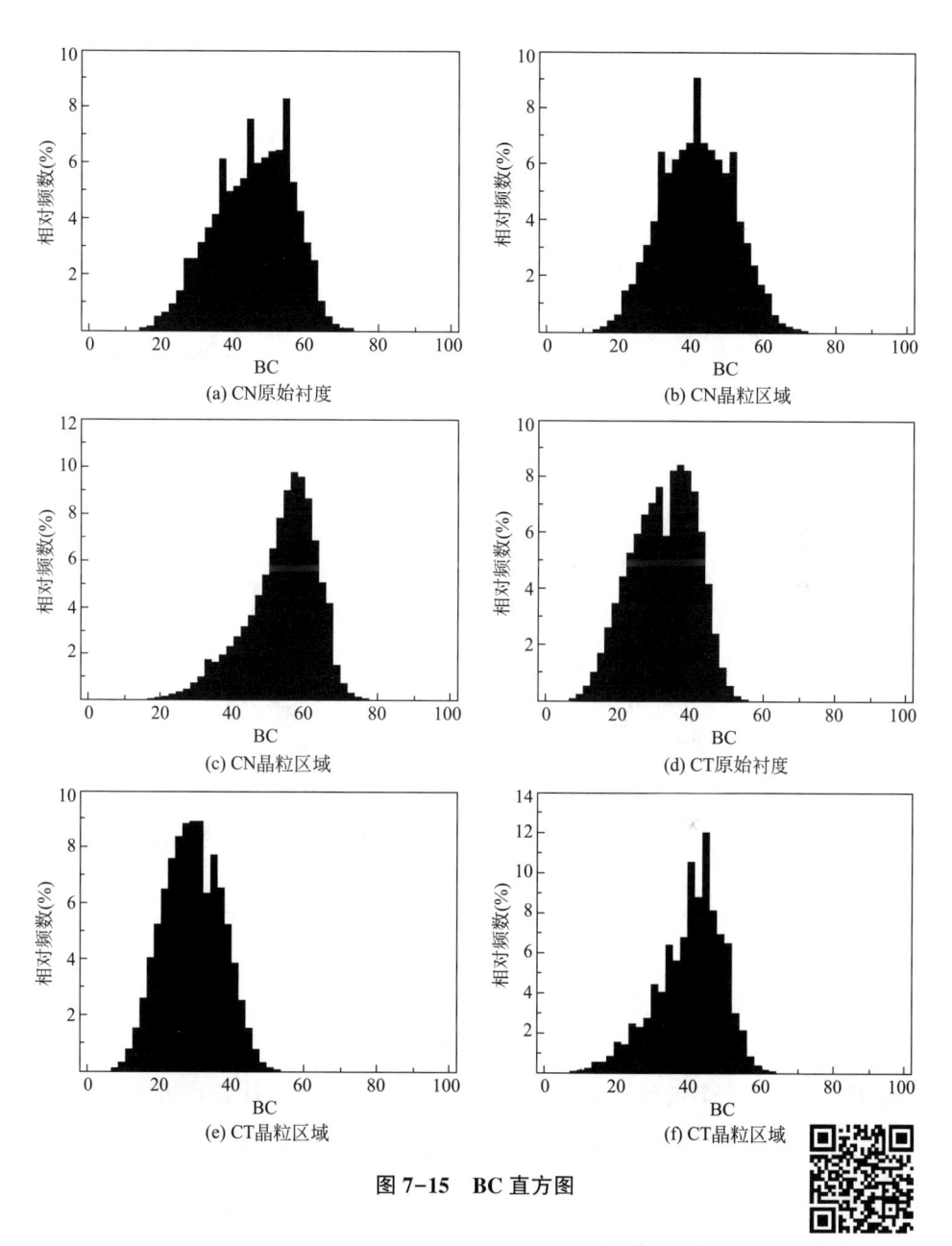

分别为缺陷密度较高的马氏体晶体结构和缺陷密度较低的贝氏体晶体结构,其百分含量分别为 37.29% 和 62.71%。

针对 CT 样品,对拟合曲线进行分峰处理,其结果如图 7-17(b) 所示,图中浅灰线为分峰结果。结果表明,拟合曲线可以分成两个正态分布,标准误差为

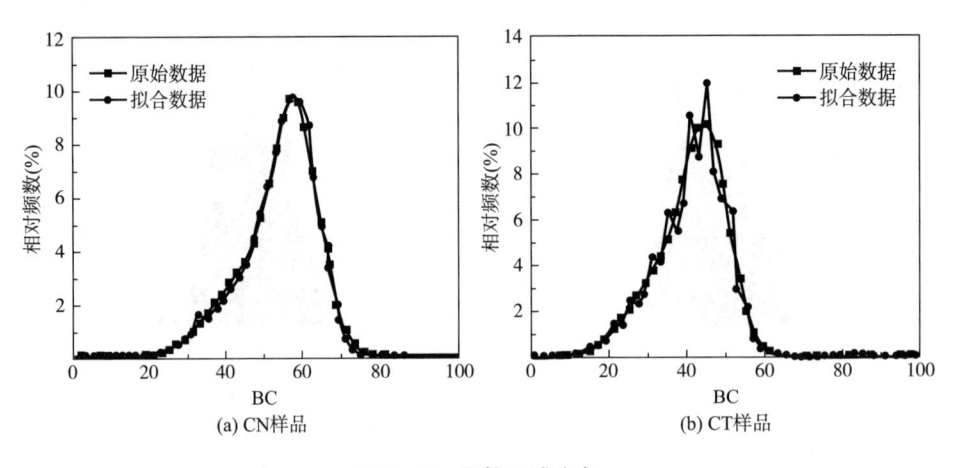

图 7-16 晶粒区域分布

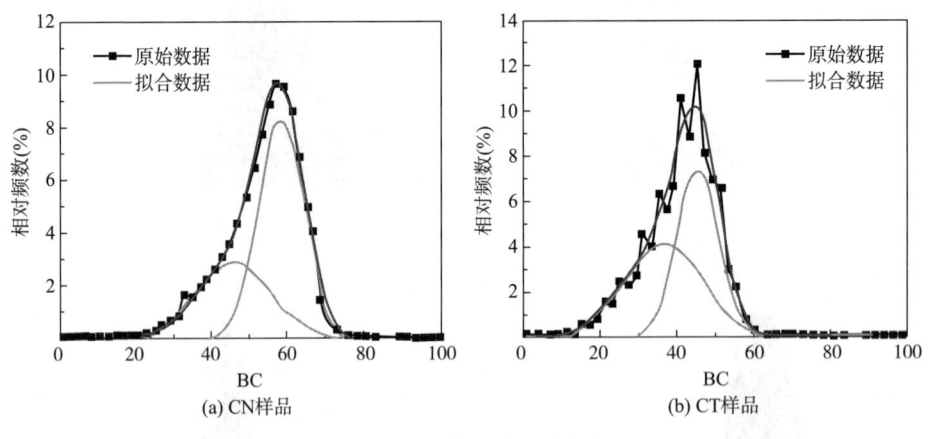

图 7-17 晶粒区域分峰结果

4.8995×10^{-15},第一个正态分布的中心为 36.248,最大幅度为 4.1745,积分面积为 102.6254;第二个正态分布的中心为 45.179,最大幅度为 7.4586,积分面积为 97.7497。同上,马氏体晶体结构和贝氏体晶体结构的百分含量分别为 51.22% 和 48.78%。

样品晶粒尺寸如图 7-18 所示。从晶粒尺寸分布来看,凯斯机型的摘锭的基体材料在电磁处理后的晶粒尺寸与处理前相比没有显著变化,处理前后晶粒分布区域较一致。可见电磁处理对晶粒尺寸影响不大。

综上可知,凯斯机型的摘锭基体材料经过电磁处理后,基体中贝氏体晶体

(a) CN样品 (b) CT样品

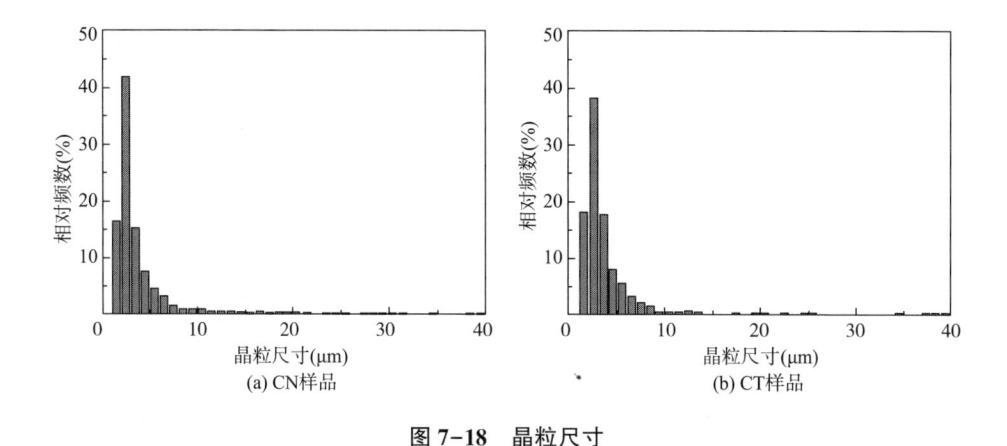

图 7-18　晶粒尺寸

结构含量减少,马氏体晶体结构含量增加。这意味着部分亚稳定状态的贝氏体晶体结构转变为马氏体晶体结构,但晶粒尺寸并未发生变化。通常情况下,与贝氏晶体结构相比,马氏晶体结构具有更高的强度和韧性。

在棉纤维的初步整理和加工过程中,纤维之间以及纤维与其他表面之间会发生摩擦,产生阻力。当摩擦面处于相对滑动状态但没有切向力作用时,这个阻力称为摩擦力。根据经典的摩擦理论,摩擦接触位置的压力增大时,摩擦力也会随着增大。但现代摩擦理论指出,切向阻力不与压力成稳定比关系。无论纤维的正压力是否为零,纤维在相互滑动时切向阻力是一直存在的。棉纤维集合体中的纤维在正压力等于零时,其产生的切向阻力使得棉纤维能够互抱成团。

三、摘锭电磁处理的田间试验

棉花机械化采收具有非常显著的季节性作业性质,就新疆地区而言,南疆地区棉花机械化采收时间晚于北疆地区。南疆机采收一般在每年 9 月末或 10 月初试采,11 月初结束。采收季节昼夜温差较大,天气干燥、湿度小。棉花在机采之前已喷洒过脱叶剂,棉花脱叶率超过 95%,棉秆/壳硬而脆。机采采收时,棉铃开裂吐絮率达 90% 以上,但也有少量的青铃未成熟。

国外机采棉主要采用单行、等行距的棉花种植模式。新疆生产建设兵团是我国最大的机采棉基地,为了推广和适应棉花机械化收获,新疆生产建设兵团主要推行(66+10)cm 的种植模式。但是,近几年来也有部分团场试行 76cm 等行距的机采棉种植模式。为了提高棉花机械化采收效率,市场上主要机型采棉机都实行 2 行并采模式。

棉花的机械化采收对培育品种的要求很高,例如,纤维长度应超过 30mm,整齐度大于 85%;棉花枝秆匀称、通风透光性好,具有较强的抗倒伏性能,且根系发达;成熟性一致,棉桃分布均匀、脱落率低;苞叶、叶片中等偏小,易脱落;株型紧凑,节位高度为 30~40cm 为宜。此外,为了有效提高机采棉的纤维品质,棉铃重量在 5.8~6.3g 之间,尽量减少遗留棉、撞落棉,以提高采净率、采棉机工作效率以及后续的田间清理工作。目前新疆生产建设兵团南疆地区(尤其是第一师)主要推行种植的机采棉品种为新陆中 37 号(新疆塔里木河种业股份有限公司,原代号 A-27)。该品种株属中早熟陆地棉,生育期 140 天左右,高约为 75cm,单铃重约为 5.5g,株形较松散,丰产性突出、抗病性强,适合在新疆南疆地区推广种植。据统计,该品种占南疆地区棉花种植面积的 45% 以上。

电磁处理后的摘锭在田间的实际工作能力,是检验耐磨性是否提高的客观评价标准。影响摘锭摩擦学性能的因素有很多,包括棉花种植的地理位置、落叶剂的使用情况、棉花的长势、采棉机的保养、采棉机驾驶员的操作水平等。这些因素会间接或直接影响采棉机摘锭的摩擦学性能。因此,田间试验应尽量选择具有代表性的棉田,以确保测试结果具有广泛适用性。

(一)田间试验设计及方法

摘锭电磁处理前后的耐磨性田间对比试验在新疆生产建设兵团第一师十团七连进行,试验所用采棉机为凯斯 620 机型,棉花种植品种为新陆中 37 号,种植模式为(66+10)cm,实行 2 行并采模式。试验田地势平坦,棉花长势均匀。

为了确保对比试验中的摘锭工作条件尽可能一致,电磁处理前后摘锭安装在同一台采棉机的 5 号滚筒上,并交替安装。具体操作如下:未处理的摘锭和处理后的摘锭分别安装在相邻的摘锭座管上。由于靠近滚筒下部的摘锭磨损较为严重,试验从滚筒下部开始,依次安装 15 根摘锭,每个位置安装 6 根摘锭座管,共计 90 根摘锭。

摘锭的采样按照间隔 1000 亩采样一次,电磁处理前后的摘锭各换取 3 根,换取位置从滚筒下部起第 8~10 排。

采棉机摘锭电磁处理前后的磨损形貌采用三维白光干涉表面形貌仪和佳能相机(EOS650D)进行测试,主要进行磨损形貌对比分析。三维白光干涉表面形貌仪用于获取摘锭不同阶段的表面粗糙度参数。所有摘锭在测试前经过丙酮和无水乙醇的超声清洗,清除表面污垢和杂质,确保测试结果的准确性。

摘锭表面形貌测试示意图如图 7-19 所示。根据摘锭的结构特征,所有钩齿凹槽底部与圆锥表面的交线形成一直线,在测试磨损表面形貌时,选取该直线为相机水平移动方向。摘锭在测试过程中采用六点定位原则,钩齿尖端对应平面的法线方向始终垂直向上。为了对比分析各个钩齿表面的磨损程度,从摘锭头部起依次进行钩齿表面形貌测试。由于摘锭头部钩齿磨损较为严重,本试验选取了从头部起连续 8 个钩齿进行对比分析,依次标记为 1~8。

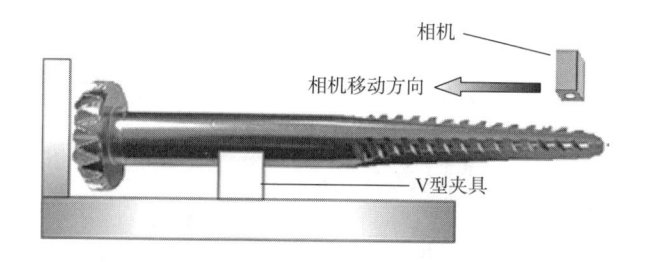

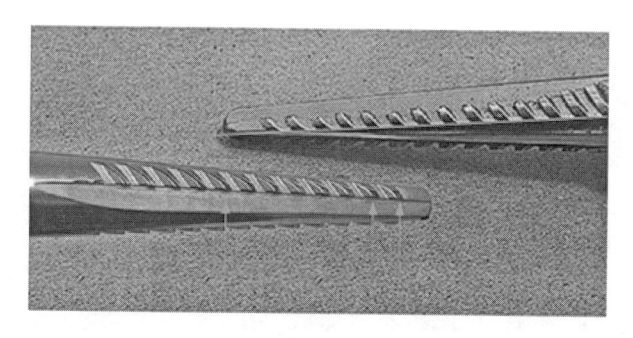

图 7-19 摘锭表面形貌测试示意图

(二)田间试验结果分析

摘锭表面不同钩齿在相同的采摘时间内,宏观磨损形貌不一致,同一根摘锭相同位置的钩齿磨损情况也有差异。此外,同一批次的摘锭经加工和电镀铬涂层后,不同摘锭相同位置钩齿的尺寸精度有差异,存在个别钩齿齿尖断裂的情形。因此严格对比分析不同采摘阶段相同位置钩齿磨损形貌有很大的困难。

对比分析新摘锭电磁处理后采摘 1000 亩、2000 亩、3000 亩的摘锭和未经电磁处理采摘 3000 亩的摘锭,依次对摘锭第 1 齿到第 8 齿连续测试,各摘锭不同阶段钩齿表面磨损形貌如图 7-20 所示。为了描述整个钩齿表面在不同阶段的磨损形貌变化,选择新摘锭钩齿齿尖左上顶点为左侧参考坐标。一般情况下,钩齿凹槽底部磨损较少,且与摘锭圆锥表面交线为一直线,因此选择该直线左端点为右侧参考坐标(新摘锭钩齿)。图 7-20 中的虚线为参考坐标线。

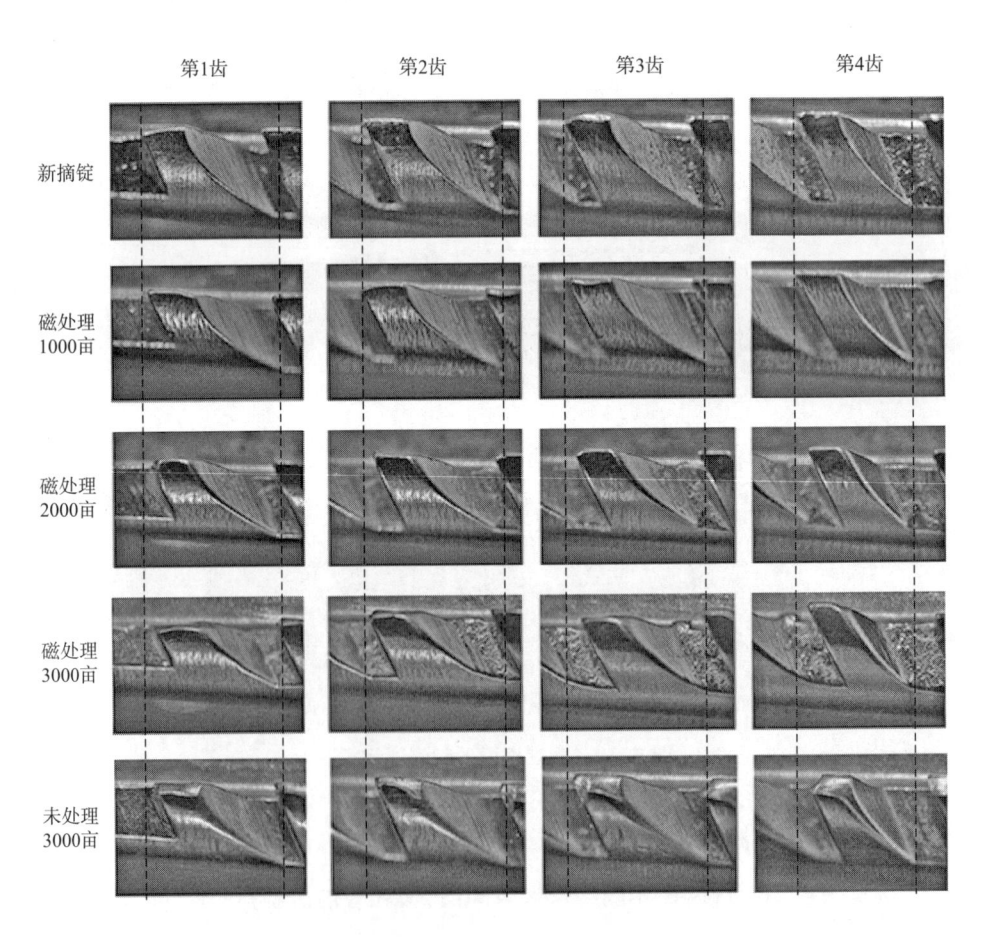

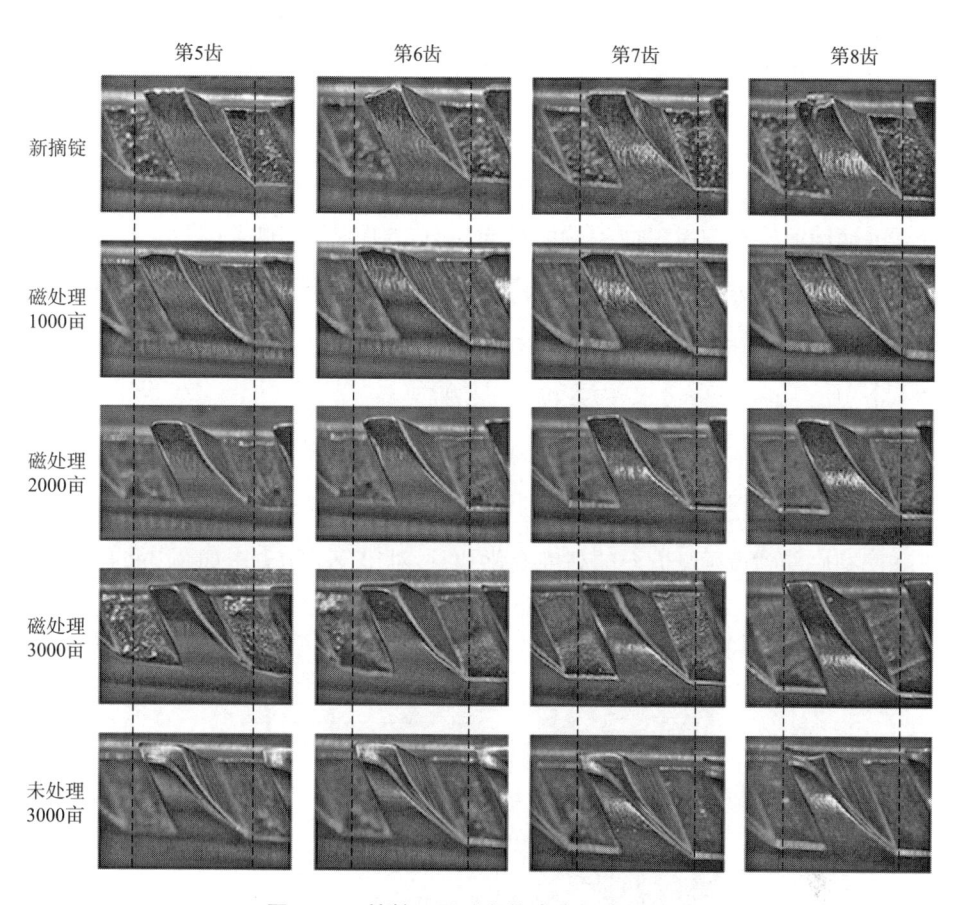

	第5齿	第6齿	第7齿	第8齿
新摘锭				
磁处理 1000亩				
磁处理 2000亩				
磁处理 3000亩				
未处理 3000亩				

图 7-20 摘锭不同阶段钩齿表面磨损形貌

从图 7-20 可以看出,随着采摘时间的增加,钩齿棱边变圆滑,采摘中期棱边涂层出现磨穿。齿尖出现折断和变钝,钩齿表面的磨损增加,表面涂层出现脱落和磨穿。以左侧参考线为基准,齿尖逐渐偏离该基准,表明齿尖随采摘时间增加磨损逐渐扩大,第 1 齿到第 4 齿表现得尤为突出,第 5 齿到第 8 齿次之。同时可以看出,钩齿磨损程度从头部开始依次减轻。从右侧参考线可以看出,钩齿凹槽底部基本未出现磨损。

从电磁处理后采摘 1000 亩、2000 亩、3000 亩的摘锭表面磨损形貌可以看出,表明钩齿表面磨损差异并不明显,未出现涂层损坏和脱落现象。相比采摘 1000 亩的摘锭和采摘 2000 亩的摘锭,采摘 3000 亩的摘锭钩齿棱边稍有圆滑、齿尖变钝,摘锭钩齿表面粗糙度有所降低。

对比分析磁处理后采摘 3000 亩的摘锭和未经电磁处理采摘 3000 亩的摘锭表面形貌,可以看出,表面磨损差异显著。电磁处理后的摘锭表面,涂层未出现磨穿和脱落,仅仅是钩齿齿尖变圆滑、钩齿棱边出现轻微磨损。而未经电磁处理的摘锭的所有钩齿表面尖端区域均出现涂层磨穿和脱落,齿尖已被磨损,抓取棉纤维的能力降低,钩齿棱边涂层逐渐磨穿,延伸至钩齿底部凹槽,形成了"扫把形"磨痕。由此可见,摘锭电磁处理后可有效提高表面耐磨性能,延长摘锭生命周期,降低运营成本,显著提升机采棉品质。

为了进一步描述摘锭各个部位钩齿的磨损变化,测试了相同部位钩齿形貌的相对变化。建立如图 7-21 所示的测量参考坐标,测试钩齿齿顶 x 方向的宽度和凹槽底部到齿顶 y 方向的高度变化,磨痕对比分析示意图如图 7-21 所示。

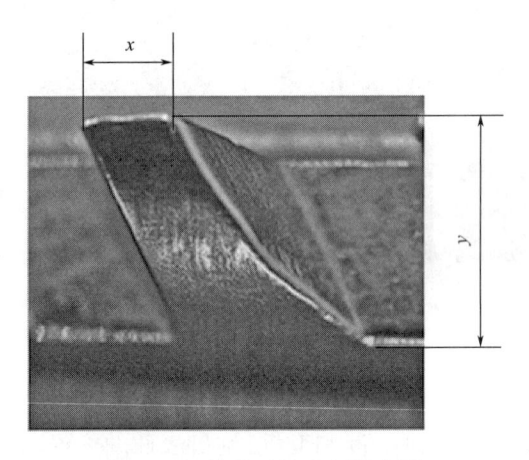

图 7-21 磨痕对比分析示意图

用相机(佳能 EOS650D)拍摄不同摘锭相同部位钩齿,光学放大倍数为 3 倍,像素为 4.8μm。分别测量 x 方向的宽度和 y 方向的高度。根据钩齿位置与宽度和高度的变化进行磨痕对比分析,如图 7-22 所示。图中,C 表示凯斯机型,T 表示经电磁处理,N 表示未进行任何处理,数字表示采摘亩数(如 1000,表示采摘 1000 亩)。

从图 7-22(a)可以看出,未经处理 3000 亩摘锭 x 方向在相同位置磨损宽度最大,表明钩齿在宽度方向产生了较大的磨损。电磁处理后采摘1000亩、2000亩、3000亩的摘锭,钩齿 x 方向在相同位置磨损宽度变化不大,小于新摘锭。这主要是因为新摘锭的钩齿棱边和顶点清晰,未受到磨损,而电磁处理后的摘锭在采摘过程中齿尖逐渐磨损,棱角变圆滑,导致宽度减小。

图7-22(b)可以看出,新摘锭钩齿在 y 方向高度最大,是因为新摘锭未被磨损。第1齿到第4齿,磨损严重程度依次为未经电磁处理采摘3000亩,电磁处理后采摘3000亩、2000亩、1000亩的摘锭。相比未经电磁处理的采摘3000亩的摘锭,经电磁处理采摘3000亩的摘锭在 y 方向的耐磨性有明显的提高。第5齿到第8齿磨损较小,证明摘锭的磨损程度从头部开始逐渐减轻。

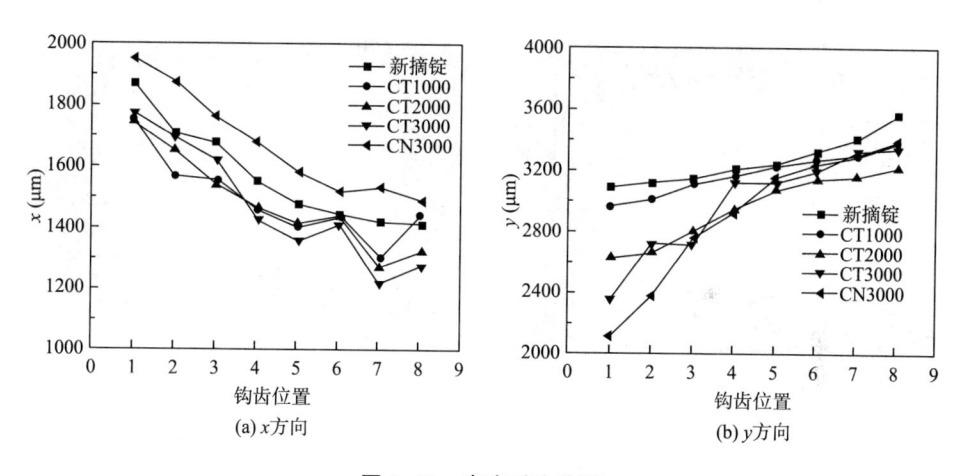

图7-22 磨痕对比分析

摘锭表面磨损形貌变化表明,随着采摘时间的增加,无论涂层是否脱落,摘锭钩齿表面都会变得更加光滑(本质上是表面粗糙度减小)。采摘后同一根摘锭每个钩齿表面粗糙度变化不一致(甚至新摘锭每个钩齿表面粗糙度有一定差异,在 $0.1\sim0.15\mu m$)。摘锭头部的钩齿磨损较为严重。为确保结果的普适性,选择摘锭第二个钩齿的表面进行粗糙度测试。

摘锭表面三维形貌及粗糙度如图7-23所示。图7-23(a)~(e)展现了摘锭钩齿表面三维形貌随采摘时间增加的变化。可以看出,新摘锭电镀铬涂层表面粗糙峰较大、颗粒堆积。随着采摘时间延长，粗糙峰逐渐降低，涂层表面更加光滑平坦。涂层表面出现深浅不一的沟槽，随粗糙峰高度的降低沟槽加深。

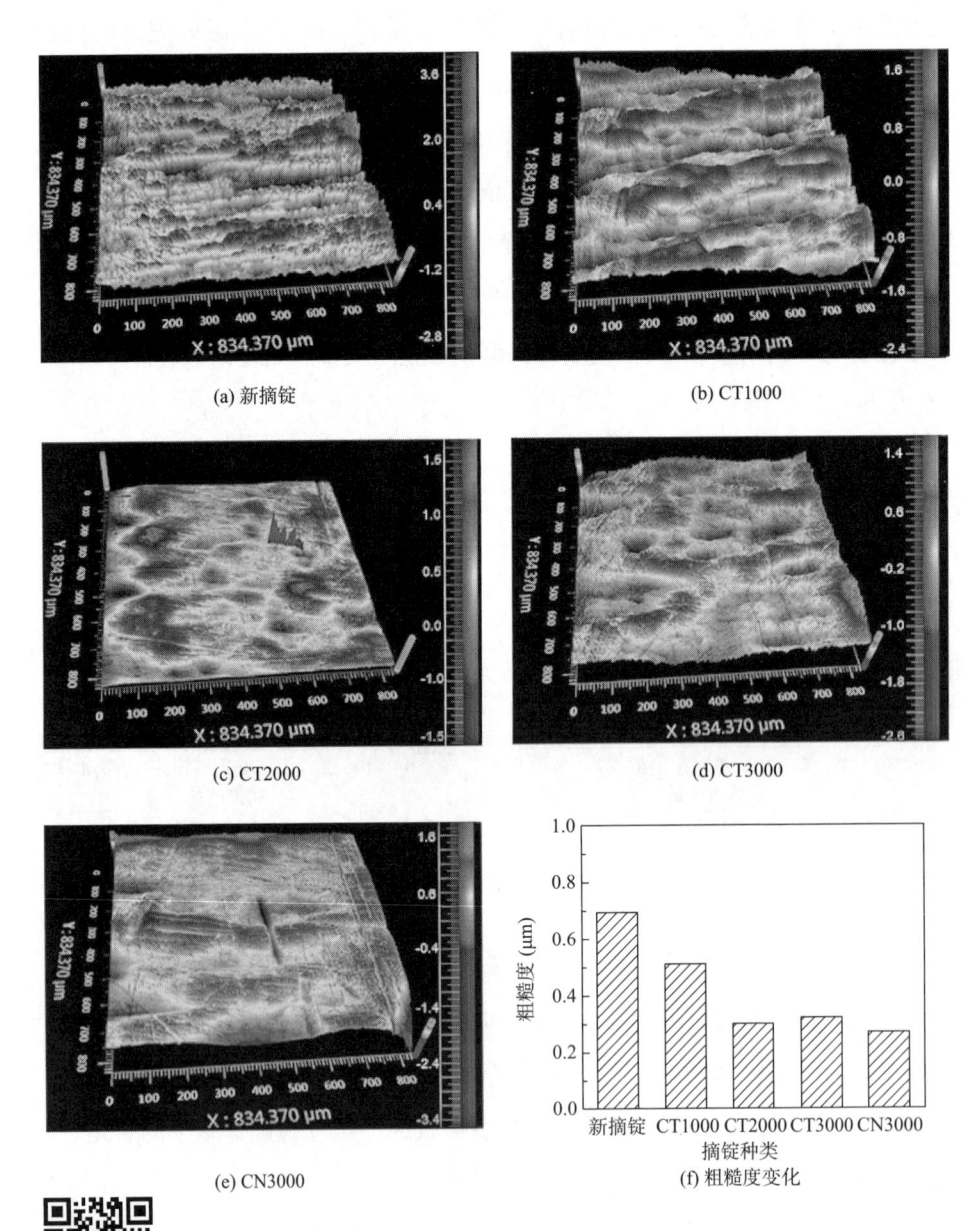

(a) 新摘锭

(b) CT1000

(c) CT2000

(d) CT3000

(e) CN3000

(f) 粗糙度变化

图 7-23 摘锭表面三维形貌及粗糙度

彩图

摘锭粗糙度变化如图 7-23(f)所示,随着采摘时间增加,钩齿表面粗糙度逐渐下降,新摘锭的 $Ra = 0.669\mu m$,采摘 1000 亩的摘锭的 $Ra = 0.52\mu m$。采摘 2000 亩后的摘锭表面粗糙度基本保持在 $0.3\mu m$ 左右,进入一个稳定状态。

第三节　摘锭 PVD-TiN 涂层处理

一、摘锭 PVD-TiN 涂层处理方法

本试验基体毛坯摘锭来自成都锐莱宝公司,材料为 20CrMnTi,总长度约为 121mm,中间杆部直径约为 12.3mm(镀铬后约为 12.38mm)。作为一种低碳合金钢,20CrMnTi 具有较高的机械性能和良好的渗碳、渗氮效果,在渗碳、淬火、低温回火后,表面硬度一般为 58~62HRC,由于其可加工性和抗疲劳性良好,并且适用于制造承受高速中载及冲击、摩擦的中小型尺寸高强度零件[19],常被作为采棉机摘锭基体材料使用。为减小试验误差,更好地与电镀铬涂层摘锭的耐磨性能进行对比,PVD-TiN 涂层制备试验基体材料选用 20CrMnTi(表 7-5)。

表 7-5　20CrMnTi 的化学元素组成(质量百分数)

C	Si	Mn	Cr	Ni	Cu	Ti	S	P
0.196%	0.229%	0.954%	1.192%	0.031%	0.028%	0.048%	0.0056%	0.014%

本试验中制备的 TiN 涂层靶材是纯度为 99.995% 的钛金属靶材。为了防止涂层制备过程中的打火现象以确保涂层的质量,在安装前用酒精对靶材进行超声波清洗,并在制备涂层前通过施加偏置电压对靶材进行辉光清洗。

涂层制备采用江苏中机凯博表面技术有限公司的多弧离子镀设备。试验开始时,电弧源靶材固定在涂覆室内壁上,通过定制的模具将样品固定在工件旋转框架上,靶材和基体之间的距离为 130mm。在沉积过程中,首先将涂覆室加热并抽真空后通入氩气,氩原子在高压下被电离成 Ar^+。氩离子通过电磁场作用对基体表面进行轰击,以去除污垢和杂质,随后进行镀膜工作。多弧离子

镀制备 TiN 涂层的主要工艺参数:电弧电流为 80A,电弧电压为 20V,基材偏压为 100V,占空比为 60%。涂层制备参数参考相关文献并结合现有设备进行预试验优化[19-22]。

二、摘锭 PVD-TiN 涂层与电镀铬涂层性能对比

(一) 微观结构对比

分别选取 PVD-TiN 涂层摘锭及电镀铬涂层摘锭为样品,实物图如图 7-24 所示。电镀铬涂层摘锭为成都锐莱宝公司生产。使用金相切割机从样品上切割出多组试样,选取若干,分别用于微观形貌及摩擦试验测试。试样尺寸不规则极大影响观测截面观测效果,故对观测试样进行预处理。先利用金相树脂对试样进行冷镶嵌,然后使用目数从粗到细的金相砂纸进行打磨,直至 2000 目,得到表面光滑的试验样品。使用平均粒径为 $3\mu m$ 和 $1\mu m$ 的金刚石悬浮液进行初步抛光,再使用平均粒径为 $0.04\mu m$ 的 SiO_2 悬浮液进行进一步抛光。

(a) 电镀铬涂层摘锭

(b) PVD-TiN涂层摘锭

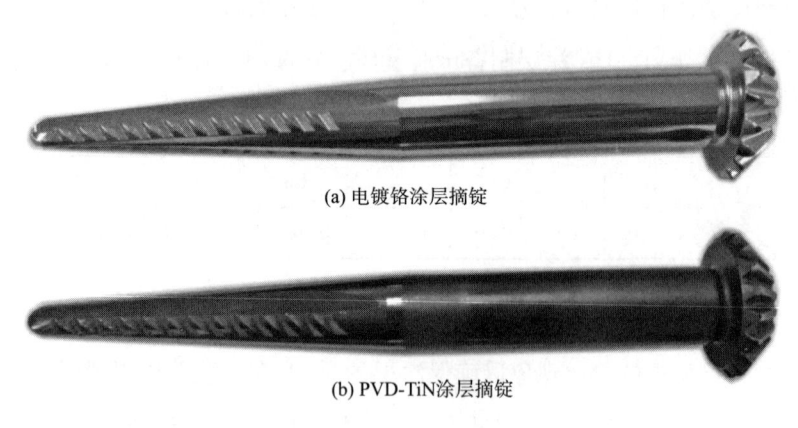

图 7-24 摘锭实物图

采用光学 3D 表面轮廓仪(SuperView)观测 PVD-TiN 涂层和电镀铬涂层摘锭试样的三维表面形貌并测量表面粗糙度,两种摘锭的三维表面微观形貌涂层如图 7-25 所示。两种试样各取 3 个,单个试样随机位置测量 7 次,去极值后取平均结果为 Ra 值。图 7-25(b) 中电镀铬涂层摘锭表面存在较多明显孔隙和个

别较高粗糙峰,经测试分析得到 PVD-TiN 涂层及电镀铬涂层摘锭表面粗糙度 Ra 分别为 $0.381\mu m$ 和 $0.503\mu m$。PVD-TiN 涂层摘锭表面粗糙度较小,这是由于 PVD 工艺所致。一般情况下,涂层表面轮廓形貌会受基体表面形貌的影响,基体表面粗糙度越高所制备的涂层表面粗糙度也越高。对于一些表面粗糙度有固定要求的零件,涂镀前可通过调整基体粗糙度来达到使用要求[23]。

(a) PVD-TiN涂层　　　　(b) 电镀铬涂层

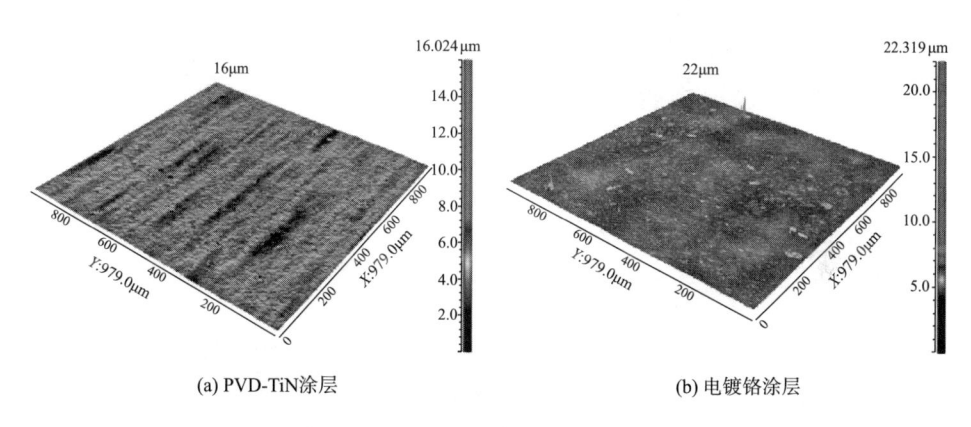

图 7-25　摘锭三维表面微观形貌涂层

涂层的表面形貌在很大程度上反映了其性能。通常,涂层表面越致密,裂纹和孔隙越少,其力学性能就越优越[24]。使用奥林巴斯 OLS5000 激光共聚焦显微镜(LCM)在 100 倍物镜下观测 PVD-TiN 涂层摘锭试样表面及三维形貌,如图 7-26 所示。图中可清楚地看到 PVD-TiN 涂层组织表面平整致密,呈"岛状"。

彩图

使用扫描电子显微镜(TM4000,Hitachi,日本)在 15kV 加速电压下对 PVD-TiN 涂层和电镀铬涂层摘锭试样表面微观结构进行多次观测,并对两种摘锭的表面微观形貌进行对比,选择具有清晰表征的图像进行详细分析如图 7-27 所示。从图 7-27(a)中可以看出,PVD-TiN 涂层组织结构紧密,表面粒子分布均匀,呈现"岛状"的特点,无明显的孔隙和裂纹。相比之下,图 7-27(b)中的电镀铬涂层存在明显的微裂纹和凹孔等缺陷,微裂纹是影响电镀铬涂层表面性能的主要原因[24-26]。

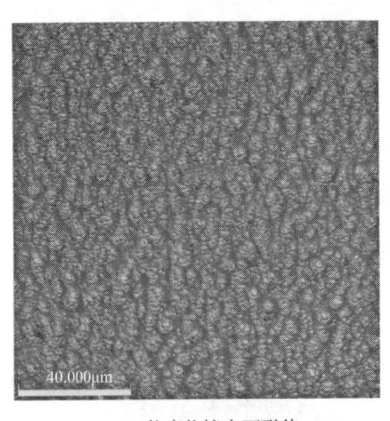

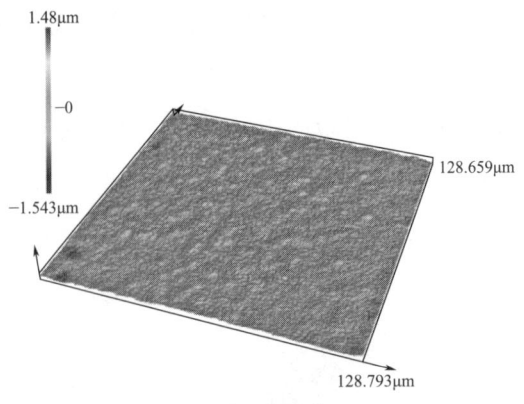

(a) 100倍率物镜表面形貌　　　　　　(b) 100倍率物镜三维形貌

图 7-26　PVD-TiN 涂层摘锭试样表面及三维形貌

彩图

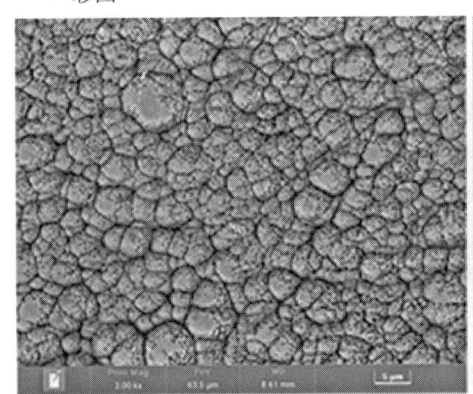

(a) PVD-TiN 涂层摘锭　　　　　　(b) 电镀铬涂层摘锭

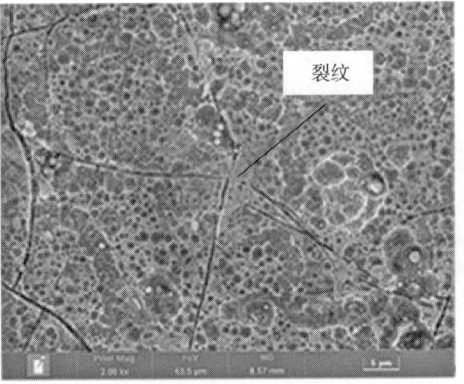

图 7-27　表面微观形貌

彩图　　　　　为观察 PVD-TiN 涂层的截面形貌、厚度以及与基体的结合情况,使用扫描电镜对 PVD-TiN 涂层摘锭试样截面进行微观形貌拍摄,如图 7-28 所示。由图 7-28(a)可见,PVD-TiN 涂层摘锭试样截面涂层部分无明显缺陷,涂层厚度为 12μm 左右,呈连续结构的单层涂层,涂层和基体之间没有裂隙,与基体结合程度较好。图 7-28(b)为电镀铬涂层摘锭试样截面形貌,电镀铬涂层摘锭试样的涂层厚度为 38μm 左右。

(a) PVD-TiN摘锭

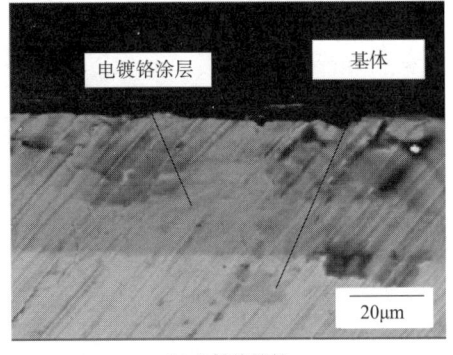

(b) 电镀铬摘锭

图 7-28　摘锭横截面微观形貌

利用 EDS 分析两种摘锭试样表面涂层的元素成分组成，PVD-TiN 涂层摘锭表面涂层中，Ti 与 N 的元素质量百分数分别为 78.17%、21.83%，可知其原子数量接近 1∶1，证明主要成分为 TiN，电镀铬涂层摘锭表面涂层中 Cr 元素质量百分数占 96.25%，可知主要成分为 Cr，PVD-TiN 涂层及电镀铬涂层 EDS 成分分析见表 7-6。

彩图

表 7-6　PVD-TiN 涂层及电镀铬涂层 EDS 成分分析（质量百分数）

项目	Ti	N	Cr	Si	C	合计
PVD-TiN	78.17%	21.83%	—	—	—	100%
电镀铬	—	—	96.25%	0.10%	3.65%	100%

(二) 涂层力学性能对比

试样表层显微硬度及弹性模量使用高精度纳米压痕测试系统（TI980，Hysitron，美国）进行表征，如图 7-29 所示。试验载荷为 10mN，加载时间为 2s。为减小误差，两种摘锭试样各取 9 个，单个试样测试 3 次，测试结果取平均值，共得到 9 组数据。取点位置为试样同一条垂直高线的 1/4 处、2/4 处和 3/4 处。

纳米压痕测试技术常用的方法由奥利弗和法尔提出[26]。为了从试验测量得到的载荷—深度（$F—d$）曲线中计算出试样的弹性模量和硬度，需要精确测

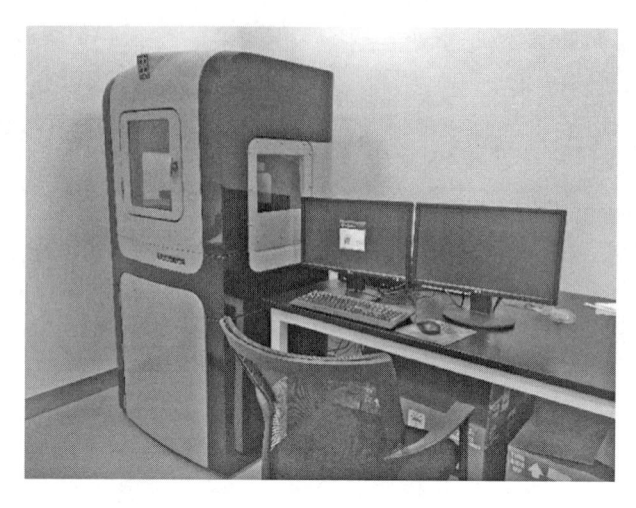

图 7-29 纳米压痕测试系统

量出试样接触刚度和接触面积，在此基础上进行计算。$F—d$ 曲线的卸载部分拟合式为：

$$F = a(d - d_f)^b \tag{7-1}$$

式中，a、b 为拟合参数；d_f 为卸载后残余深度。

$$S = \frac{d(F)}{d(d)} = ab(d - d_f)^{b-1} \tag{7-2}$$

式中，接触刚度 S 为 $F—d$ 卸载曲线在 95% 最大加载点处的斜率。

$$r_c = \sqrt{R^2 - (R - d_c)^2} \tag{7-3}$$

式中，R 为压头半径；d_c 为压头下压深度，为投影半径。

$$A = \pi r_c^2 \tag{7-4}$$

式中，A 为投影面积。

$$E_r = \frac{S\sqrt{\pi}}{2\sqrt{A}} \tag{7-5}$$

式中，E_r 为折减模量。

$$\frac{1}{E_r} = \frac{1-v^2}{E} + \frac{1-v_i^2}{E_i} \tag{7-6}$$

式中，V 为材料泊松比；E 为材料弹性模量。

$$H = \frac{F_{\max}}{A} \quad (7-7)$$

式中，H 为材料硬度；$F_{\max}$ 为最大载荷。

弹性模量和硬度是评价涂层力学性能的关键指标。采用纳米压痕测试系统测试得出的两种摘锭表面涂层纳米硬度和弹性模量分别如图 7-30 和图 7-31 所示。结果表明，PVD-TiN 涂层的硬度和弹性模量均明显高于电镀铬涂层。两种涂层的弹性模量和纳米硬度见表 7-7。PVD-TiN 涂层摘锭表层平均硬度为 20.57GPa，约为电镀铬涂层摘锭表层硬度的 2.5 倍。材料的纳米硬度与弹性模量的比值（H/E）可用于评估其相对耐磨性。通常，H/E 值越大，材料的耐磨性和抗弹性应变的能力越强[27-28]。表 7-7 显示，PVD-TiN 涂层的 H/E 值为 0.0937，约为电镀铬涂层的 2.2 倍。这表明，PVD-TiN 涂层具有更优的耐磨性和弹性应变抵抗能力。

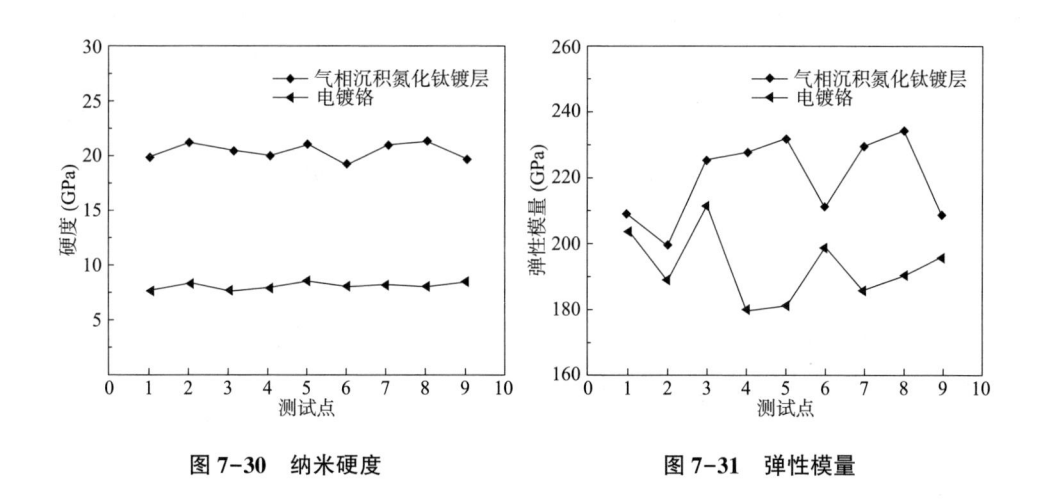

图 7-30 纳米硬度

图 7-31 弹性模量

表 7-7 弹性模量和纳米硬度

类型	数值	弹性模量（GPa）	纳米硬度（GPa）	H/E
电镀铬	最大值	211.24	8.69	0.0426
	最小值	181.13	7.73	

续表

类型	数值	弹性模量(GPa)	纳米硬度(GPa)	H/E
电镀铬	平均值	192.73	8.21	0.0426
	标准差	10.48	0.34	
	最大值	234.03	21.38	
PVD-TiN	最小值	199.27	19.41	0.0937
	平均值	219.52	20.57	
	标准差	12.63	0.73	

(三)涂层塑性变形对比

PVD-TiN 涂层和电镀铬涂层摘锭试样在 10mN 压入载荷下的载荷—深度曲线如图 7-32 所示。纳米压痕测试通常采用负载控制或位移控制模式,本试验选择负载控制模式。测试过程分为三个阶段:加载、保持和卸载。在加载阶段,压头向试样表面施加压力,达到设定深度停止;进入保持阶段,通常为持续加载时间的十分之一;最后是卸载阶段,压头从试样底部撤回。通过分析两种涂层的荷载—深度曲线,可以观察到,在曲线的峰值处,PVD-TiN 涂层在较短的位移下就达到了与电镀铬涂层相同的载荷,位移深度越小投影面积就越小,此时根据硬度计算公式得到,PVD-TiN 涂层摘锭表面具有更大的硬度。材料的刚度可根据卸载曲线的斜率求得,通过计算,得到 PVD-TiN 涂层摘锭表面具有更大的刚度,且由于投影面积较小,根据弹性模量公式可以计算出 PVD-TiN 涂层摘锭表面的弹性模量更大。对比数据表明,PVD-TiN 涂层摘锭表面力学性能要远胜于电镀铬涂层摘锭。图中加载卸载曲线和位移距离所围成的区域代表涂层所吸收的能量,即塑性变形功[29]。塑性变形功越大表示所产生的塑性变形越严重,如图 7-32 所示,电镀铬涂层摘锭表面塑性变形功为 PVD-TiN 涂层摘锭的 2.38 倍,表明相同载荷下,电镀铬涂层摘锭表面发生的塑性变形大于 PVD-TiN 涂层摘锭。

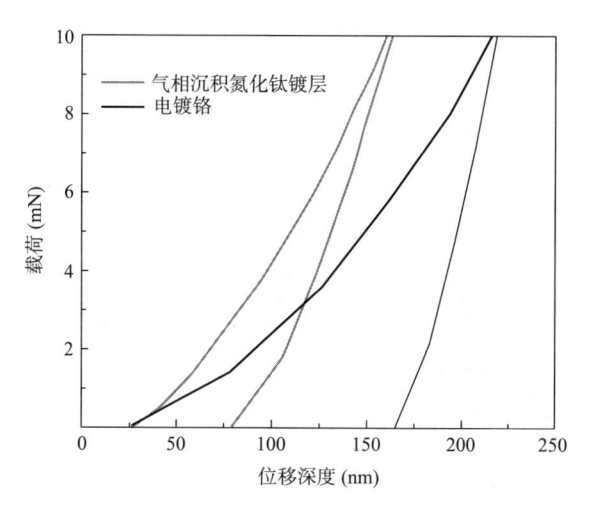

图 7-32 载荷—深度曲线

三、摘锭 PVD-TiN 涂层与电镀铬涂层摩擦磨损试验分析

(一) 摩擦磨损试验装置及方案

由于摘锭在工作过程中会随时间推移导致磨损情况加剧,因此,采用济南益华摩擦学测试技术有限公司设计生产的 MXW-1 型旋转往复式摩擦磨损试验机,如图 7-33 所示,分别对多组 PVD-TiN 涂层摘锭和电镀铬涂层摘锭试样进行了干摩擦试验,以评估它们的摩擦磨损性能。摩擦磨损试验机主要由旋转试验系统、直线往复试验系统、试验力加载系统、试样装夹模块系统、信号采集处理及电气控制系统等部分组成,适用于多种材料表面及涂层的摩擦学性能测试。

本节采用直线往复试验系统进行往复式摩擦磨损试验。该系统主要由直线位移传感器、直线往复电机、拉杆紧固件和往复模块拉杆等组成。变频调节范围为 1~80Hz。该系统可精准的控制往复频率和往复位移大小,稳定性良好。

在摩擦磨损试验中,相同载荷下涂层表面粗糙度较高会使对磨物体表面间

图 7-33　摩擦磨损试验机

的实际接触面积变小，压强增大，导致磨损加剧。为降低表面粗糙度对试验的影响，试验前将电镀铬涂层摘锭试样的表面粗糙度研磨至 0.38μm 左右，与 PVD-TiN 涂层摘锭的表面粗糙度接近。试验为干摩擦试验，在 20℃ 的室温下进行。试验前后试样分别在无水乙醇中进行 10min 超声清洗，以去除任何残留的污染物，然后在空气中干燥。工作方式选择往复运动（往复式摩擦工作台沿着正常施加载荷的磨球进行滑动），设定试验的法向载荷为 5N，频率为 5Hz，位移为 2000μm，上试样基材选用直径为 6.35mm 的 Si_3N_4 对磨球，硬度约为 78HRC，球形摩擦副与试验样品之间为点接触摩擦，以更好地保持摩擦运动轨迹。摩擦时间设定为 30min、60min 和 90min。试验过程中产生的磨损碎屑不会从表面清除。试验中一些摩擦学性能，如摩擦系数，通过连接到球体顶部固定装置的传感器进行直接测量。试验结束后，采用 DinoCapture2.0 便携式显微镜在 200 倍率下观测试样表面磨痕形貌，采用 3D 表面轮廓仪在 10 倍物镜下观测试样表面三维磨痕形貌并测试磨损体积，采用精度为 0.01mg 的 SQP 电子天平对试样进行离线磨损失重结果测量。为保证试验准确性，每组分别进行 3 次平行试验，测试结果取平均值。摩擦磨损试验工作原理示意图如图 7-34 所示。

摘锭采摘过程中会与硬度不同的杂物接触造成接触受力不同，并且摘锭采

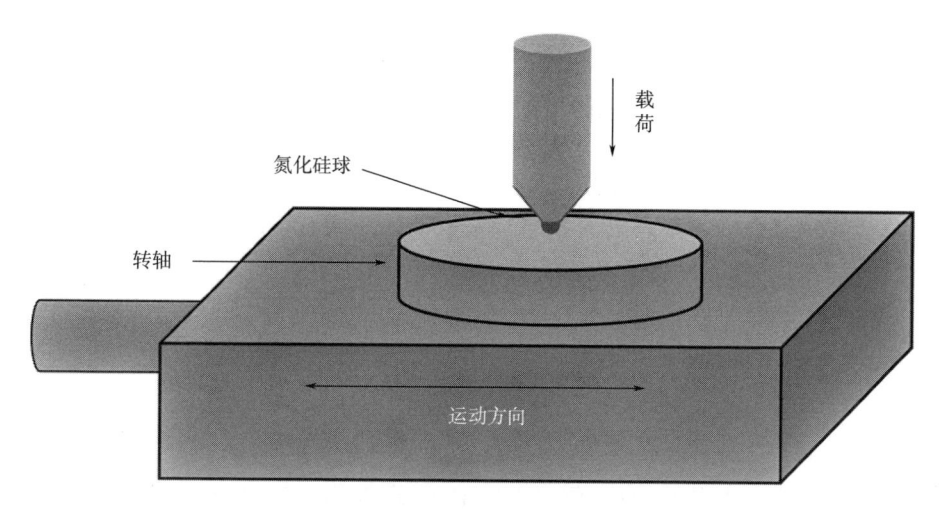

图 7-34　摩擦磨损试验工作原理示意图

摘效率受摘锭转速影响较大，由于摩擦系数的大小对磨损功耗有直接影响，为探究接触受力大小及转速对两种摘锭摩擦系数的影响，进而分析两种摘锭在不同接触载荷、不同频率下摩擦功耗的损失情况，故采用摩擦磨损试验机在不同载荷、不同频率下对两种摘锭试样进行了干摩擦试验，试验结果只针对摩擦系数这一参数进行分析。设定摩擦时间为 10min，位移为 1000μm，其余试验准备及条件无变化。

（二）摩擦系数分析

两种涂层摘锭试样摩擦试验 90min 内摩擦系数随摩擦时间变化的曲线如图 7-35 所示。由图 7-35（a）可见，PVD-TiN 涂层摘锭试样摩擦试验在 2200s 前，摩擦系数随摩擦时间增加逐渐增加，这可能是因为 PVD-TiN 涂层表面致密且硬度高于 Si_3N_4 对磨球所致，并且伴随摩擦时间增加，Si_3N_4 球与试样接触面积逐渐增大，所接触到的粗糙峰更多，致使摩擦系数呈递增趋势。在 2200~3500s 摩擦阶段，摩擦系数随着摩擦时间的增加至 0.64 左右后趋于平稳，随后缓慢下降，这是由于摩擦磨损过程中去除了对磨球表面粗糙度峰所致，导致接触区域变得更平滑，从而使摩擦系数降低。

试验在 3500~4250s 阶段时，PVD-TiN 涂层摘锭试样的摩擦系数波动较大并且达到最大值,这可能是由于磨屑中的硬质 TiN 颗粒造成的,对磨球与硬质颗粒之间的三体磨损造成摩擦系数的显著增加,此时的磨损机理主要为磨粒磨损。试验在 4250s 后,摩擦系数呈下降趋势并逐渐趋于稳定,最终稳定在 0.58 左右。这一趋势可能是由于对磨球与表面转移物质的相互摩擦所致,PVD-TiN 涂层摘锭试样表面材料转移现象对涂层表面仅造成了轻微损伤,这归因于 TiN 涂层具有较高的硬度。

图 7-35(b)为电镀铬涂层摘锭试样摩擦试验 90min 内摩擦系数随摩擦时间变化的曲线。试验在 1000s 前,电镀铬涂层摘锭试样摩擦系数随着摩擦时间的增加呈缓慢下降趋势,是由于电镀铬涂层表面缺陷较多所致。试验进行 1000s 后,摩擦系数趋于平稳,最终稳定在 0.62 左右。电镀铬涂层摘锭试样的摩擦系数波动范围较大且稳定较为迅速,原因可能是由于 Si_3N_4 对磨球硬度高于电镀铬涂层,导致摩擦时试样表面存在大量 Cr 金属颗粒,此时的磨损机理主要为粘着磨损。

(a) PVD-TiN涂层摘锭

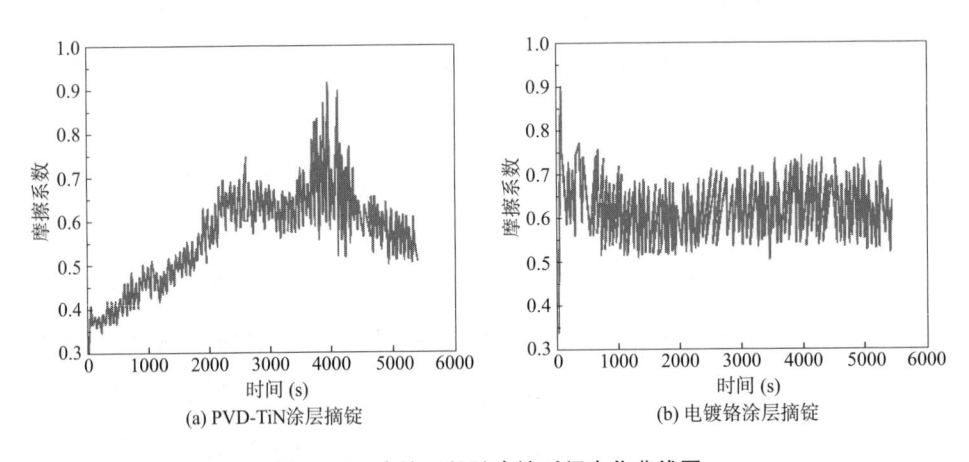

(b) 电镀铬涂层摘锭

图 7-35 摩擦系数随摩擦时间变化曲线图

图中对比可知,PVD-TiN 涂层摘锭试样在摩擦时间小于 2200s 及摩擦时间大于 4250s 时,摩擦系数小于电镀铬涂层摘锭。较低的摩擦系数可以降低工作时的摩擦功耗[30],因此相同工况下,PVD-TiN 涂层摘锭在此两阶段的摩擦功耗均小于电镀铬涂层摘锭。

设定摩擦频率为5Hz,法向载荷分别为10N、20N和30N,探讨载荷对两种涂层摘锭的摩擦系数的影响。

采收过程中摘锭不仅与棉花接触,还会与棉秆、空气中的沙土等物质接触,所以本节试验旨在探究不同接触载荷对摘锭的影响。如图7-36和图7-37所示,在相同摩擦时间下,随着接触载荷的增加,两个摘锭试样的摩擦系数均呈下降趋势。这是因为载荷增大后,造成摘锭表面接触深度和接触面积增加,单位压力减小,从而导致摩擦系数降低。

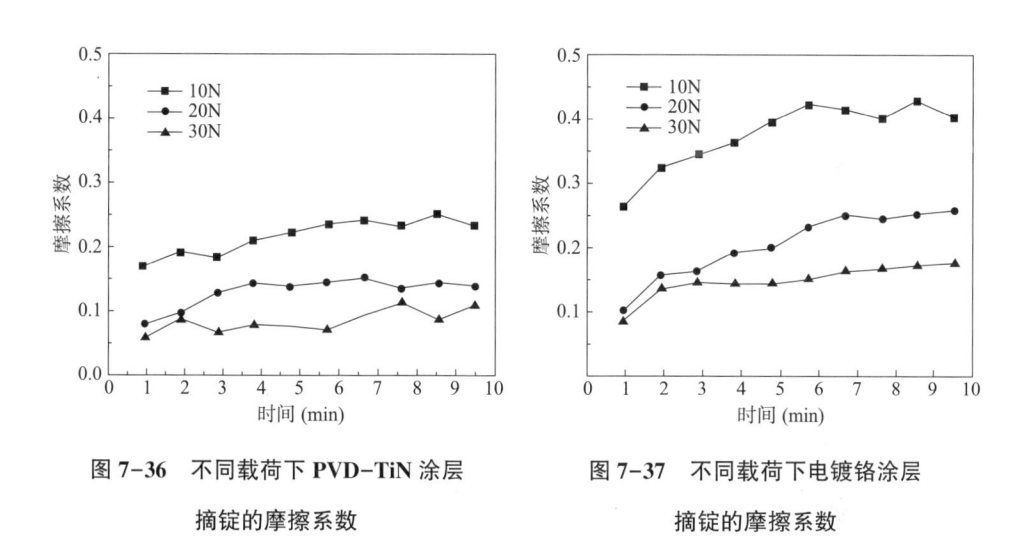

图7-36 不同载荷下PVD-TiN涂层摘锭的摩擦系数

图7-37 不同载荷下电镀铬涂层摘锭的摩擦系数

两图对比可发现,摩擦时间在10min内,相同载荷相同摩擦时间下PVD-TiN涂层摘锭试样表面的摩擦系数均小于电镀铬涂层摘锭,这表明此时在相同接触载荷下,PVD-TiN涂层摘锭的摩擦功耗较电镀铬涂层摘锭更小。

设定法向载荷为5N,摩擦频率分别为3Hz、4Hz和5Hz,探讨摩擦频率对两种涂层摘锭的摩擦系数的影响。

采收过程中摘锭的转速影响采摘效率和采净率,所以探究不同摩擦载荷对摘锭的影响是有必要的。一般认为,当摩擦副的相对滑动速度不造成材料表面性质发生改变时,摩擦系数与速度的大小几乎无关。然而在实际工况下,滑动速度会直接引起材料表面发生形变和磨损等现象,并对摩擦系数造成影响。不同频率下两种涂层摘锭的摩擦系数如图 7-38 和图 7-39 所示。相同摩擦时间下,随摩擦频率增加,两种摘锭试样摩擦系数均呈下降趋势,这可能是由于频率的增加,摘锭试样表面磨屑部分被甩出,减少表面摩擦与划损,表面更为平滑,故表面摩擦系数降低。由试验结果可知,摘锭旋转速度的增加可降低功耗的损失。

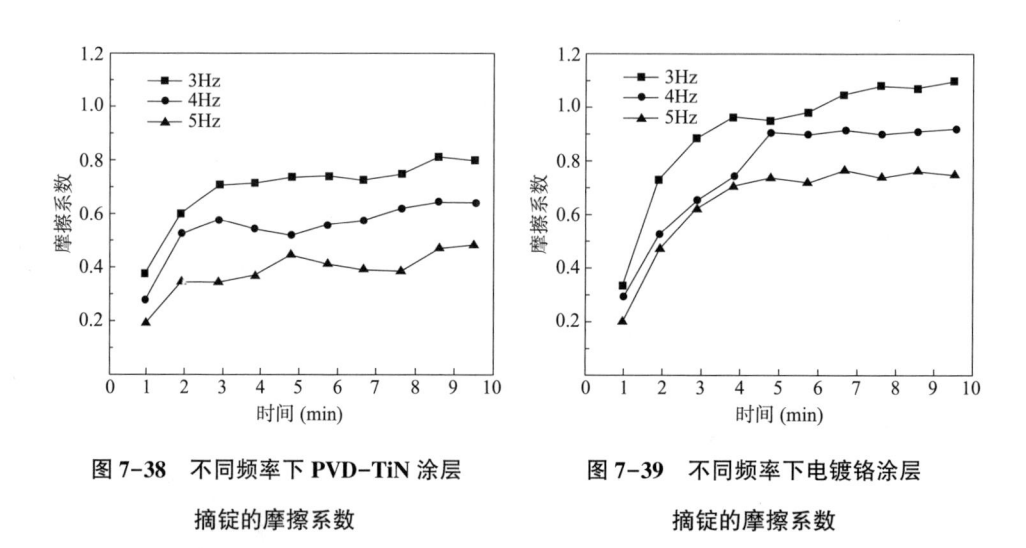

图 7-38 不同频率下 PVD-TiN 涂层摘锭的摩擦系数

图 7-39 不同频率下电镀铬涂层摘锭的摩擦系数

通过对比两图发现,在摩擦时间为 10min 且频率相同的情况下,PVD-TiN 涂层摘锭试样的摩擦系数始终低于电镀铬涂层摘锭试样,证明了 PVD-TiN 涂层摘锭的摩擦功耗较低,且受速度的影响较小。个别时间点 PVD-TiN 涂层摘锭试样的摩擦系数略高于电镀铬涂层摘锭,可能是由于 TiN 磨屑的影响。TiN 的硬度较高,导致表面划伤和磨损加剧,从而增加了摩擦系数。

(三) 磨损形貌分析

不同摩擦时间下便携式显微镜观测的 PVD-TiN 涂层摘锭和电镀铬涂层摘锭表面二维磨痕形貌图如图 7-40 所示。由图可看出,随摩擦时间增加,PVD-TiN 涂层摘锭和电镀铬涂层摘锭表面的磨痕形貌逐渐变宽。相同摩擦时间下,PVD-TiN 涂层摘锭涂层表面磨痕宽度小于电镀铬涂层摘锭,且未出现明显磨损犁沟。电镀铬涂层摘锭较 PVD-TiN 涂层摘锭表面磨损破坏更为严重,磨痕中心存在多条明显犁沟。电镀铬涂层摘锭表面磨损较严重,是由于 Si_3N_4 对磨球硬度高于电镀铬涂层所致。

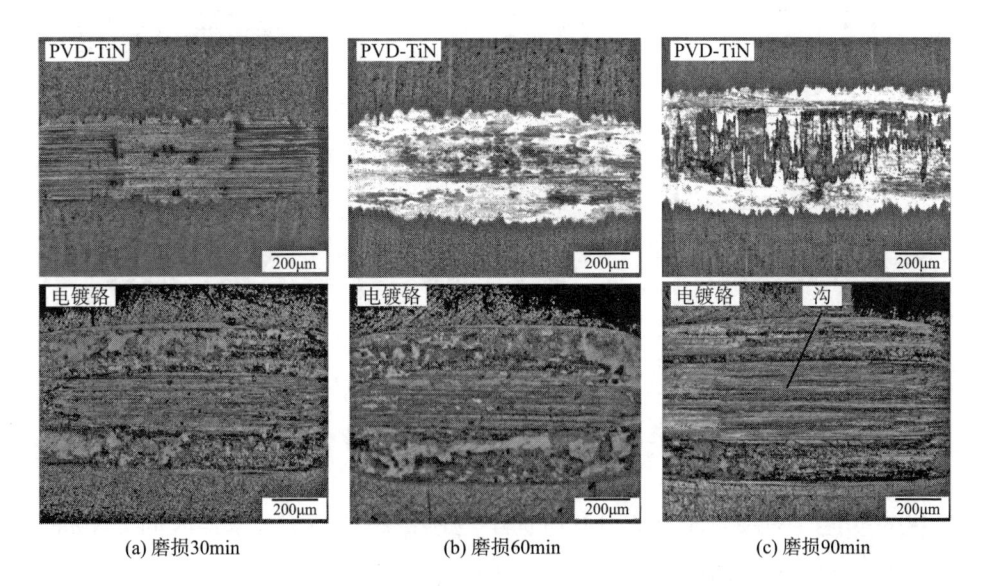

(a) 磨损30min　　(b) 磨损60min　　(c) 磨损90min

图 7-40　两种摘锭表面二维磨痕形貌图

不同摩擦时间下,使用 3D 表面轮廓仪观测的 PVD-TiN 涂层摘锭和电镀铬涂层摘锭表面的三维磨痕形貌图如图 7-41 所示。由于个别观测位置粗糙峰较高,图中右侧柱状色阶标尺不能代表实际磨损深度。但可看出随摩擦时间增加,PVD-TiN 涂层摘锭和电镀铬涂层摘锭表面磨痕深度逐渐加深且破坏逐渐严重。

分别为 PVD-TiN 涂层摘锭和电镀铬涂层摘锭在不同摩擦时间下的磨痕轮廓变化曲线分别如图 7-42、图 7-43 所示。随着摩擦时间的增加,PVD-TiN 涂层摘锭和电镀铬涂层摘锭表面的磨痕深度均逐渐加深。在相同摩擦时间下,电镀铬涂层摘锭的磨痕深度明显低于 PVD-TiN 涂层摘锭,表明 PVD-TiN 涂层表面具有更好的耐磨损性能。图中可看出,摩擦时间为 60min 时,电镀铬涂层摘锭的磨痕深度已大于涂层厚度 38μm,表明电镀铬涂层摘锭试样已露出基体,而此时 PVD-TiN 涂层摘锭的磨痕并未明显大于涂层厚度 12μm,表明 PVD-TiN

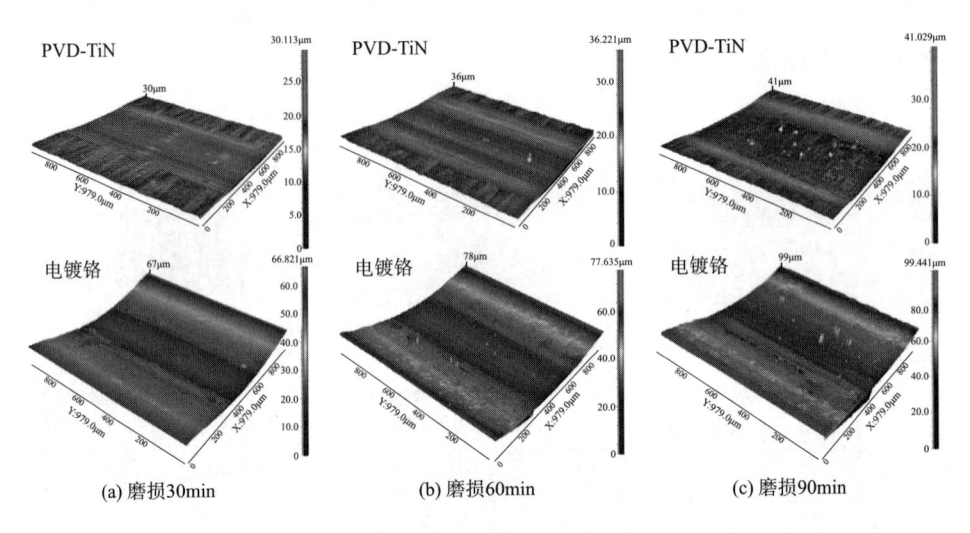

|（a）磨损30min|（b）磨损60min|（c）磨损90min|

图 7-41　两种摘锭表面三维磨痕形貌图

涂层摘锭的使用寿命优于电镀铬涂层摘锭。摩擦时间为90min时,电镀铬涂层摘锭的最大磨痕深度约为48μm,而PVD-TiN涂层摘锭最大磨痕深度约为15μm,此时两种试样的磨损轮廓最大深度均大于各自涂层厚度,表明了两种摘锭试样的涂层均已磨穿。

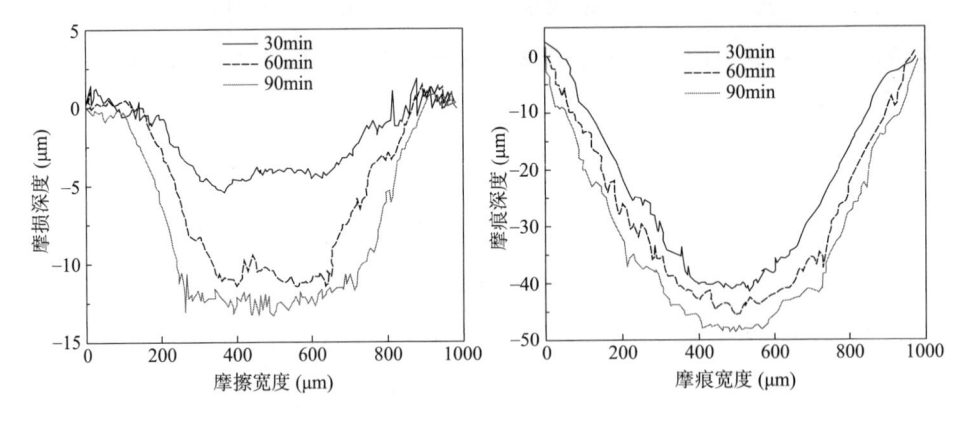

图 7-42　PVD-TiN涂层摘锭磨痕轮廓变化

图 7-43　电镀铬涂层摘锭磨痕轮廓变化

(四)磨损量及磨损率分析

摩擦试验前后,采用电子天平对摘锭试样进行称量,称量前均进行清洗工作。磨损量计算式为:

$$\Delta m = M - m \tag{7-8}$$

式中,M 为磨损前试样质量;m 为磨损后试样质量(mg)。

计算出两种涂层摘锭的磨损量变化如图 7-44 所示。图中,每组柱状图从左到右依次代表 PVD-TiN 涂层摘锭和电镀铬涂层摘锭。由图中数据可得知,相同摩擦时间、相同工艺参数下,电镀铬涂层摘锭试样磨损量远多于 PVD-TiN 涂层摘锭,摩擦时间为 90min 时,电镀铬涂层摘锭试样磨损量为 PVD-TiN 涂层摘锭的 6.8 倍。图中试验测量结果均为多次测量后平均结果。

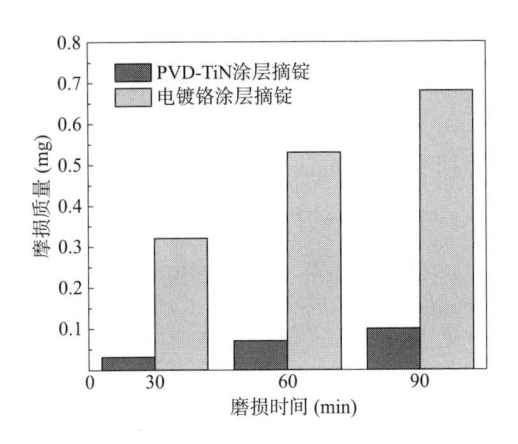

图 7-44 两种涂层摘锭磨损量变化

计算试验试样磨损率,首先采用 3D 表面轮廓仪对清洗后的摘锭试样进行多次磨损体积扫描,确定磨损体积后,磨损率计算式为:

$$W = V/(F \times d) \tag{7-9}$$

式中,W 为试样磨损率[$mm^3/(N \cdot m)$];F 为试验中施加的法向载荷(N);d 为移动距离(m);V 是损失体积(mm^3)。

PVD-TiN 涂层摘锭和电镀铬涂层摘锭在不同摩擦时间下的磨损率如图 7-45 所示。由数据可知,PVD-TiN 涂层摘锭试样的磨损率远低于电镀铬涂层摘锭,摩擦时间为 90min 时，PVD-TiN 涂层摘锭磨损率约为电镀铬涂层摘锭的 1/5。试验证明，PVD-TiN 涂层摘锭表面耐磨损性能远优于电镀铬涂层摘锭，PVD-TiN 涂层大大提高了以 20CrMnTi 钢为基体的摘锭表面的耐磨性。

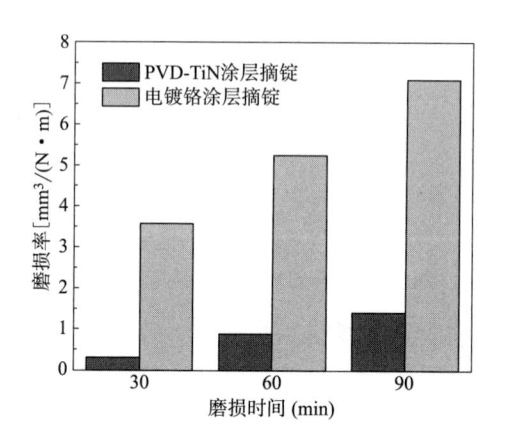

图 7-45　两种涂层摘锭磨损率变化

两种摘锭试样磨损试验 90min 后表面磨痕中心位置的能谱成分分析（EDS）如图 7-46 所示，两种摘锭试样均存在 Fe 元素且含量最多，表面此时两者磨痕中心表面均已露出基体，成分结果与磨痕轮廓结果相符。

(a) PVD-TiN 涂层摘锭　　(b) 电镀铬涂层摘锭

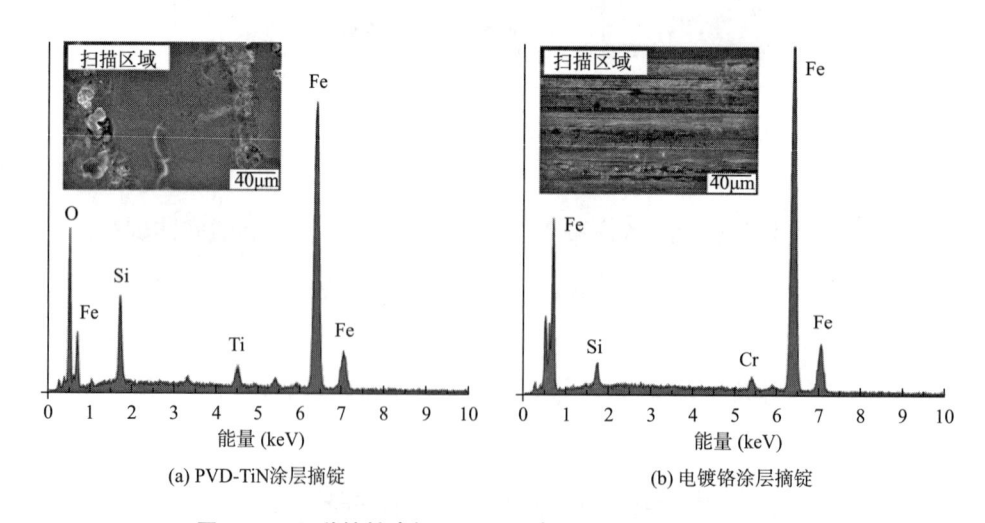

图 7-46　两种摘锭磨损 90min 后磨痕中心位置的 EDS 分析

四、摘锭 PVD-TiN 涂层和摘锭电镀铬涂层的田间试验

前文主要从试验角度通过摩擦磨损试验机上的 Si_3N_4 对磨球对 PVD-TiN 涂层摘锭和电镀铬涂层摘锭试样的耐磨性能进行测试分析。摘锭实际工作时一直保持与棉花等"软"材料进行接触，可能与试验结果有区别。为进一步对比 PVD-TiN 涂层摘锭与电镀铬涂层摘锭实际采摘工作时钩齿磨损情况，本章对两种摘锭进行了田间试验，并对采摘工作后的摘锭钩齿磨损形貌进行验证分析。

试验采棉机型号选用迪尔 7660 六行采棉机，试验样品为 PVD-TiN 涂层摘锭及电镀铬涂层摘锭，单个摘锭表面均有 3 排×12 钩齿，除涂层厚度外，两种摘锭参数基本一致，摘锭与套筒的配合安装委托成都锐莱宝公司完成。

一般情况下，采棉机滚筒中上位置摘锭多与棉花接触，中下部位多与棉秆接触，为更好探究两种摘锭采摘后与棉花的磨损程度，田间试验前分别在采棉机同一前滚筒中上位置内安装标有记号的 PVD-TiN 涂层摘锭和电镀铬涂层摘锭。单个采摘头前滚筒内包括 16 根座管，每根座管可装配 20 根摘锭。两种试验摘锭分别安装在同一根座管的 4~8 号位置，并且在相对位置上安装另一种类型的 5 根摘锭。为确保试验结果的准确性，并防止摘锭断裂等问题的干扰，在 3 号和 4 号采摘头的相同位置进行了重复试验，因此每种摘锭共安装 10 根，两种摘锭共安装 20 根。

试验场地位于新疆生产建设兵团第一师阿拉尔市十团农场，试验时间为 2022 年 10 月 10 日至 16 日，试验总面积 $100hm^2$，试验田地势平整，杂草较少，无障碍物。棉花品种为机采棉种植模式 (66+10) cm 的塔河 2 号，生育期为 136d。为确保试验数据的准确性，研究团队全程参与了摘锭的安装、拆卸及棉花采收工作，并对试验过程进行了跟踪记录。田间试验过程照片如图 7-47 所示。

全程跟踪田间试验，当采摘面积达到 $100hm^2$ 时，根据不同的安装滚筒和位置对其进行单独标记和装袋。带回试验室后完成摘锭与套筒的拆卸分离工作

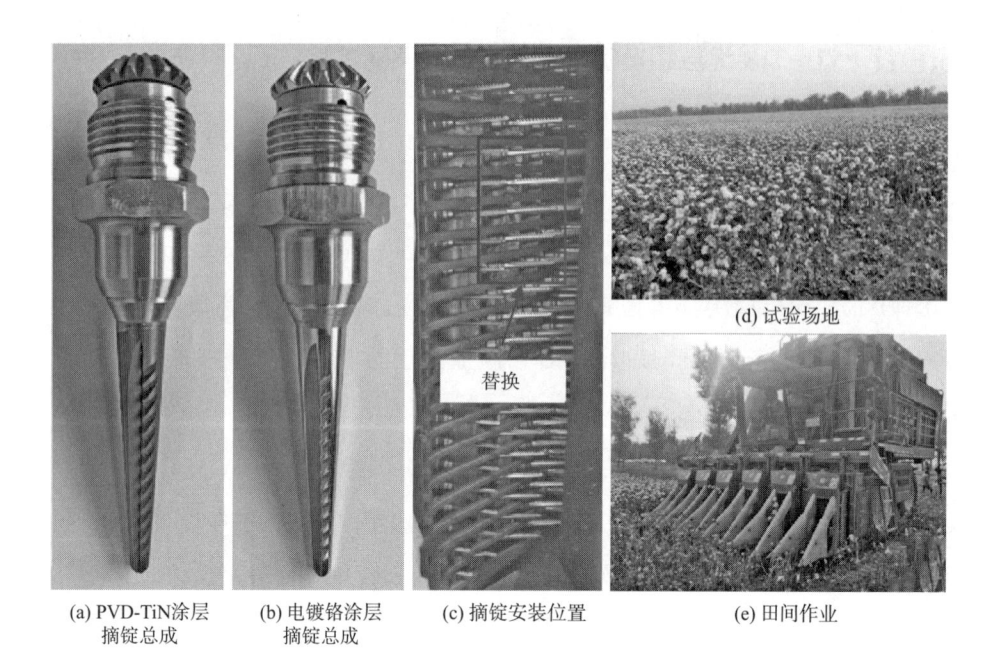

(a) PVD-TiN涂层摘锭总成　(b) 电镀铬涂层摘锭总成　(c) 摘锭安装位置　(d) 试验场地　(e) 田间作业

图 7-47　田间试验过程照片

并对摘锭进行清洗。在整个试验过程中，PVD-TiN 涂层摘锭未出现棉花缠绕在钩齿上（即棉花未在摘锭上滞留）或断裂的现象，表明该摘锭在实际工作中的表现稳定，试验效果良好。

为了更准确地对比两种摘锭的磨损情况，特别关注摘锭的第一钩齿，因为这一位置通常磨损最为严重。使用便携式显微镜，在相同的放大倍数下多次拍摄了两种摘锭在相同安装位置的第一钩齿，从而对比两种摘锭的磨损程度。摘锭钩齿检测位置如图 7-48 所示。

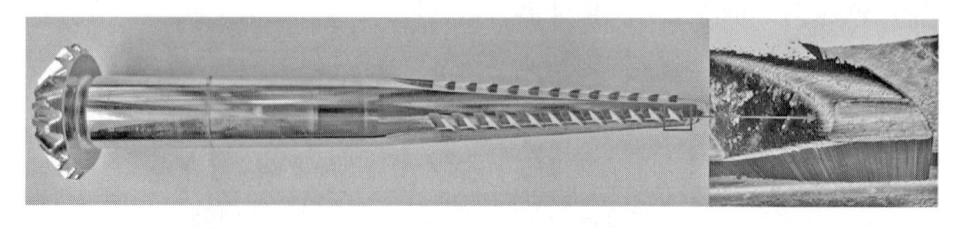

图 7-48　摘锭钩齿检测位置

拍摄后采用软件 LabVIEW 对图像进行处理,如图 7-49 所示。两种涂层摘锭的 No.4~No.8 钩齿磨损形貌如图 7-50 所示,处理后的形貌如图 7-51 所示。通过拍摄磨损面像素点,计算钩齿磨损面积,取磨损面积倍数比值为最终结果。该方法通过计算两种类型摘锭工作后齿尖磨损面积来对比相对耐磨性。结果得出,相同安装位置的电镀铬涂层摘锭钩齿齿尖平均磨损面积均大于相同安装位置的 PVD-TiN 涂层摘锭,证明田间采摘 100hm^2 时,电镀铬涂层摘锭磨损更为严重。电镀铬涂层摘锭与 PVD-TiN 涂层摘锭的 No.4~No.8 安装位置钩齿磨损面积的比值分别为 2.38 倍、2.17 倍、1.92 倍、1.87 倍、1.65 倍,见表 7-8。试验用实际田间工作数据进一步验证了 PVD-TiN 涂层摘锭的耐磨损性能优于电镀铬涂层摘锭。

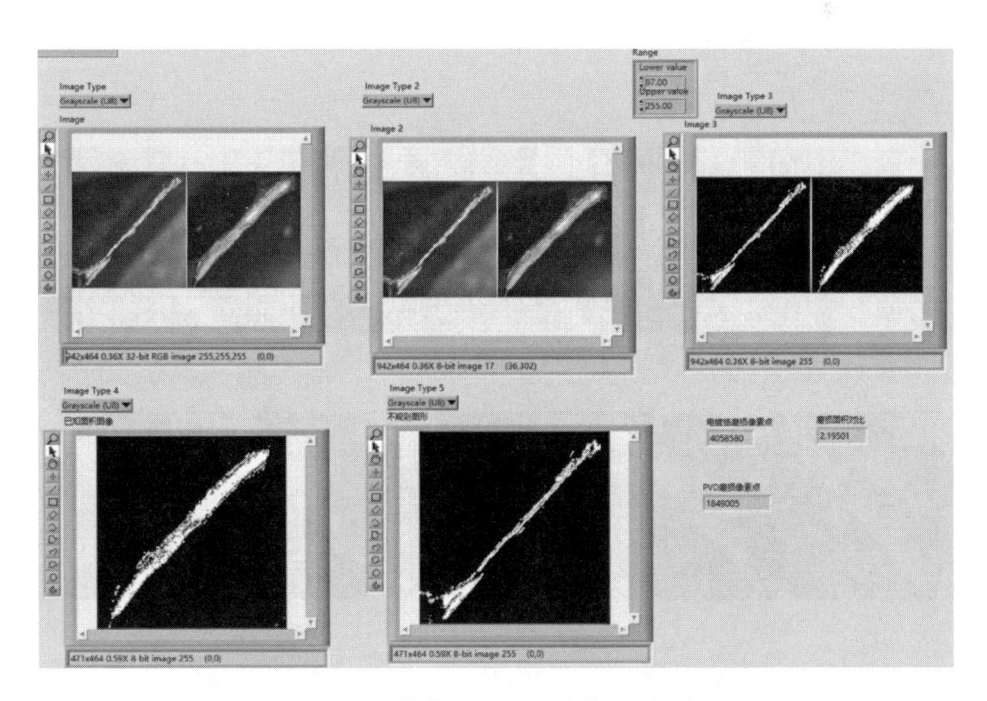

图 7-49 软件 LabVIEW 图像处理界面

由于不可抗力因素,未进行长时间、大规模的采收试验,目前单次 100hm^2 试验数据还无法对棉花采净率、含杂率、摘锭服役时长等进行准确分析。后续

(a) PVD-TiN 涂层摘锭

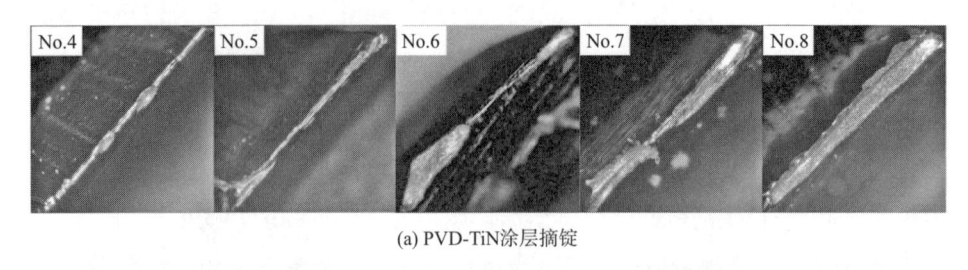

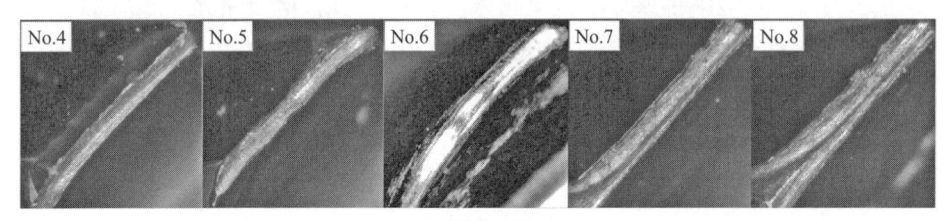

(b) 电镀铬涂层摘锭

图 7-50　两种涂层摘锭 No. 4~No. 8 钩齿磨损形貌

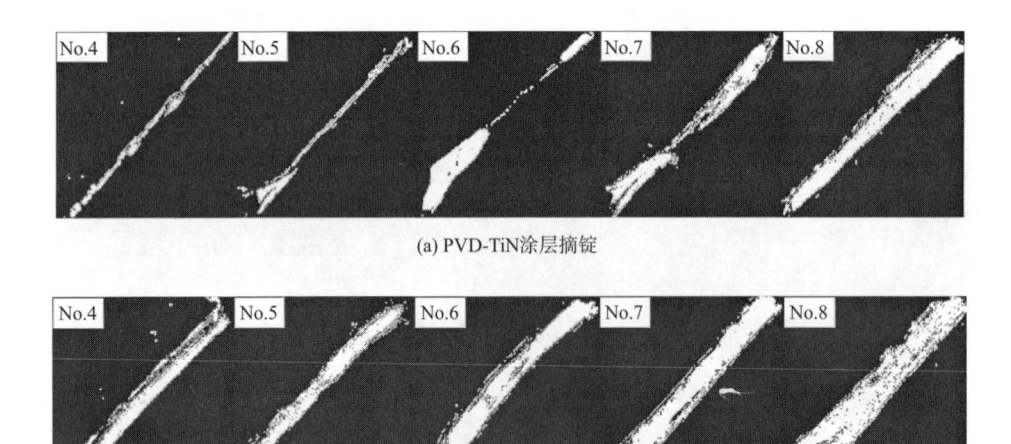

(a) PVD-TiN 涂层摘锭

(b) 电镀铬涂层摘锭

图 7-51　处理后两种涂层摘锭 No. 4~No. 8 钩齿磨损形貌

将选择不同区域、不同品种进行大面积实际验证。试验过程中有个别 PVD-TiN 涂层摘锭发生剧烈晃动现象,原因是摘锭与套筒配合不紧密导致,后续装配时需进行配合检测。

表 7-8　电镀铬涂层摘锭与 PVD-TiN 涂层摘锭的钩齿磨损面积比值

安装位置	No. 4	No. 5	No. 6	No. 7	No. 8
面积比	2.38	2.17	1.92	1.87	1.65

摘锭磨损量大小表征的一般方法是通过对比磨损前后钩齿齿表面积变化，但摘锭钩齿实际磨损量通过磨损体积测量表征得到的数据将更为准确。目前，尚无有效的方法来测量磨损后形状小且不规则的钩齿体积。如若通过建模或其他手段对磨损后摘锭钩齿形貌进行确定，将会很大程度为摘锭磨损及失效机理提供指导和参考。

第四节　小结

本章主要研究了摘锭表面耐磨强化技术，旨在提高农业机械中摘锭的耐磨性能，以延长其使用寿命并降低运营成本。本章介绍了电镀铬涂层作为摘锭表面处理的常见技术，及其存在环境污染和表面微裂纹等问题。为此，提出了两种创新策略：一是通过电磁处理改善电镀铬涂层的性能，二是采用 PVD-TiN 涂层作为替代方案。

在电磁处理方面，通过试验研究了电磁处理对摘锭力学性能和耐磨性的影响。结果表明，电磁处理能显著降低摘锭的残余应力，提高其硬度和耐磨性。此外，通过电子背散射衍射(EBSD)分析，发现电磁处理使摘锭基体材料中贝氏体晶体结构含量减少，马氏体晶体结构含量增加，从而提高了材料的强度和韧性。

在 PVD-TiN 涂层方面，详细介绍了 PVD-TiN 涂层的制备工艺，并通过对比分析其与电镀铬涂层的微观结构、力学性能和摩擦磨损性能，发现 PVD-TiN 涂层具有更高的硬度、弹性模量和耐磨性。田间试验进一步验证了 PVD-TiN 涂层摘锭在实际采摘过程中的优越性能，其磨损程度明显低于电镀铬涂层摘锭。

综上所述，本章的研究为摘锭表面耐磨强化提供了新的技术方案，通过电磁处理和PVD-TiN涂层的应用，有效提高了摘锭的耐磨性能，为农业机械化装备的优化升级提供了理论依据和实践经验。

———————— **参考文献** ————————